中国传统建筑
解析与传承

中华人民共和国住房和城乡建设部 编

THE INTERPRETATION AND INHERITANCE OF TRADITIONAL CHINESE ARCHITECTURE

Ministry of Housing and Urban-Rural Development of the People's Republic of China

江苏卷
Jiangsu Volume

中国建筑工业出版社

审图号：GS(2016)303号

图书在版编目(CIP)数据

中国传统建筑解析与传承　江苏卷／中华人民共和国住房和城乡建设部编．—北京：中国建筑工业出版社，2015.12

ISBN 978-7-112-18858-1

Ⅰ．①中… Ⅱ．①中… Ⅲ．①古建筑-建筑艺术-江苏省　Ⅳ．①TU-092.2

中国版本图书馆CIP数据核字（2015）第299690号

责任编辑：李东禧　唐　旭　张　华　李成成
书籍设计：付金红
责任校对：李欣慰　姜小莲

中国传统建筑解析与传承　江苏卷
中华人民共和国住房和城乡建设部　编

*

中国建筑工业出版社出版、发行（北京西郊百万庄）
各地新华书店、建筑书店经销
北京方舟正佳图文设计有限公司制版
北京顺诚彩色印刷有限公司印刷

*

开本：880×1230毫米　1/16　印张：14　字数：393千字
2016年9月第一版　2016年9月第一次印刷
定价：128.00元
ISBN 978-7-112-18858-1
（28134）

版权所有　翻印必究
如有印装质量问题，可寄本社退换
（邮政编码 100037）

总　序

Foreword

　　几年前我去法国里昂地区，看到有大片很久以前甚至四百年前建造的夯土建筑，也就是干打垒房子，至今仍在使用。20世纪80年代，当地建设保障房小区时，要求一律建造夯土建筑，他们采用了现代夯土技术。西安科技大学的两位老师将这种技术引入国内，在甘肃、河北等多地建了示范房。现代夯土技术的改进点在于科学配比土与石子、使用模板和电动器具夯筑，传承了夯土建筑的优点，如造价低、节能保温，弥补了缺陷，抗震性增强，也美观，颇受农民的好评。我对这个事例很感兴趣并悟出一个道理，做好传承关键要具备两种精神：一是执着，坚信许多传统能够传承、值得传承。法国将传统干打垒房子当作好东西，努力传承，而我国虽然是生土建筑数量最多的国家，但今天各地却都视其为贫穷落后的标志，力图尽快消灭；二是创新，要下力气研究传统的优点及缺点，并用现代技术克服其缺点，赋予其现代功能，使传统文明成果在今天焕发新的生命力。这两方面的功夫我们都不够。

　　文明古国的中国，在实现现代化的进程中，只有十分自信、满腔热情地传承了优秀传统文化，才能受到全世界的尊重。建筑是一个民族生存智慧、工程技术、审美理念、社会伦理等文明成果最集中、最丰富的载体，其传承及体现是一个国家和民族富强与贫弱的标志。改变今天建筑缺失传统文化的局面，我们需要重新认识我国传统建筑文化，把握其精髓和发展脉络，挖掘和丰富其完整价值，探索传统与现代融合的理念和方法。2012年，住房和城乡建设部村镇建设司组织了首次传统民居全国普查，编纂了《中国传统民居类型全集》，其详细、准确、系统地展示了我国传统民居的地域性。在此基础上，2014年又启动了"传统建筑解析与传承"调查研究，这是第一次国家层面组织的该领域的大型调查研究，颇具价值：

　　价值一，它是至今对我国传统建筑文化最全面、最系统的阐释。第一，本次调查研究地域覆盖广，历史挖掘深，建筑类型多。31个省（市、区）开展了调查研究，每个省的研究也都覆盖了全域；一些省对传统建筑文化的追溯年代突破了记录；建筑类型不仅涵盖了官式建筑、庙宇、祠堂等，更涵盖了各类代表性民居。第二，更加注重从自然、人文、技术、经济几条主线解析传统建筑文化，而不是拘泥于建筑本身；不但阐释了传统建筑的物质形体，而且阐释了传统建筑文化的产生机制。第三，研究体例和解析维度保持了基本一致，各省都通过聚落格局、建筑群体与单体、细部与装饰、风格与装修对传统建筑进行解析。通过解析，大大丰富和提升了对我国传统建筑文化精髓的认识，如：中国传统建筑与自然相适应，和谐共生，敬天惜物；与生存实际相适应，容纳生产生活；与社会伦理相适应，井然有序；与发展相适应，灵活易变，是模块化的鼻祖。第四，内在形式统一，体现了中华文明的持久性和一致性；木结构等技术高度成熟，体现了中华民族的智慧；丰富的地区差异，体现了中华文化的多样性。一些研究基础较差的省，第一次对传统建筑有了全面认识；一些研究基础较好的省，又深化了认识。可以说，这次全面调查研究是对中国传统建筑文化的一次重新认识。

价值二，也是更重要的价值，它是就如何传承传统建筑文化、如何实现传统与现代融合这一难题，至今所进行的广泛深入的探索。第一，提出了更为本质、更具指导意义的传承理论和原则，如建筑文化的三大传承主线：自然、人文、技术；"形"的传承、"神"的传承、"神形兼备"的传承；适应性传承、创新性传承、可持续性传承等理论；坚持挖掘地域文化与建筑的关联性，坚持寻找并传承其最有价值和生命力的要素，坚持与时代发展相接轨等原则。第二，提出了更具操作性的传承方法和要点，如建筑肌理、应对自然环境、空间变异、建造方式、建筑材料、符号特征六方面的传承方法。第三，收集、展示、分析了近代以来大量的现代建筑探索传承的案例，既包括比较成功的，也包括比较失败的，具有很好的参考意义。同时也提出了应防止的误区。

价值三，唤起了对传统建筑文化的空前热情。通过这次研究，各地建设部门更加重视传统建筑文化的传承工作了，这将有利于扭转当前我国城乡建设缺乏传统文化的局面。在学术界，不仅老专家倾力投入，新参与的专家学者也越来越多，而且十分积极。过去研究传统建筑的专家学者与从事设计的建筑师交流不多，通过这次研究，两个群体融合到了一起，不仅有利于传承的研究，更有利于传承的实践。有的老专家说，等了几十年，终于等到国家组织这项工作了。

探索传统建筑文化与现代建筑的融合是难度极大的挑战，永远在路上。虽然本次调查研究存在着许多不足和局限，但第一次组织全国专业力量努力探索的成果，惠及当今，流芳百年，意义非凡，不仅具有中国意义，也具有世界意义。在此，谨向为成就这一大业，辛勤无私付出并作出卓越贡献的所有专家学者、建筑师和技术人员、各地建设部门领导和职工，表示衷心的感谢和崇高的敬意。此外，我还深深感受到，组织实施全国范围的、具有历史意义的调查研究，是其他组织和个人难以做到的，是中央部委必须承担的重要职责，今后还要多做。

住房和城乡建设部总经济师 赵晖

2016年9月

编委会

Editorial Committee

发起与策划：赵　晖

组织推进：张学勤、卢英方、白正盛、王旭东、王　玮、王旭东（天津）、
　　　　　吴　铁、翟顺河、冯家举、汪　兴、孙众志、张宝伟、庄少勤、
　　　　　刘大威、沈　敏、侯淅珉、王胜熙、李道鹏、耿庆海、陈华平、
　　　　　尹维真、蒋益民、蔡　瀛、吴伟权、陈孝京、丛　钢、文技军、
　　　　　宋丽丽、赵志勇、斯朗尼玛、韩一兵、刘永堂、白宗科、何晓勇、
　　　　　海拉提·巴拉提

指导专家：崔　愷、吴良镛、冯骥才、孙大章、陆元鼎、张锦秋、何镜堂、
　　　　　朱光亚、朱小地、罗德启、马国馨、何玉如、单德启、陈同滨、
　　　　　朱良文、郑时龄、伍　江、常　青、吴建中、王小东、曹嘉明、
　　　　　张俊杰、张玉坤、杨焕成、黄汉民、王建国、梅洪元、黄　浩、
　　　　　张先进

工 作 组：林岚岚、罗德胤、徐怡芳、杨绪波、吴　艳、李立敏、薛林平、
　　　　　李春青、潘　曦、王　鑫、苑思楠、赵海翔、郭华瞻、郭志伟、
　　　　　褚苗苗、王　浩、李君洁、徐凌玉、师晓静、李　涛、庞　佳、
　　　　　田铂菁、王　青、王新征、郭海鞍、张蒙蒙

江苏卷编写组：

组织人员：赵庆红、韩秀金、张 蔚、俞 锋

编写人员：龚 恺、朱光亚、薛 力、胡 石、张 彤、王兴平、陈晓扬、吴锦绣、陈 宇、沈 旸、曾 琼、凌 洁、寿 焘、雍振华、汪永平、张明皓、晁 阳

北京卷编写组：

组织人员：李节严、侯晓明、杨 健、李 慧

编写人员：朱小地、韩慧卿、李艾桦、王 南、钱 毅、李海霞、马 泷、杨 滔、吴 懿、侯 晟、王 恒、王佳怡、钟曼琳、刘江峰、卢清新

调研人员：陈 凯、闫 峥、刘 强、李沫含、黄 蓉、田燕国

天津卷编写组：

组织人员：吴冬粤、杨瑞凡、纪志强、张晓萌

编写人员：洪再生、朱 阳、王 蔚、刘婷婷、王 伟、刘铧文

河北卷编写组：

组织人员：封 刚、吴永强、席建林、马 锐

编写人员：舒 平、吴 鹏、魏广龙、刁建新、刘 歆、解 丹、杨彩虹、连海涛

山西卷编写组：

组织人员：郭廷儒、张海星、郭 创、赵俊伟

编写人员：薛林平、王金平、杜艳哲、韩卫成、孔维刚、冯高磊、王 鑫、郭华瞻、潘 曦、石 玉、刘进红、王建华、武晓宇、韩丽君

内蒙古卷编写组：

组织人员：杨宝峰、陈 彪、崔 茂

编写人员：张鹏举、彭致禧、贺 龙、韩 瑛、额尔德木图、齐卓彦、白丽燕、高 旭、杜 娟

辽宁卷编写组：

组织人员：王晓伟、胡成泽、刘绍伟、孙辉东

编写人员：朴玉顺、郝建军、陈伯超、周静海、原砚龙、刘思铎、黄 欢、王蕾蕾、王 达、宋欣然、吴 琦、纪文喆、高赛玉

吉林卷编写组：

组织人员：袁忠凯、安 宏、肖楚宇、陈清华

编写人员：王 亮、李天骄、李之吉、李雷立、宋义坤、张俊峰、金日学、孙守东

调研人员：郑宝祥、王 薇、赵 艺、吴翠灵、李亮亮、孙宇轩、李洪毅、崔晶瑶、王铃溪、高小淇、李 宾、李泽锋、梅 郊、刘秋辰

黑龙江卷编写组：

组织人员：徐东锋、王海明、王 芳

编写人员：周立军、付本臣、徐洪澎、李同予、

殷　青、董健菲、吴健梅、刘　洋、
刘远孝、王兆明、马本和、王健伟、
卜　冲、郭丽萍

调研人员：张　明、王　艳、张　博、王　钊、
晏　迪、徐贝尔

上海卷编写组：

组织人员：孙　珊、胡建东、侯斌超、马秀英

编写人员：华霞虹、彭　怒、王海松、寇志荣、
宿新宝、周鸣浩、叶松青、吕亚范、
丁建华、卓刚峰、宋　雷、吴爱民、
宾慧中、谢建军、蔡　青、刘　刊、
喻明璐、罗超君、伍　沙、王鹏凯、
丁　凡

调研人员：江　璐、林叶红、刘嘉纬、姜鸿博、
王子潇、胡　楠、吕欣欣、赵　曜

浙江卷编写组：

组织人员：江胜利、何青峰

编写人员：王　竹、于文波、沈　黎、朱　炜、
浦欣成、裘　知、张玉瑜、陈　惟、
贺　勇、杜浩渊、王焯瑶、张泽浩、
李秋瑜、钟温歆

安徽卷编写组：

组织人员：宋直刚、邹桂武、郭佑芹、吴胜亮

编写人员：李　早、曹海婴、叶茂盛、喻　晓、
杨　燊、徐　震、曹　昊、高岩琰、
郑志元

调研人员：陈骏祎、孙　霞、王达仁、周虹宇、
毛心彤、朱　慧、汪　强、朱高栎、
陈薇薇、贾宇枝子、崔巍懿

福建卷编写组：

组织人员：苏友佺、金纯真、许为一

编写人员：戴志坚、王绍森、陈　琦、李苏豫、
王量量、韩　洁

江西卷编写组：

组织人员：熊春华、丁宜华

编写人员：姚　赯、廖　琴、蔡　晴、马　凯、
李久君、李岳川、肖　芬、肖　君、
许世文、吴　靖、吴　琼、兰昌剑、
戴晋卿、袁立婷、赵晗聿

山东卷编写组：

组织人员：杨建武、张　林、宫晓芳、王艳玲

编写人员：刘　甦、张润武、赵学义、仝　晖、
郝曙光、邓庆坦、许丛宝、姜　波、
高宜生、赵　斌、张　巍、傅志前、
左长安、刘建军、谷建辉、宁　荞、
慕启鹏、刘明超、王冬梅、王悦涛、
姚　丽、孔繁生、韦　丽、吕方正、
王建波、解焕新、李　伟、孔令华

河南卷编写组：

组织人员：陈华平、马耀辉、李桂亭、韩文超

编写人员：郑东军、李　丽、唐　丽、吕红医、
黄　华、韦　峰、李红光、张　东、
陈兴义、渠　韬、史学民、毕　昕、
陈伟莹、张　帆、赵　凯、许继清、
任　斌、郑丹枫、王文正、李红建、
郭兆儒、谢丁龙

湖北卷编写组：

组织人员：万应荣、付建国、王志勇

编写人员：肖　伟、王　祥、李新翠、韩　冰、
　　　　　张　丽、梁　爽、韩梦涛、张阳菊、
　　　　　张万春、李　扬

湖南卷编写组：

组织人员：宁艳芳、黄　立、吴立玖

编写人员：何韶瑶、唐成君、章　为、张梦淼、
　　　　　姜兴华、李　夺、欧阳铎、黄力为、
　　　　　张艺婕、吴晶晶、刘艳莉、刘　姿、
　　　　　熊申午、陆　薇、党　航

调研人员：陈　宇、刘湘云、付玉昆、赵磊兵、
　　　　　黄　慧、李　丹、唐娇致

广东卷编写组：

组织人员：梁志华、肖送文、苏智云、廖志坚、
　　　　　秦　莹

编写人员：陆　琦、冼剑雄、潘　莹、徐怡芳、
　　　　　何　菁、王国光、陈思翰、冒亚龙、
　　　　　向　科、赵紫伶、卓晓岚、孙培真

调研人员：方　兴、张成欣、梁　林、林　琳、
　　　　　陈家欢、邹　齐、王　妍、张秋艳

广西卷编写组：

组织人员：吴伟权、彭新唐、刘　哲

编写人员：雷　翔、全峰梅、徐洪涛、何晓丽、
　　　　　杨　斌、梁志敏、陆如兰、尚秋铭、
　　　　　孙永萍、黄晓晓、李春尧

海南卷编写组：

组织人员：丁式江、陈孝京、许　毅、杨　海

编写人员：吴小平、黄天其、唐秀飞、吴　蓉、
　　　　　刘凌波、王振宇、何慧慧、陈文斌、
　　　　　郑小雪、李贤颖、王贤卿、陈创娥、
　　　　　吴小妹

重庆卷编写组：

组织人员：冯　赵、揭付军

编写人员：龙　彬、陈　蔚、胡　斌、徐千里、
　　　　　舒　莺、刘晶晶

四川卷编写组：

组织人员：蒋　勇、李南希、鲁朝汉、吕　蔚

编写人员：陈　颖、高　静、熊　唱、李　路、
　　　　　朱　伟、庄　红、郑　斌、张　莉、
　　　　　何　龙、周晓宇、周　佳

调研人员：唐　剑、彭麟麒、陈延申、严　潇、
　　　　　黎峰六、孙　笑、彭　一、韩东升、
　　　　　聂　倩

贵州卷编写组：

组织人员：余咏梅、王　文、陈清鋆、赵玉奇

编写人员：罗德启、余压芳、陈时芳、叶其颂、
　　　　　吴茜婷、代富红、吴小静、杜　佳、
　　　　　杨钧月、曾　增

调研人员：钟伦超、王志鹏、刘云飞、李星星、
　　　　　胡　彪、王　曦、王　艳、张　全、
　　　　　杨　涵、吴汝刚、王　莹、高　蛤

云南卷编写组：

组织人员：汪　巡、沈　键、王　瑞

编写人员：翟　辉、杨大禹、吴志宏、张欣雁、
　　　　　刘肇宁、杨　健、唐黎洲、张　伟

调研人员：张剑文、李天依、栾涵潇、穆　童、
　　　　　王祎婷、吴雨桐、石文博、张三多、

阿桂莲、任道怡、姚启凡、罗　翔、
顾晓洁

西藏卷编写组：

组织人员：李新昌、姜月霞

编写人员：王世东、木雅·曲吉建才、格桑顿珠、
群　英、达瓦次仁、土登拉加

陕西卷编写组：

组织人员：胡汉利、苗少峰、李　君、薛　钢

编写人员：周庆华、李立敏、刘　煜、王　军、
祁嘉华、武　联、陈　洋、吕　成、
倪　欣、任云英、白　宁、雷会霞、
李　晨、白　钰、王建成、师晓静、
李　涛、黄　磊、庞　佳、王怡琼、
时　阳、吴冠宇、鱼晓惠、林高瑞、
朱瑜葱、李　凌、陈斯亮、张定青、
雷耀丽、刘　怡、党纤纤、张钰曌、
陈　新、李　静、刘京华、毕景龙、
黄　姗、周　岚、王美子、范小烨、
曹惠源、张丽娜、陆　龙、石　燕、
魏　锋、张　斌

调研人员：王晓彤、刘　悦、张　容、魏　璇、
陈雪婷、杨钦芳、张豫东、李珍玉、
张演宇、杨程博、周　菲、米庆志、
刘培丹、王丽娜、陈治金、贾　柯、
陈若曦、干　金、魏　栋、吕咪咪、
孙志青、卢　鹏

甘肃卷编写组：

组织人员：刘永堂、贺建强、慕　剑

编写人员：刘奔腾、安玉源、叶明晖、冯　柯、
张　涵、王国荣、刘　起、李自仁、
张　睿、章海峰、唐晓军、王雪浪、
孟岭超、范文玲

调研人员：王雅梅、师鸿儒、闫海龙、闫幼峰、
陈　谦、张小娟、周　琪、孟祥武、
郭兴华、赵春晓

青海卷编写组：

组织人员：衣　敏、陈　锋、马黎光

编写人员：李立敏、王　青、王力明、胡东祥

调研人员：张　容、刘　悦、魏　璇、王晓彤、
柯章亮、张　浩

宁夏卷编写组：

组织人员：李志国、杨文平、徐海波

编写人员：陈宙颖、李晓玲、马冬梅、陈李立、
李志辉、杜建录、杨占武、董　茜、
王晓燕、马小凤、田晓敏、朱启光、
龙　倩、武文娇、杨　慧、周永惠、
李巧玲

调研人员：林卫公、杨自明、张　豪、宋志皓、
王璐莹、王秋玉、唐玲玲、李娟玲

新疆卷编写组：

组织人员：高　峰、邓　旭

编写人员：陈震东、范　欣、季　铭、
阿里木江·马克苏提、王万江、李　群、
李安宁、闫　飞

主编单位：

中华人民共和国住房和城乡建设部

参编单位：

北京卷：北京市规划委员会
　　　　北京市勘察设计和测绘地理信息管理办公室
　　　　北京市建筑设计研究院有限公司
　　　　清华大学
　　　　北方工业大学

天津卷：天津市城乡建设委员会
　　　　天津大学建筑设计规划设计研究总院
　　　　天津大学

河北卷：河北省住房和城乡建设厅
　　　　河北工业大学
　　　　河北工程大学
　　　　河北省村镇建设促进中心

山西卷：山西省住房和城乡建设厅
　　　　山西省建筑设计研究院
　　　　北京交通大学
　　　　太原理工大学

内蒙古卷：内蒙古自治区住房和城乡建设厅
　　　　　内蒙古工业大学

辽宁卷：辽宁省住房和城乡建设厅
　　　　沈阳建筑大学
　　　　辽宁省建筑设计研究院

吉林卷：吉林省住房和城乡建设厅
　　　　吉林建筑大学
　　　　吉林建筑大学设计研究院
　　　　吉林省建苑设计集团有限公司

黑龙江卷：黑龙江省住房和城乡建设厅
　　　　　哈尔滨工业大学
　　　　　齐齐哈尔大学
　　　　　哈尔滨市建筑设计院
　　　　　哈尔滨方舟工程设计咨询有限公司
　　　　　黑龙江国光建筑装饰设计研究院有限公司
　　　　　哈尔滨唯美源装饰设计有限公司

上海卷：上海市规划和国土资源管理局
　　　　上海市建筑学会
　　　　华东建筑设计研究总院
　　　　同济大学
　　　　上海大学

江苏卷：江苏省住房和城乡建设厅
　　　　东南大学

浙江卷：浙江省住房和城乡建设厅
　　　　浙江大学
　　　　浙江工业大学

安徽卷：安徽省住房和城乡建设厅
　　　　合肥工业大学

福建卷：福建省住房和城乡建设厅
　　　　厦门大学

江西卷：江西省住房和城乡建设厅
　　　　南昌大学
　　　　江西省建筑设计研究总院
　　　　南昌大学设计研究院

山东卷：山东省住房和城乡建设厅
　　　　山东建筑大学
　　　　山东建大建筑规划设计研究院
　　　　山东省小城镇建设研究会
　　　　山东大学
　　　　烟台大学
　　　　青岛理工大学
　　　　山东省城乡规划设计研究院

河南卷：河南省住房和城乡建设厅
　　　　郑州大学
　　　　河南大学
　　　　华北水利水电大学
　　　　河南理工大学
　　　　河南省建筑设计研究院有限公司
　　　　河南省城乡规划设计研究总院有限公司
　　　　郑州大学综合设计研究院有限公司
　　　　郑州市建筑设计院有限公司

湖北卷：湖北省住房和城乡建设厅
　　　　中信建筑设计研究总院有限公司

湖南卷：湖南省住房和城乡建设厅
　　　　湖南大学
　　　　湖南大学设计研究院有限公司
　　　　湖南省建筑设计院

广东卷：广东省住房和城乡建设厅
　　　　华南理工大学
　　　　广州瀚华建筑设计有限公司
　　　　北京建工建筑设计研究院

广西卷：广西壮族自治区住房和城乡建设厅
　　　　华蓝设计（集团）有限公司

海南卷：海南省住房和城乡建设厅
　　　　海南华都城市设计有限公司
　　　　华中科技大学
　　　　武汉大学
　　　　重庆大学
　　　　海南省建筑设计院
　　　　海南雅克设计有限公司
　　　　海口市城市规划设计研究院
　　　　海南三寰城镇规划建筑设计有限公司

重庆卷：重庆城乡建设委员会
　　　　重庆大学
　　　　重庆市设计院

四川卷：四川省住房和城乡建设厅
　　　　西南交通大学
　　　　四川省建筑设计研究院

贵州卷：贵州省住房和城乡建设厅
　　　　贵州省建筑设计研究院
　　　　贵州大学

云南卷： 云南省住房和城乡建设厅
　　　　昆明理工大学

西藏卷： 西藏自治区住房和城乡建设厅
　　　　西藏自治区建筑勘察设计院
　　　　西藏自治区藏式建筑研究所

陕西卷： 陕西省住房和城乡建设厅
　　　　西建大城市规划设计研究院
　　　　西安建筑科技大学
　　　　长安大学
　　　　西安交通大学
　　　　西北工业大学
　　　　中国建筑西北设计研究院有限公司
　　　　中联西北工程设计研究院有限公司

甘肃卷： 甘肃省住房和城乡建设厅
　　　　兰州理工大学
　　　　西北民族大学
　　　　西北师范大学
　　　　甘肃建筑职业技术学院
　　　　甘肃省建筑设计研究院
　　　　甘肃省文物保护维修研究所

青海卷： 青海省住房和城乡建设厅
　　　　西安建筑科技大学
　　　　青海省建筑勘察设计研究院有限公司

宁夏卷： 宁夏回族自治区住房和城乡建设厅
　　　　宁夏大学
　　　　宁夏建筑设计研究院有限公司
　　　　宁夏三益上筑建筑设计院有限公司

新疆卷： 新疆维吾尔自治区住房和城乡建设厅
　　　　新疆佳联城建规划设计研究院
　　　　新疆建筑设计研究院
　　　　新疆大学
　　　　新疆师范大学

目 录

Contents

总　序

前　言

第一章　绪论

002	第一节　传统建筑文化讨论与江苏传统建筑的区系
002	一、传统建筑文化讨论
002	二、江苏传统建筑的区系
004	第二节　江苏的地理、历史变迁
004	一、江苏的地理环境变迁
004	二、江苏的历史变迁
005	第三节　江苏传统建筑文化及其影响
005	一、史前至春秋战国时期
005	二、秦汉时期
007	三、三国到南北朝时期
008	四、隋唐五代时期
009	五、宋元时期
010	六、明清时期
011	第四节　江苏传统建筑的自然成因
012	一、江河湖海汇聚之地
015	二、山岭峰峦竞秀之乡
017	三、跨越南北的气候带
019	四、物华天宝的三角洲
020	第五节　江苏传统建筑的人文成因

020	一、江苏的文化积淀的特色
022	二、江苏的建制变迁及民风
025	第六节 江苏传统建筑的技术成因
025	一、苏南地区精益求精的"香山帮"技艺
025	二、宁镇地区吴头楚尾的建筑做法
026	三、淮扬地区南北东西荟萃的建筑做法
026	四、徐宿地区厚重粗犷的建筑做法
027	五、通盐连地区沿海简朴的建筑做法
027	第七节 社会转型引发的人文成因变化及其影响
027	一、城镇化演进
028	二、社会转型中的观念文化大调整

上篇：江苏传统建筑的区系与特征解析

第二章 环太湖地区的传统建筑及其总体审美特征

038	第一节 传统聚落的选址与格局
038	一、聚落选址与山水环境
039	二、聚落选址的地理空间脉络
040	三、聚落的典型格局形态
042	第二节 传统建筑的视觉特征与风格
043	一、基于地域自然的建筑形式表达
046	二、基于地域人文的建筑形式表达
047	三、基于地域技术的建筑形式表达
049	第三节 传统建筑的结构、构造与细部特征
049	一、结构
050	二、构造与细部特征

第三章 宁镇地区的传统建筑及其总体审美特征

055	第一节 传统聚落的选址与格局
055	一、聚落选址与山水环境
055	二、聚落选址的地理空间脉络

056		三、聚落的典型格局形态
057	第二节	传统建筑的视觉特征与风格
057		一、基于地域自然的建筑形式表达
061		二、基于地域人文的建筑形式表达
065		三、基于地域技术的建筑形式表达
068	第三节	传统建筑的结构、构造与细部特征
068		一、结构
070		二、构造与细部特征

第四章 淮扬地区的传统建筑及其总体审美特征

079	第一节	传统聚落的选址与格局
079		一、聚落选址与山水环境
079		二、聚落选址的地理空间脉络
079		三、聚落的典型格局形态
079	第二节	传统建筑的视觉特征与风格
079		一、基于地域自然的建筑形式表达
082		二、基于地域人文的建筑形式表达
087		三、基于地域技术的建筑形式表达
088	第三节	传统建筑的结构、构造与细部特征
088		一、结构
090		二、构造与细部特征

第五章 徐宿淮北地区的传统建筑及其总体审美特征

099	第一节	传统聚落的选址与格局
099		一、聚落选址与山水环境
099		二、聚落选址的地理空间脉络
099		三、聚落的典型格局形态
100	第二节	传统建筑的视觉特征与风格
100		一、基于地域自然的建筑形式表达
101		二、基于地域人文的建筑形式表达
104		三、基于地域技术的建筑形式表达

107	第三节	传统建筑的结构、构造与细部特征
107		一、结构
108		二、构造与细部特征

第六章 通盐连沿海地区的传统建筑及其总体审美特征

112	第一节	传统聚落的选址与格局
112		一、聚落选址与山水环境
113		二、聚落选址的地理空间脉络
113		三、聚落的典型格局形态
114	第二节	传统建筑的视觉特征与风格
114		一、基于地域自然的建筑形式表达
116		二、基于地域人文的建筑形式表达
117		三、基于地域技术的建筑形式表达
118	第三节	传统建筑的结构、构造与细部特征
118		一、结构
119		二、构造与细部特征

第七章 江苏古代传统建筑的风格和审美定位

122	第一节	江苏传统建筑文化的总体特征
122	第二节	五个区系及其建筑文化的风格与审美定位

下篇：当代江苏传统建筑文化之传承与发展

第八章 20世纪上半叶江苏社会环境变迁与先贤的思考

127	第一节	开埠城市与城市的开放型发展
127		一、近代城市规划对城市山水格局的探索与影响
128		二、开埠城市的发展与滨江城市的形成
129		三、陇海铁路与滨海码头城市的发展
129		四、张謇兴办实业过程中的城市规划新格局
130		五、转型期中江南和沿运河地区水网城市的新功能

131	第二节　20世纪上半叶江苏的探索和先贤的思考
131	一、新结构、新技术、新建筑类型的引进与传统延续并存的转型期
134	二、教会类建筑中对传统建筑形式的探讨
135	三、里弄住宅设计中对新型家庭结构的适应
137	四、公共建筑设计中对民族风格的不断探索和讨论

第九章　社会主义阶段江苏建筑文化传承背景

140	第一节　20世纪50～80年代江苏城镇化进程和建筑传统传承
140	一、服从国家计划经济布局的江苏城市有限发展
140	二、"复古主义"、"现代主义"和政治运动潮涨潮落中的江苏建筑创作
143	三、地域建筑文化的表达
146	第二节　1979年以后的改革开放时期传统建筑文化传承的形势
146	一、城镇化进程与城市建筑文化探索的新格局
147	二、文化遗产保护和传承的社会性运动和城市特色的营造需求
148	三、江苏地域传统建筑文化传承的探索态势

第十章　江苏当代传统建筑文化传承中的自然策略与案例

153	第一节　城市与建筑发展中对自然环境的呼应性策略
153	一、城市发展中的环境保护与整合性方法
155	二、建筑对环境的顺应与回应的设计方法
157	第二节　建筑对山水环境的呼应性策略
158	一、建筑以山水为背景的方法
160	二、建筑顺应、强化山水形态的方法
162	三、建筑修补山水形态的方法
163	四、以建筑营造山水形态的方法

第十一章　江苏当代传统建筑文化传承中的人文策略与案例

166	第一节　江苏当代传统建筑文化传承中的人文策略概述
166	一、稳重继承与开拓阶段
167	二、多元探索的新阶段

170	第二节	历史性环境中的设计策略与案例
171	一、	协调的手法
172	二、	"缝补"的手法
175	第三节	诉诸形象的建筑文化表达策略与案例
176	一、	类型的手法
178	二、	建构的手法
180	第四节	场所精神策略与案例
180	一、	抽象的手法
182	二、	情景的手法

第十二章 江苏建筑文化传承中的技术策略与案例

186	第一节	传统技术在现代的保留和完善
186	一、	全部或局部使用传统工艺
186	二、	传统材料和技术的创新运用
188	第二节	现代技术对传统元素的汲取和表现
188	一、	新结构新材料对传统肌理、聚落、院落的呼应
190	二、	新结构新材料对传统建筑结构、构件、色彩、装饰的呼应
191	三、	新材料新结构对传统的造型理念的呼应
192	第三节	适宜技术对现代和传统的综合和利用
192	一、	提升材料技术性能的适宜技术
194	二、	提升空间效果的适宜技术
194	三、	呼应文脉的适宜技术

第十三章 结语

参考文献

后　记

前 言

Preface

中国传统文化丰富多彩、博大精深。中华文明是世界上少数几种延续数千年并继续发挥其生命力的文明之一。中华大地上的文化除了具有一定的历时性的稳定特征之外，还具有因空间和时间的迁移而产生的差异性。探讨随着空间的迁移而具有差异性的地域建筑文化及其传承问题，始终是中国建筑界十分感兴趣的课题。

孔夫子说："性相近，习相远"，其显示了上古时期地域文化的差异就已经存在了。到了汉代，司马迁在《史记·货殖列传》中更是在描述各地物产的同时提到了各地习俗的不同。他在谈及今日已经成为江苏域内或邻近地区的物产和习俗时说道："越楚则有三俗，夫自淮北、沛、陈、汝南、南郡，此西楚也，其俗剽轻，易发怒，地薄，寡于积聚。江陵，故郢都，西通巫巴，东有云梦之饶，陈在楚夏之交，通渔盐之货，其民多贾，徐僮取虑，则清刻矜己诺。彭城以东，东海吴广陵，此东楚也，其俗类徐僮，朐缯以北俗则齐。浙江南则越，夫吴自阖闾、春申、王濞三人招致天下之喜游子弟，东有海盐之饶，章山之铜，三江五湖之利，亦江东一都会也。"[①] 其叙述了以徐州地区为中心的三楚地区以及周边地区的风俗情况。

按照辩证唯物主义的观点，人们的社会存在决定了人们的思想意识，而作为观念形态的思想意识又反作用于人们的社会存在。从古至今，中国的社会存在状况发生了巨大的变化，特别是社会的经济基础发生了根本变化，文化之间的传播、碰撞和融合发生了意想不到的变化，因而，古今的习俗以至地域的建筑文化特色自然也就发生了许多变化。但是，在这巨大的变化过程中，仍然有相对稳定的影响因素存在。相对于经济文化的巨大变化，古今的地理环境、气象环境的变化，水文、地质、土壤等方面的变化要小许多，而植根于东亚大陆农业文明中的中华文化，在经历了种种磨难和发生了许多变故、扬弃之后，仍然保持着相对稳定的内核，并存在于我们民族的社会心理结构中。

---

① 司马迁.《二十五史》《史记》卷129，《货殖传》.上海古籍出版社，1986年。这里的徐僮取虑都是古地名在今徐州、邳州、泗州一带，朐缯，亦古地名，朐为海州，缯为沂州。剽轻，指敏捷；清刻矜己诺，指清苦和慎重对待承诺。

世纪之交，人类最为剧烈的社会变化正在发生，经济全球化带来的种种危机已经促使我们必须联合起来保护人类文化的多样性，保护世界的文化基因。江苏作为我国较为发达的地区，面对快速的城镇化进程，在适应巨变的同时，如何保护和传承我们的地域文化基因，如何让江苏历史上丰富多彩的地域建筑文化与时俱进成为当代江苏城乡建筑资产，使其成为留住历史记忆和造福后代的财富，已经成为一个迫切的任务。由此看来，本书的编纂适逢其时，此举必将为江苏的建筑传统的传承作出贡献。

建筑创作不同于普通的造型艺术，物质、经济、技术基础对它的制约，社会各个阶层对它的不同期待，业主对它的建造目标要求以及决策者以至当代的各类制度文化对它的限制和引导，都使得建筑创作充满了变数。因而，探讨建筑文化的当代传承，不仅需要高瞻远瞩的见地，也需要建立在设计实践基础上的对各种矛盾的清醒把握。我们将江苏建筑文化总体概括为四句话，即"吴风楚韵、历久弥新；南北交融、东西兼长；清雅拙犷、兼容并蓄；意蕴深绵、华夏中枢。" 第一句话是对江苏建筑总体特征的认知，它历史悠久并充满当代活力；第二句试图说明江苏建筑与中国其他地区及世界的关系；第三句概括了江苏建筑的视觉特征；而最后一句，则是想表述江苏建筑文化积淀丰厚，在中国有其突出的地位。

本书的作者大都熟识江苏的传统建筑文化，具有丰富的设计经验和科研经历。这次又奉住建部和省住建厅之命，负责《中国传统建筑解析与传承 江苏卷》的撰写工作，以通观古今的视野，对古代江苏建筑文化的分区、特色以及当代如何传承的问题作了归纳和阐释，在不长的时间内，提交了探讨此复杂问题的初步成果，揭开了新世纪江苏建筑界讨论传统建筑传承问题的序幕。

第一章　绪论

　　从历史长河的变迁来看，江苏有着悠久的传统，江苏的省会南京也一直被称为中国的"六大古都"或"十朝古都"，说明这个区域在相当长的时间内是我国的一个重要中心，但是，"江苏省"这个建制出现的时间却只有短短三百多年。因此，目前的江苏在历史上曾分属不同的行政区划，有时甚至归属敌对的两个国家，这造成了江苏传统建筑的复杂性。对江苏传统建筑文化的讨论，首先需要对江苏传统建筑的区系划分进行研究，从差异性的比较中才能得出江苏传统建筑的整体印象。

　　江苏传统建筑区系间差异的形成是有其深刻内涵的。在探讨过程中，我们试图从自然、人文和技术这三大成因入手，这样既能对江苏传统建筑有较好的宏观把握，又能从长期、中期和短期的角度深入认识历史文化对建筑的影响。

　　在历史的长河中，影响江苏传统建筑文化形成的因素众多，用古代中国人的观念分析，这些因素来自天、地、人三方面，结合当代人们熟知的语言，可以归纳为自然、人文和技术这三大因素。自然因素中古代的天和地的因素，是最主要的影响因素，尤其在古代，因为生产力低下，人的生存方式和生产方式都受到地理、气候环境的直接制约，其建筑必须就地取材，必须适应当地的气候条件，因而这种制约是十分严酷的。人文的或曰历史、文化、社会的因素虽然是后天的但也不可忽视，尤其在古代，当生产方式基本适应了自然环境后，不仅形而上的观念文化会形成稳定的推动机制，同时制度文化也会对建筑形态和分类直接产生影响。技术因素包括了建筑材料、建筑结构、建造技艺等方面的内容，是直接创造建筑文化的基本方式和条件。

第一节 传统建筑文化讨论与江苏传统建筑的区系

一、传统建筑文化讨论

文化若按照钱穆在《中国文化史导论》里的认识，就是人类的制度、思想和观念，是不同于物质形态文明的概念的精神遗产，但若按照20世纪80年代以来在中国蔚然大观的文化之热所获得的当代人共识的观点看，文化涵盖了物质部分和非物质部分，是一个民族、一个地区或者一个族群区别于他者的社会现象和表征；文化传统是一条大河，从历史流淌到现在且将流向未来，这条大河不断地吸纳和汇集，又不断地淘汰和清洗，它造就了我们的过去，也成全了我们的今天；建筑文化则是诸多文化类别中的一支，可以说，在建筑形态上的积淀和物化了的传统文化都构成了传统建筑文化的物质部分，而那些积淀其上的观念形态和制度等则是它的非物质部分。建筑既包括了各个地区、各个民族的地方性的建筑，也包括了由相关地区建筑文化交流和提炼而成的古代皇家建筑和官式建筑。

文化最重要的特质之一是个性特色，当今建筑文化发展的一个重要缺失乃是地域性丧失和文化趋同，亦即所谓的"特色危机"。文化特色问题并非今天才有，或者中国才有，而是一个经济全球化时代全世界带有普遍意义的问题。在中国快速城镇化进程中，举国上下长期都在忙于国内生产总值增长的"硬道理"而忽略了包括文化在内的诸多和谐社会发展的基本需求，当城镇化进展到集约化阶段之时，建筑文化特色问题就显得更加迫切和重要。今天，研讨传统建筑已经超过了纯学术的范畴，这不仅与一个地区社会、经济发展有关，也关系到中国文化的崛起乃至对世界文化应该作出的积极贡献。

建筑是一门在精神和物质两方面同时影响人类生存的文化门类。古往今来的建筑物以其独特的空间艺术形式，用无声的语言叙述着人类文明在地球上走过的时间历程。作为一种实存的文化载体，它又镌刻着一个民族、地域、传统和社会的生存、延续抑或衰退、消亡的斑斑印痕。任何文明都有自己引以为豪、壮丽动人的建筑历史丰碑，所以人称"建筑是石头写成的史书"，正是它们构成了色彩斑斓、琳琅满目的历史景观，凝聚了各个历史时期的时代精神，给人以无限的遐想和强烈的美感。

总括来说，在江苏这块极具活力的沃土上，传统建筑呈现出复杂的风貌，苏南、苏北的差异明显，一些区域有其鲜明的特色，为了能更好地把握江苏传统建筑的总体面貌和特征，也为了总结江苏近现代建筑文化传承中的正反经验，本书有三个重要的切入点。

首先，我们关注江苏古代建筑的重点不是类型研究，而是传统建筑的组群布局、空间、结构、建筑材料及装饰艺术的共性，通过共性的分析提炼其显示的地域文化特征的方方面面。其次，不仅关注传统建筑表象的"形"的部分，尤其关注其生成原因和被一个地区的民众所接受的"意"的部分，即关注表象背后深层的更有生命力的无形文化部分，全书的讨论即是从"形"、"意"这两个方面来展开的。第三，我们参照意大利建筑师阿尔多·罗西（Aldo Rossi）对建筑类型学的分类方式，将建筑分为公共建筑和住宅两大类型，或者如《威尼斯宪章》中所提及的，将建筑遗产分为纪念建筑（monuments and historic sites）和普通建筑（popular）遗址两类。如同世纪之交各国学者在对传统建筑的研究中日益强调民间的建筑一样，本书的学术重点不断地向那些更多地积淀了地域文化传统的民间建筑或曰乡土建筑转移，我们这次的研究首先是从大量的乡土性的住宅调研入手的，但在阐述地域文化传统时也会列举反映这一传统的公共性的地域建筑遗存。

二、江苏传统建筑的区系

中国各地域间的文化差异从新石器时代就已经存在，在几千年的各民族文化的碰撞和交融中不断发生变化，在构筑了共同的中华民族的文化共性的同时，明清两代逐渐形成了今天我们看到的地区和民族的文化差异。今天江苏的面积在960万平方公里的国土中占1%，但江苏却由"几块不同文化色彩的板块"组合而成①，而其中最大的文化分野当属南北建筑文化的差异。从建筑调研的情况看，大体上，苏北建筑特征倾向于雄浑粗犷（中原文化），而苏南则以清雅细巧见长（江浙文化）。如果进一步根据建筑的屋面形式、结构体系、墙体材料、色彩基调及建筑装饰等分析，我们则可以将江苏传统建筑划分为五大文化圈（图1-1-1）。

（一）环太湖文化圈

以苏州市为核心，次级为常州和无锡市，再次级是隶属其下的吴江、宜兴、常熟、昆山、太仓等县级市。这一地区即是唐代以后的苏州府（宋、元称平江）和常州府所辖的地域。与苏锡常环太湖文化圈关系紧密的水系是太湖和大运河在苏南的江南运河。

（二）宁镇沿江文化圈

以南京市为核心，次级为镇江，再次级是隶属其下的溧水、高淳、丹阳、句容等县级市。这一地区即是宋代以后的江宁府和镇江府。宁镇文化圈主要与长江和秦淮河水系关系紧密。

（三）淮扬苏中运河文化圈

以扬州、泰州、淮安为核心。这一地区属唐以后的扬州府和淮安府，主要水系为大运河的淮扬运河段。

（四）徐宿淮北文化圈

以徐州为核心，次级为宿迁市，再次级为邳州、新沂、铜山、泗阳、沭阳等县级市。古代属徐州府辖区，主要水系是大运河的中河段和古黄河水系。

（五）通盐连沿海文化圈

这一地区大部分土地是唐以后黄海海岸淤积形成的。以

图1-1-1　江苏传统建筑区系图（来源：晁阳　改绘自中华人民共和国民政部编．中华人民共和国行政区划简册2014．北京：中国地图出版社，2014．）

南通和连云港为核心，次级城市为盐城，主要水系是黄海。

五大建筑文化圈分别分布于全省的东西南北中，并且彼此之间互相影响，相互交融。

从全国范围来看，江苏建筑文化又受到来自周边文化的影响。徐宿淮北文化圈主要受到齐鲁文化和中原文化的影响，宁镇文化圈除了接受东部的太湖地带吴文化的辐射之外，还吸收了来自西侧的徽州文化和荆楚文化，而地处江浙

---

① 叶兆言．江苏读本[M]．南京：江苏人民出版社，2009：8．

交界处的苏锡常环太湖文化圈又多多少少被浙赣文化和闽粤文化波及。1843年，上海正式开埠后，与其紧邻的江苏深受影响。海派新型的、开放的文化还对江苏沿黄海的通盐连沿海文化圈产生了直接的影响。江苏五大建筑文化圈并没有明确的界限范围，彼此之间互相交融、互相影响，但与此同时，五大文化圈又分别保留着专属于自己的文化特质，从而与其他文化圈区分开来。

第二节 江苏的地理、历史变迁

一、江苏的地理环境变迁

江苏位于中国东部中段，古代江苏大地布满沼泽，江南被称为震泽，《尚书·禹贡》说，"淮海惟扬州。彭蠡既潴，阳鸟攸居。三江既入，震泽底定"，即到了孔夫子时代前后，这里才有个模样，历史学家考证，今日的太湖是宋代时才逐渐成形；宋以前苏北的海岸线要比今日的海岸线西退一百公里左右；唐代时长江的入海口还在扬州附近。春秋时代江南就开始了运河的开凿，隋代炀帝凿通北达洛阳再北去大名府的大运河，"大运河颠覆了江苏作为一个边远省份的落后形象"[①]，对江苏繁荣富庶起到了非常重要的作用。

江苏地形以平原为主，多数地区在海拔50米以下，江河湖海各类水体遍布江苏，低山丘陵集中在西南部和北部，是全国地势最低的省份。这一地理环境使江苏与水结下几千年的姻缘。中国三条主要河流——长江、淮河和黄河曾经齐集江苏并积淀下各自的历史文化，直到1855年后黄河北徙。京杭大运河1800公里，江苏段占了近800公里，自隋代以后成为沟通江南和国家政治行政中心的大动脉，也是古代南北经济文化交流的大动脉。江苏的湖泊，南有太湖、滆湖，北有洪泽、高邮、骆马等湖，是古今调节水量开发渔业的场所。江苏东临黄海，很早就成为中国通往世界各地的出海口之一。江苏总面积占全国1.06%，但人口占全国总人口的5.77%以上，历史文化名城、名镇皆占全国的10%以上。

二、江苏的历史变迁

江苏文明史大约已经有6000多年，从远古开始就有先民居住，只是在中华文明以黄河流域的中原文化为主的很长一段时间里，这里被看作属于"东夷"和"南蛮"等外围文明。禹贡时代天下划分为九州，江苏大部属扬州，北部属徐州，已经显示了南北文化的差异。春秋时江苏分属吴、楚、齐等国，秦汉时代南属会稽郡，北属东海郡和泗水郡。三国至南北朝江南属扬州，江北属徐州，这是中国的一次大移民的时期，晋室南迁，王谢大族落脚江南，南北分裂。隋唐时期江苏分属蒋州、常州、苏州、润州等，宋时江苏分属江南东路两浙路、淮南东路等，宋金对峙造成又一次南北分裂，宋金以淮为界，延及元代，淮南汉人被称为南人，但宋代各种文化制度获得保留。元代江苏属江淮行省、江浙行省、河南行省。明代属应天府，永乐迁都后南京，1667年清朝康熙年间，取江宁、苏州二府的首字得名江苏，江苏正式成名至今。

从东晋到五代再到宋代的数次战乱中，北方的人口大量南移、东迁，才使这块地域的居民越来越多，经过一千多年的开发和精耕细作，江苏的经济在唐宋以后已变得十分发达，逐渐在中国的文化史上成为主流文化的一部分。作为传统文化的一个重要载体，江苏的传统建筑也成为中国建筑文化遗产中丰富多彩的一部分。

---

① 叶兆言.江苏读本[M].南京:江苏人民出版社,2009:84.

第三节 江苏传统建筑文化及其影响

江苏这块土地从禹贡时代到近现代，经历了从野蛮到高度发达文明的发展历程，江苏的传统建筑也是这样，唐宋以后成为中国主流文化的一部分，成为此后历代名人学者吟咏赞叹的对象，同时也在域外产生了重要的影响，徐福东渡、鉴真东渡、郑和七下西洋、朱舜水赴日等出发点都在江苏。而西方的传教士、汉学家等对中国的研究成果中江苏是其重点。马可波罗在他的回忆中谈到过江苏多处沿运河的城市的富庶，① 利玛窦说："南京确是满城遍布宫殿寺观、小桥楼阁，欧洲的类似建筑，绝少能超过它们。在有些方面，南京超过我们欧洲的城市……"② 江苏的传统建筑文化在中国历史上占有突出的地位。

一、史前至春秋战国时期

周代以前的江苏，特别是江南还是一片水乡泽国、荒蛮之地，是九州中落后的地方，但后来有几件事情的发生改变了这种局面：先是周太王的儿子泰伯和仲雍为了让贤，有意放弃王位继承权，从西北方东奔吴国，来到了"断发文身"的江南，和当地百姓打成一片，带来了当时先进的中原文化，无锡至今有河称伯渎，传说是泰伯时期开的，苏州、无锡有多个泰伯庙，就是纪念他们的。后来春秋时期的吴王寿梦第四子季扎，史称延陵季扎的，深孚众望，再次学习泰伯的美德，几次出走不肯接受王位，一旦受命为大臣又尽力辅佐吴王。他出使中原，广交友好并传播文化，其品德远播大江南北，被海内外吴姓华人奉为祖先，他死后孔夫子都为他的墓题写了墓碑，史称十字碑，因共十个字："呜呼有吴延陵季子之墓"。原碑已毁，但唐人摹刻的碑今仍存丹阳九里村延陵庙前，是孔子传世的两块手迹碑之一。孔子的七十二个著名弟子中有一位叫言子（前506～前443年），名偃，字子游，又称叔氏，是今江苏常熟人，被称为江南夫子。他曾任鲁国武城宰，宣扬孔子学说，用礼乐教育士民，境内到处有弦歌之声，为孔子所称赞。现常熟仍有言子庙。军事家孙武和伍子胥都在吴国留下了动人故事，伍子胥的庙或神像在苏南和浙北都有祭祀。这些都说明至少在春秋时期，今江苏境内的吴地已经跻身争雄的风流人物史中。

今苏州城的城址传说也是伍子胥选择的，考古发现过城址下春秋时代的文物，这座两千五百多年的城址的选择说明了当时建筑选址的高超水平，同时期的淹城遗址和阖闾城遗址则说明了江南聚落和水的密切关系，这一时期开凿的邗沟是沟通长江和淮河的运河，也是中国最早的一段运河。

二、秦汉时期

吴国后被楚灭，楚被秦灭，河山一统，江苏的考古遗址中仅盱眙东阳城址中找到秦代的铜权等文物，是秦汉两代的建筑遗存，传说秦淮河也和秦始皇有关系，说是秦始皇

图1-3-1 徐州狮子山汉楚王墓中的陶俑

---

① 冯承钧译.马可波罗行纪[M].上海：上海书店出版社，2006.
② （意大利）利玛窦.十六世纪的中国[M].M.Louis.J.gallagher译.纽约：蓝登书店，1953.

图1-3-2 徐州龟山汉墓中的铜车马

图1-3-5 徐州东洞山汉墓前的排水通道

图1-3-3 徐州狮子山汉楚王墓中的墓道

图1-3-6 龟山汉墓中搜集渗水的水井

图1-3-4 徐州龟山汉墓中的塞石

图1-3-7 徐州北洞山汉墓中"人"字形石构屋盖

为了铲除楚国王气开凿的。但"楚有三人，亡秦必楚"竟非虚言，摧毁秦朝暴政的陈胜、吴广和项羽、刘邦都是楚人，项羽、刘邦、韩信的家乡都在现苏北，徐州附近是这几位英雄演出历史大剧的舞台，戏马台、漂母祠、韩侯墓、九里山等都是那个时期遗留的古迹，或者已被风雨侵蚀或后人修改或者是后人所造，但所在的场所是不差的，汉王刘邦攻下咸阳又战胜项羽，建立汉朝，使中国的主流文化蒙上了一层长江流域楚文化的风韵。汉代在江苏的苏北留下了不少遗物，仅徐州一带就发现了八座西汉时代的几代楚王的地下墓葬，这些墓葬都是从石灰岩的山体中开凿出来的，类似于秦始皇陵，也有大量陶俑和铜车马陪葬（图1-3-1、图1-3-2）。为了防止盗墓，墓室建好后又用2米×2米×4米左右的巨大石块重新塞实，墓道的精确度以毫米计。楚王墓的开凿、构建搬运以及墓室的排水设施都显示了当时高超的设计、定位、开凿、运输、排水技术（图1-3-3～图1-3-6）。部分墓室使用石梁构筑的坡顶屋面与中原空心砖汉墓有形式上的相似性（图1-3-7）。

三、三国到南北朝时期

三国到南北朝时期是中国社会大动荡的时期，"宁饮建业水，不食武昌鱼"的故事或许至少说明了东吴将士们对美好家乡的留恋。晋室南迁带来了北方的大族和北方的精英文化，南北文化的这一次大融合造就了六朝时期江南的繁荣，与更加充斥了战乱和灾荒且为游牧民族入主中原形成的北朝相比，南朝相对安定，成为中华文化存亡续绝之地。建康城的建设为后来隋唐大业和长安城的建设树立了都城制度的楷模，以至隋代的宇文恺专门到建康考察。但南朝的六个小朝廷似乎都眷恋江南而缺少尚武精神，即使赢得淝水之战和北伐胜利的谢安，也是一位喜爱隐居山林的风流宰相，王谢等大族的精英为这一时代所造就的魏晋风度的审美态度作出了典范，连同此时兴起的山水文化深刻影响了中国的文学史、造园史和艺术史的发展。南京等城市中至今保留着的古老地名如"乌衣巷"、"长干桥""莫愁湖"等，透露着这些美好文学的余温并在继续滋润后人。

由于动乱，出于集体安全的需要，民间对自己的家园都是自己构建防卫系统，这一时期坞堡式庄园在南北方都兴旺发达，并一直演变为南北方明清以后仍然存在的客家住宅、

图1-3-8 镇江三国铁瓮城遗址

图1-3-9 南京被称为石头城的三国时代的城防遗址

村寨式或堡垒式村落，但至今在江苏未见类似实例。我们从早期的淹城遗址到晚期的如李市这样的江南村落布局推测，这一时期及以后江南水网地区的聚落主要靠水面隔离来解决安全防卫问题（参见图2-1-1，焦溪村总平面图），从丹阳华山村布局推测在宁镇丘陵或其他有山丘的地域，除了局部或全部以水隔绝外界之外，还会通过选址在山丘之上来获得居高临下的防卫优势。镇江三国城址——铁瓮城及南京石头城都说明，聚落外墙可能会有砖、天然山岩、夯土和石材等多种材料的运用（图1-3-8、图1-3-9）。

镇江的三国城址和南京的东吴贵族墓、南朝萧伟墓墓阙及大量的南朝陵墓石刻是这一时期的建筑遗存，它们说明了在江南的潮湿环境下砖砌体的发达和石材的运用，南京东吴大墓的砖穹隆属于汉代到南北朝在长江南北流行的一种四隅券进的无模板施工的砖穹隆结顶的技术类型（图1-3-10），初步考证该种穹隆是由西亚经中亚传入中国的，它和汉代到南北朝时期我国存在过的希腊式柱式都见证了域外建筑文化对中国建筑文化的影响，也证明了江苏建筑文化的开放性。

南朝留存在今日地面上最突出的就是散布在南京附近的陵墓神道前的石刻群（图1-3-11），它们继承了楚汉的浪漫和想象力，把一种人间并不存在的神兽雕刻得栩栩如生。栖霞山的南朝摩崖石刻经后人对此修缮，佛像头部已不存在，但"南朝四百八十寺，多少楼台烟雨中"的南方佛国景象由此可见一斑。

这个时期的文学虽然著名，但整体上军事的确不济，"千年铁索沉江底，一片降幡出石头"是这些小王朝的写照，就像林语堂说的，他们多数"是出色的文学家，战场上的胆小鬼"，最后的陈后主在隋兵打来之时，竟和他的张贵妃藏到华林苑的一口井的下边，如今那个井被称为胭脂井，井圈虽是后换的，但井的位置应该不差。这些故事和南朝的骈体文一样，虽不壮烈却绮丽优美，推测那时他们建在华林苑中的"临春"、"结绮"、"望仙"这些楼阁大致也是这种风格的，史载他们甚至用檀香木作门窗栏槛，室外施珠帘，内设宝帐，异常华丽，正是"江南佳丽地，金陵帝王州"的景象。

图1-3-10　南京三国东吴贵族墓中的四隅券进砖穹隆墓室

图1-3-11　南京东郊南朝陵墓前的石辟邪雕像（来源：赖自力 摄）

四、隋唐五代时期

隋唐时期是中国封建社会的顶峰，长安和洛阳作为都城是天下的政治、文化中心，但远离中心地带的江南江北并不寂寞，江苏的农业经过长期对环境的整治和适应，已经进入精耕细作阶段，加上大运河向中原腹地的延伸，江南的物产得以不断销售到北方，"一扬二益"说明了当时扬州及其周围地区的高度繁荣。扬州的唐代城址是扬州历代城址中范围最大的，部分建在隋代的江都城上，考古发现的作坊遗址证明了史载扬州手工业作坊的发达。隋炀帝陵位于扬州而远离都城，炀帝自缢前后的那段故事和陵址的选择既是对这位享乐皇帝的惩罚，也是这位迷恋琼花皇帝的合理归宿。五代时江苏大部属南唐，苏州以南属吴越，历史上留下这个时期最著名的是南唐后主充满哀怨的词作。此时的建筑遗存还有栖霞山的舍利塔和后主的父亲和祖父的陵墓，格局不大，却认真、端庄、精美（图1-3-12、图1-3-13）。

五、宋元时期

宋代是中国历史上经济、文化都很发达的时期。元代时江南政治地位低下，但习俗和很多制度获得延续。从宋代开始，江南成为中国经济最发达的地区，同样的现象发生在建筑上。宋《营造法式》记录了北宋以汴京为中心的中原地区的官式建筑的工程要求和工作量估算。近几十年的研究证明，《营造法式》中大量做法和江南有密切的联系，苏州、扬州的工艺水平始终处于国内领先，大量江南工匠到中原地区承接重大工程应是很自然的事情，如此考虑五代吴越国的喻浩就曾经到汴京营建过开宝寺木塔的经历当可知并非偶然。南宋期间《营造法式》在苏州再次刊行，可以说不仅是营造中官方掌控造价的需要，更是在中原沦陷后衣冠南渡文化延续的表征。苏州玄妙观、苏州定慧寺的罗汉院残柱、东山轩辕宫等建筑遗存都是证明（图1-3-14、图1-3-15）。只是如今看到的建筑外貌都经过历代修缮，根据苏州宝带桥旁

图1-3-12　南京栖霞寺中的南唐时期的舍利塔（来源：赖自力 摄）

图1-3-13　南京南唐二陵的钦陵中的石门洞及门神石雕（来源：赖自力 摄）

图1-3-14　苏州玄妙观宋代三清殿外观（来源：赖自力 摄）

的南宋石塔、无锡惠山宋代石塔和苏州天池山寂鉴寺的元代石构小殿等较为可靠的未经改动的建筑遗存来看,那时苏州一带的嫩戗发戗尚未完全形成(图1-3-16、图1-3-17)。

南宋时期南北再次以淮河为界割据并延续达一百五十多年。元代存续的八十年间实行四等人制,将淮河以北的原属金国的各族定为第三等汉人,将淮河以南的汉人定为第四等南人。南宋和元代这二百多年的历史使原本以淮河为界的南北文化差异性再次扩大,加剧了淮河南北两边在语言、习俗以及建筑等方面的差别。因而可以说两宋和元代的江苏建筑文化一方面为宋代的主流建筑文化做出了突出的贡献,同时也保持了原有的地域特点。

六、明清时期

明清时期是中国封建社会的晚期,也是今日我们能够辨识的明清官式建筑从产生到渐变到形制化的时期,江苏建筑文化在明代官式建筑制度形成的过程中发挥了决定性的作用。朱元璋定都南京后,根据刘基的建议,将明故宫选址在避开原南唐宫城区后东移至燕雀湖一带兴建,背靠钟山,另辟轴线。从现存明故宫、明孝陵、大报恩寺遗址等明初的建筑遗存及至少不晚于明代的方山定林寺塔来看,南京明初建筑的柱础正是清代官式建筑的柱础的原型。永乐迁都北京,征召江南十几万工匠营建明代北京的

图1-3-15 苏州东山元代轩辕宫大殿外观

图1-3-16 苏州天池山寂鉴寺元代石屋(来源:赖自力 摄)

图1-3-17 苏州宝带桥旁的南宋石塔(来源:赖自力 摄)

宫殿、陵墓、坛庙等，当年参加过明初南京建设的工匠不少又都在北京大显身手，例如跟随父亲修建过明南京城的著名香山帮工匠蒯祥就是其中之一。图1-3-18是他的后人曾经保存过的一幅画，画中立在前边的人就是曾经任职工部侍郎着了官服的蒯祥，身后就是他经手建设的北京的宫城。

这一时期也是中国各地地方文化近代版的形成期。对江苏建筑文化影响最大的是明初朱元璋的起义军和清代太平天国战争后的湘军、淮军由皖入苏，将楚文化由西向东推进了一步，南京清代的朝天宫、六合的万寿宫等建筑和由湘军水师在安徽马鞍山修建的李白祠的结构和构造，几乎是同样的做法。甘熙宅邸、杨柳村的民居以及宁镇丘陵地带的民居有着更多的穿斗体系的痕迹，而扬州尤其苏州的建筑却依然主要是沿着原来的风格发展。可以说，明清时期的江苏建筑既为主流建筑文化做出了独特的贡献，也在地方风格的发展上前进了一大步。

第四节　江苏传统建筑的自然成因

江苏位于黄海之滨，南迄北纬30°45′，北达北纬35°20′，江河湖海各类水体遍布江苏，使江苏与水结下几千年的姻缘。江苏地形以平原为主，多数地区在海拔50米以下，是全国地势最低的省份，低山丘陵集中在西南部和北部。南北直线距离近500公里，跨越三个温度带，东西最大距离约320公里。江苏传统建筑的自然要素中包括了地理环境中的水和山，也包括江苏各地区不同的气候条件。

古代的人们由于受自然条件的限制以及其生产力不够发达，自然成因是一个地域的建筑发展的客观条件，逐水而居是古往今来聚落发源和演进的基本现象。江苏是全国水网最为密集的省份之一，江、河、湖、海等各种水的形态在本区域内都有所体现，同时，先民在长期的生产、生活过程中，又积极地改造水系、利用水资源，这些行为也深刻地影响了江苏的传统建筑。例如：从西往东穿越江苏境内最大的河流——长江，在很长时间内作为一条"天堑"，阻隔了文化、商品的交流，使得苏南苏北的传统建筑呈现出完全不同的面貌；而另一条贯通南北的人工河流——京杭大运河，则对江苏传统建筑文化的交融和传播起到了十分重要的作用，它由北至南分别串联起了燕赵文化、齐鲁文化、荆楚文化和吴越文化这四大文化圈，促使江苏的传统建筑在发展过程中不断汲取了周围文化圈的精华，也通过运河传播到了祖国的大江南北；而隋唐后慢慢成型的江苏黄海滩涂，则逐步融入江苏，成为江苏传统建筑中不可分割的一部分。

江苏省内虽没有大山，但丘陵低山与集镇空间结合紧密，人文积淀深厚。它们往往是宗教的渊源所在，或是重要公共活动场所，是地域建筑文化的"势"之所在。山虽

图1-3-18　明北京紫禁城图，前立者为蒯祥（来源：李常生 提供）

不高，但大都风景秀丽，山水相映，人文荟萃，与城市空间结合紧密，成为区域城市形制和建筑文化的重要特色。

在以淮河为气候分界线的影响下，江苏的南北气候差异明显，气候的这种差异也是影响先民建造房屋的一个重要因素。苏南夏热冬冷又较为潮湿的气候，使得聚落不得不大量采用低层、高密度这种形式，传统民居中通常采用的天井、备弄，除了符合形制、功能的作用外，特别在通风、除湿、采光等方面具有重要的作用；而苏北较为寒冷的冬季气候，使其传统建筑多采用开敞的天井或庭院组合。

一、江河湖海汇聚之地

江苏曾经是中国三条主要河流——长江、淮河和黄河的入海口所在地和河流冲积扇所在地，虽然1855年后黄河北徙，但三条大河所带来的文明都积淀在江苏的土地上，多处新石器时代文化的发祥地也在江苏。从春秋时代开始，古人就在江苏大地上开凿了沟通不同流域的运河，至隋代有南北扩展成隋代的大运河，元代截弯取直，成就今日长1800公里的京杭大运河，江苏段占了近800公里，自隋代以后成为沟通江南和国家政治行政中心的大动脉，也是古代南北经济文化交流的干线。江苏自宋代以后，太湖成型，此外南有阳澄湖、滆湖，北有洪泽、高邮、骆马等湖，是古今调节水量开发渔业的场所。江苏东临黄海，远古时期苏北的海岸线要比今日的海岸线西退一百公里以上，后来河流冲积扇逐渐淤积，海岸东移，至宋代修筑范公堤以后又开运盐河，沿海逐渐开发；唐代以前长江的入海口还在扬州附近，以后不断东移形成今日格局，江河湖海对不同地区都产生了不同的影响。

（一）太湖水与环太湖的苏锡常地区

环太湖地区除东西山等山岭之外是海拔在20米以下的平原，经过漫长岁月中的自然变迁和农耕文明的发展，河道纵横密如蛛网，河道总长4万余公里。在3.56万平方公里的太湖流域中较大的湖泊有250余个，散布于苏州、无锡、常州，较大的有阳澄湖、滆湖等。河道与湖泊交织形成独特的水乡环境。从春秋战国、秦汉六朝、隋唐五代直至宋元明清，水乡泽国逐步改造成为膏腴兼倍的鱼米之乡。苏南运河开通之后，城镇水网体系以及商贸运输外销体系形成，极大地促进了鱼米之乡的持续繁荣，造就了环太湖地区今天仍然保存着的历史名镇名村。环太湖地区的中心也是吴文化的中心苏州，宋代称平江。据宋《平江图》测算，当时城内河道约82公里，除内城河外有横河12条，直河5条，形如棋盘。明代城内河道又有增加，历史上的苏州城内水道体系集给排水、交通运输、防御、防灾、景观、气候调节功能于一体，在城市发展中发挥了极大作用。在当时条件下是实用先进的规划设计，具有科学性。城外河道主要有大运河、外城河、山塘河、上塘河、胥江、十字洋河等，其中山塘河为唐代白居易任苏州刺史时开发，沿河有山塘街直通虎丘，两岸桃红柳绿，风景秀丽，成为一道风景线。《任心斋记》载"吴人常时游虎丘，每于山塘泊舟耍乐，多不登山。"溯七里山塘而游虎丘，从此成为千年不衰的习俗。上塘河（枫桥河）属古运河，因《枫桥夜泊》与寒山寺而闻名于世。胥江因吴国伍子胥而得名，是太湖东南第一泄水要道[①]。

历经2500多年的沧桑，苏州古城基本保持着古代"水陆并行、河街相邻"的双棋盘格局。"绿浪东西南北水，红栏三百九十桥"[②]正是对唐代苏州城镇水系的写照。江南地区其他城市亦都有发达的水网体系。该地的历史文化名镇众多，周庄、同里、木渎、甪直、千灯、东山等都是水系发达之乡镇。著名画家吴冠中赞叹道"黄山集中国山川之美，周庄集中国水乡之美！"三分是水，二分是桥，剩下一半是城。他的一系列画作也诗意地展示了江南水乡的特点。著名作家三毛也曾说道"这就是我朝思暮想的江南水乡，这就是我

---

① 苏州市志编辑部.苏州市志[M].南京:江苏人民出版社,1995.
② 白居易《正月三日闲行》.

心中的故乡！"这包含了对江南城镇特点及其文化意义的评价。

水网承担了交通、给排水等重要功能，是家庭生活和公共活动的重要场所，是建筑空间与城镇空间的有机组成部分，亦是地域建筑文化的灵魂所在。人们利用水街和水巷出行，"家家门外泊舟航"，形成"小桥、流水、人家"的典型江南风格。

（二）长江、大运河与宁镇地区

宁镇地区位于长江三角洲平原，境内丘陵、平原、江河、湖泊并呈，平原地带海拔在20~40米。中国历史上两条沟通南北、东西的重要水道——京杭大运河和长江在此交汇，可谓"当南北大冲，百货所集"。宁镇地区地理位置得天独厚，军事上历来为扼控南北、据险守固的战略重地，经济上是大江南北的水陆交通枢纽和重要的物资转运、集散中心；文化上从三国两晋开始就是江南中心并深受吴、越、楚三地的渗透影响；以后的发展更是得益于其特殊的地理位置的特点，融汇南北，横贯东西，显示出独特的开放性和兼容性。

长江对于宁镇地区既是天然的沟通渠道，又是天然的屏障。一方面它极大地促进了东西向沿江流域的文化交融，贯通了沿海和内陆地区，使长江流域尤其是长江中下游流域的文化传播和商品流通成为历来最发达的地区之一；另一方面它又阻隔南北向的文化传播和商品流通，表现在其南北岸的文化和商业活动经常以长江为界，会表现得非常不同。京杭运河由镇江的京口闸向南，入江南运河，京杭运河的开通及其在扬州和镇江之间与长江交汇，直接促成了宁、镇、扬地区在此后长达一千二百多年的繁荣。

秦淮河是长江的一条支流，古名淮水，全长约110公里，是南京地区的主要河道。秦淮河穿城而过，两岸自三国时候始就是南京最繁华的地方之一，被称为"十里秦淮"，对于南京的城市形态和功能布局，尤其是城市商业空间的布局有重要的影响。六朝时秦淮河两岸更是名门望族的聚居之地，商贾云集、人文荟萃。隋唐以后日渐衰落，引来"旧时王谢堂前燕，飞入寻常百姓家"的感慨。明清时期秦淮河成为重要的交通通道，内秦淮河更加成为城内商业集中的区域。封建统治者在这里设置了府学、贡院以及教坊司、青楼、酒楼等，促成了这一带经济的繁荣。秦淮河也从此闻名天下，迎来了"十里秦淮"的鼎盛时期。

与环太湖地区不同，宁镇地区山渐高，古代山下有大量湖泊，河流坡降比较大，这对宁镇地区的聚落遗存的形态产生了影响，一是迫使聚落选址接近河湖又靠近山脚，以免一旦豪雨来临，山洪泻出，聚落成为泽国，同时因临近湖泊便于乘船出行或引水灌溉；二是促使古代先民大量围湖造田，扩大耕地面积，称为圩田，又疏浚河道、兴修水利设施使泄洪方便，因而这一带从汉代起就开始了圩田发展的历程，石臼湖、固城湖畔以及南京南部的大量村庄的选址和圩田有关。

（三）里下河与淮扬地区

一千多年来，大运河承担起沟通中国政治中心和经济中心的历史任务，江南的粮食、手工业制品、两淮和浙江的盐都依靠这条人工水道运往都城，因而成为南北交通的大动脉。到明清两朝，朝廷将维系大运河的漕运和盐运的功能列为要务，设立河防大臣治理河道，设立漕运总督管理运输。由于黄河不断泛滥和改道，也就不断影响大运河的畅通。黄河自宋代起向南改道夺去了淮河的入海通道，迫使淮河河床和水面渐渐抬高，通过大运河向南流入长江。明清两代治理运河河道的关键问题都是解决运河穿越淮河和黄河的难题，我们的先人通过兴建高坝，扩大和抬高洪泽湖水面，容蓄淮河之水并引入运河，冲刷黄河来解决这一难题。这一工程的结果就是淮安到扬州的运河段不得不抬高，部分河段高出东侧平原10米左右，这段运河叫淮扬运河，因紧靠湖泊或就在湖里被称为里运河。在江苏靠近海岸的范公堤西侧，为了运输各盐场煮盐的柴草和煮好的盐，修筑了沿范公堤的串场河，又叫下河。西起里运河、东到下河、南起长江北到苏北灌溉总渠这一万余平方公里的平原区通常叫里下河地区，也即是淮安和扬州两城市作为北部和南部中心的淮扬地区。这一地区尤其是东部是江苏地势最低的地区，被称为锅底洼，历史上一直是水患频仍的地区，这决定了该地区大量聚落的环境质量不可能和江南媲美。

但是，大运河又是古代的黄金水道，是商业和贸易的通道，沿运河两岸的聚落借着运河的漕运等需求，因运而兴、因运而富，淮安、高邮、扬州是最大的聚落，那些通过次一级的运盐河向这些城市运货的聚落则是第二个等级的聚落。盐的买卖是国家垄断，那些参与这一贸易过程的盐商就是当年的首富，他们聚集扬州兴办园林住宅，献媚官府，讲究吃喝，诞生了四大菜系之首的淮扬菜，还衍生出大量工艺品制造业、服务业的繁荣。淮安是漕运总督衙署所在地，也是运河重大水利枢纽工程清口水利工程的所在地，明清两代每年都有大量的工程任务，官员云集，船工、民工也云集，后来大运河山东段逐渐淤积，以致后来黄河北徙使大运河济宁以北无法通航，货运到淮安下船走陆路，所谓"南船北马"，淮安成了中转站。

里运河是大运河的关键河段，沿运河的集散中心就在南端的扬州，大量的人员来往还带来了各地的习俗和文化。大量盐商出身徽州，徽州的时尚影响了扬州的时尚，既有过度装饰、纸醉金迷的商业文化，也有重视读书修养的儒商文化，包括西方基督教文化也借着交通的便利沿着运河传布，为里下河地区留下了不少教会建筑，佛教、道教和伊斯兰教的文化也都在沿运河各城镇留下了踪迹。大运河沟通南北传播文化的影响在这一地区十分明显。清末黄河北徙，先是海运接着铁路运输取代了水路运输，沿运河城市聚落迅速衰落。新中国成立后，特别是20世纪80年代后，电力普及，水患减少，经济发展。21世纪随着大运河申遗成功，文化遗产保护和旅游地位提升，运河水运作为低碳节能的运输方式被重新考虑，运河本身不断扩容以提高运量，同时"南水北调"工程也借用了部分里运河河道，淮扬地区沿运河城市再次获得了发展的机会。

（四）黄河、骆马湖、运河与徐宿地区

徐州宿迁坐落在江苏西北部淮河以北的黄淮平原上，苏鲁豫皖四省交界之处。本地区总体地势平坦，也有大小多处起伏的山峦，是江苏地势较高的一区。这里的水系古今差别甚大，古淮河的支流沂、沭、泗诸水流经本区，濉、安河水系位于本区南部。黄河夺淮后又北徙，带来的泥沙抬高河床使水系发生变化。现在废黄河斜穿东西，大运河纵贯南北，骆马湖等点缀其中，在众多的水系中，以这三者影响最大。

本地区历史上曾是黄河入淮故道。1128年，黄河在河南滑县决口以后，数十年间或决或塞，迁徙无定，河床在淮北平原上不断摆动，12世纪中叶从徐州夺泗河入淮。1855年黄河改流大清河由山东利津入海，河道在徐州宿迁境内流过了757年。至今，徐州、宿迁古城中尚有黄河故道的遗迹。

由于黄河善淤、善决、善徙，加上古代社会治河的能力受到技术条件和政治等因素的影响，一到极端天气或者贪污腐败到来，就水灾频仍，黄河在徐州、宿迁一带泛滥不断。自明朝到民国间，黄河决口50余次，由此引发的洪涝灾害100多次。即使在1855年改道之后，本地区依然受其影响而发生水灾7次。

黄河的水灾对本地区的建筑文化影响甚大，第一，水灾淹没村庄、冲毁城池，使得传统建筑遗存较少，只在地势较高的山区尚有留存，徐州曾有"穷北关，富南关，有钱都住户部山"的民谚。第二，黄河的泛滥使民间建房有朝不保夕之感，大量乡镇建筑质量不高、规模不大。第三，水灾造成本地人口的大量流失，鲁豫皖地区的人口则不断迁入，由此带来了各地的建筑风格，促成了建筑文化的交流，各种墙体和屋架形式都可以在这一地区找到。

黄河的泛滥还导致了苏北第二大湖骆马湖的形成。骆马湖位于宿迁的北部，形成于宋代。因地壳运动形成湖盆，加之黄河夺泗水入淮，泥沙淤积，河水漫溢潴留，使得这片盆地成为浩渺的大湖。在传统社会中，枯水季节人们在此打鱼耕作，筑台建庄，逸居暇耕，每逢汛期骆马湖变成黄河洪水走廊，灾害频繁。清康熙年间，为"黄运分立"开凿中运河，改变航道，骆马湖功能转变为储水济运。

在大运河繁荣的期间，徐州、宿迁地区也留下了浓厚的文化底蕴和人文景观，康熙、乾隆多次南巡都曾在本区的皂河镇的行宫停留，行宫靠着皂河安澜龙王庙，完全按照北京

清王朝皇家宫廷样式建造。新沂的窑湾镇则是毗邻骆马湖的商业古镇。

（五）海洋与通、盐、连沿海建筑形态

江苏南部长江口海岸是长江和东海长期相互作用下的产物。唐以前长江口在镇、扬以下呈喇叭状，口外一片汪洋，以后在波浪作用下，逐渐堆积了江北的古沙嘴和江南的古沙堤，随着长江携带泥沙的长期淤积，至清末，长江口北岸沙嘴自西北向东南逐个合成沙洲，即为今日江苏南通地区沿海的几个县市。

原长江入海口如今已划归上海。自启东以北江苏濒临黄海。北部地区海岸线与淮河、黄河的冲积扇有关。西汉时代的盐渎县在今盐城县城东北角，为产盐地，百姓以煮海水熬盐销售为业。南宋时大海在今盐城县东半公里（《舆地纪胜》）。北宋以前黄河长期在渤海湾入海，淮河的来沙不多，其一大支流泗水（又名清河）亦为水流较清的河道。故其时淮河口深阔，潮波可至盱眙以上。8世纪时（唐大历年间）在淮安、扬州间修筑了一条捍海堰，又名常丰堰，不久废圮。海岸逐渐东移后，百姓为图生计，纷纷向东发展设立新灶，而每当海潮漫涨之时，沿海一带庐舍漂没，田灶毁坏，家破人亡，惨不忍睹。11世纪在范仲淹主持下，重修捍海堰，北起阜宁，南至吕四镇，全长300公里，即今范公堤，使得西来洪水不伤害盐业，东来潮水不伤害庄稼。因而可以说，范公堤内外当年都是甚为荒芜的盐田和草地，宋以后这里的聚落才逐渐发展的。北宋末年，黄河南徙，夺取淮河的支流泗水等河道进入淮河入海口，加速苏北沿海滩涂的增长。1855年黄河再次北徙，但苏北海岸线仍然以每年5万亩的成陆速度增长，成为今天国家保护丹顶鹤和麋鹿的自然保护区和湿地。

沿海地区江海水系对传统建筑的形成有以下几点影响：其一，这一地带成陆较晚，开发晚，文化发展也较为滞后，除了历史稍微悠久的地点外，建筑等级、聚落等级较低。其二，这一地区古代主要的产业是盐业，随着海岸线的东移，盐田、盐灶也东移，原来的盐田、盐灶所用土地逐渐改造成农田，无论盐民还是农民，其社会地位和经济水平较低，而建筑材料等多为外购，加上沿海地区台风和含盐空气的威胁，建筑多低矮且用料较小，较为简陋。其三，由于文化发展滞后，不少古代建筑的时尚做法也滞后，因而虽然开发较晚却可以看到其他地区已经消失了的时尚。其四，盐民、农民皆具备坚韧不拔的奋斗精神、开放和开拓的精神，因而随着近代工业时代的来临和社会条件的改善，其吸纳外部文化的速度或超过其他地区。

二、山岭峰峦竞秀之乡

江苏总体地势平坦，在一片平原的背景下分布着不高的山岭峰峦，又因降雨量丰富，多数地区山峰郁郁葱葱，又有水的衬托，可谓钟灵毓秀。山不在高有仙则灵，江苏的山都不高，最高山峰连云港云台山海拔仅625米，其余多在400米以下，却多是风景区之所在。有长期的文化积淀是江苏诸山的共同特征，可以说，江苏的山不仅是自然景观，也包含了大量的文化景观，除苏北徐州、宿迁地区外，历史上由江苏山水所孕育的诸画派多属于米家山水，并影响到江苏的传统建筑风格。江苏诸山因地质条件不同，所产石材也不同，影响到各地的建筑墙体等的风貌。

（一）环太湖地区的山与建筑

环太湖地区在太湖湖中及其东岸有多处低山丘陵，如东洞庭山和西洞庭山，湖北岸东岸还有马迹山、锡惠山、光福诸山、穹隆山、灵岩山、天平山、虞山、龙背山等。山峰海拔在100~200米。最高的穹隆山高程才不过341.7米。

诸山不高，却享有盛名。虎丘"塔从林外出，山向寺中藏。"历代名人雅士品题诗咏，加之神话传说，有"吴中第一名胜"之誉。虎丘有"三绝"之景，即山绝、景绝、池绝。剑池底据传是吴王墓入口。苏东坡称"到苏州而不游虎丘，乃是憾事"。灵岩山因吴王夫差和西施而闻名，夫差为西施在山上建"馆娃宫"，是世界最早的山上园林，至今

仍有吴王井、梳妆台、流花池、西施洞、琴台等遗迹。后在"馆娃宫"建灵岩山寺，是著名的佛教净土宗道场，高僧辈出。山的西南麓还有韩世忠和夫人梁红玉墓。无锡惠山有闻名遐迩的"天下第二泉"和二泉亭。惠山寺在唐宋时就香火不绝，盛极一时。这些山因其深厚的人文积淀和较高的地势成为城市的地标，也是地方文化的象征。

吴地山体尺度不大但秀美精致，在这块土地上诞生的虞山画派也深刻影响了建筑审美的趣味倾向。

环太湖诸山石材种类丰富，尤以当地泛称太湖石的石灰岩为广泛使用。宋代及以前一种被称为武康石的凝灰岩被用作石桥梁、石栏板等，宋代至明代，大量石灰岩用于建筑的各个部位。清代以后被称为金山石的花岗岩开始普及，多用于桥梁和砌筑石材。

（二）宁镇地区的山与建筑

宁镇扬地区总体西部稍高，东部较低，平坦的平原区周边点缀有宁镇山脉余脉、茅山山脉和宜溧山地，著名的有紫金山、牛首山、金山和焦山等山体。山地之间湖荡棋布，沟渠纵横，山水相映，风景秀丽。由于开发较早，大多人文积淀深厚，多数有宗教渊源，如茅山的道教文化深厚，有三宫、五观、九峰、二十六洞、十九泉、二十八池美景闻名遐迩，茅山道院是东南地区的道教中心，一年一度的茅山香会是江南最大的香会。紫金山、方山、宝华山、鸡笼山、焦山、金山等地则是佛教的胜地。

如同环太湖的山水造就了吴文化的种种特征一样，宁镇山区催生的金陵画派及其审美趣味间接影响了宁镇地区建筑的尺度感和细部的处理。

宁镇地区有石灰岩山体，六朝至明代被大量用于建筑营造，方山为死火山，产玄武岩，但因加工不易，只少量用于周围建筑构件或井圈。

（三）淮扬地区的山与建筑

淮扬地区地处江苏省中部，襟江连海、河湖密布。境内多为平原坡地，山丘面积较少，仅有的小型山脉也被打上强烈的文化烙印。如扬州观音山是隋代迷楼故址，据《迷楼记》载，迷楼是隋炀帝行宫，浙江匠人项升设计，"凡役夫数万，经岁而成。"隋炀帝曾说："使真仙游此，亦当自迷。"隋亡楼毁，明代雇桐曾题匾"鉴楼"，取"前车之鉴，以警后世"之意，以隋炀帝的教训鉴戒后人。观音山所处的蜀岗，是扬州的著名风景区，大明寺、平山堂和鉴真纪念堂都在这一带，观音山香火最旺，亦为扬州最盛的庙香会。届时，北起滨海，南到苏南乃至沪皖等地香客都陆续赶来进香。

地处洪泽湖南岸的盱眙县周围仅有一座小山，虽小却被称为第一山。隋开大运河后此山直对通济渠入淮处汴口，居南北冲要；宋时崇圣书院、清时敬一书院先后辉映，被尊为"儒山"。登此山正对淮水，可远眺运河上下景色，据《万历帝里盱眙县志》载："张目为盱，举目为眙"，盱眙地名亦由此而来，宋时大文人米芾北来一路平旷，到此始见山峦，登山一望果然好风景，遂题"第一山"三字，是为文化胜境。

（四）徐宿地区的山与建筑

本地区大部分是平原，西高东低，海拔在30～40米，几百年来是黄泛区。丘陵海拔一般在100～200米。丘陵山地分两大群，一群分布于徐州中部，其中贾汪区中部海拔361米的大洞山为全市最高峰；另一群分布于市域东部，最高点为新沂市北部海拔122.9米的马陵山。宿迁的平原比率更大，山地只有城北的马陵山，其南麓的嶂山森林公园拥有市区最高峰，其海拔只有73.4米。

由于地多山少，因此山间的传统聚落并不多见。即使有水患，为了耕作方便，绝大多数农户也选择在平地建房。而在城区之内住户并不需要种田，大户人家出于抵御水灾的考虑，纷纷将住宅建造在高地之上，徐州的户部山就是如此。正因为它地势高，明清时期的一些建筑得以保留下来，而乡村的平原传统建筑容易受到水灾、兵火的影响而留存无多。

徐州的山虽不多，但较江南诸山雄伟，因降水量少，山上除柏树外,植物生长不易。徐州诸山是汉朝历代楚王选择陵墓的处所,诸山所产石灰岩石材,也早在汉代就广泛使用,至今还保存有当年的采石场。

(五)通盐连地区的山与建筑

通盐连从南到北沿黄海排开,南低北高,南通局部有小山丘,盐城为湿地低地,连云港有江苏第一高山。

南通南郊五山(狼山、军山、剑山、马鞍山、黄泥山)成弧形排列,高低错落有致。狼山紧邻长江,是南通地区的著名风景区。

连云港市位于鲁中南丘陵与淮北平原的结合部,地势自西北向东南倾斜,境内山脉属沂蒙山余脉,绵亘近300公里。有大小山峰214座,主要有南云台山、中云台山、北云台山、锦屏山等,其中最高峰为南叶山主峰玉女峰,也为江苏省境内最高峰,海拔625米。沿海岛礁共21个,其中东西连岛为江苏第一大岛,面积达5.4平方公里。云台山上有奇石和山洞,明朝吴承恩游此山被激发其想象力,中国文学史上著名的神话小说西游记遂应运而生。

连云港地区山多石多,沿海居民多垒石为墙,故石墙草顶或瓦顶的民居较普遍。

三、跨越南北的气候带

气候差异是古今各地建筑的地域差异的基本根据。中国古代很早以前就有南北之分,这除了几次南北分裂造成的影响之外,更重要的是气候的差异以及由此差异引起的其他差异,"橘生淮南则为橘,橘生淮北则为枳",这一南北分界线位于淮河至秦岭一线,这一分界线也和我国一月份的平均气温0℃等温线相重合。在我国的建筑气候分区中,江苏的淮河以北属寒冷气候,淮河以南属夏热冬冷气候,淮河以北没有梅雨,淮河以南梅雨季逐渐加长。但同属夏热冬冷气候的苏中、苏南仍然不同:江淮之间的苏中在计划经济时代是有冬季取暖费发放

的,而长江之南的苏南冬天不发取暖费。江苏的"气候的过渡性特征明显,兼有南方和北方的特征,全省自北向南依次跨越三个温度带:淮北属暖温带,淮南属北亚热带,位于省境南端的宜溧丘陵山区与东西洞庭山丘则具有中亚热带的气候特征。"[①]三个温度带加上海洋、地形、降水等的不同影响,产生了苏北、苏中、苏南对建筑的适应性的不同要求,苏南的宁镇地区和环太湖地区除了本小节已经述及的北亚热带和中亚热带的差别再叠加上前一小节提到的地形地貌环境的差异,在气候方面表现为:除了东部环太湖流域有较多的台风影响外,气候的其他极端性在西部的宁镇地区更明显,例如强对流天气、结冰现象、大陆性气候的影响力等,因而可以说环太湖地区气候更为温和一些。这种差异影响了人们对建筑中尺度、色彩、明暗等变化强度的感知习惯。

总体而言,即使算上苏北,在全国的气候分区图中和东北、西北及更南部的夏热冬暖地区相比,江苏全境气候都算温和,总体温和而分区明显的气候决定了江苏传统建筑文化审美中的众多微妙之处。

(一)环太湖地区的气候与建筑

苏南地区气候属于温润的亚热带海洋性季风气候。常年主导风向为东南风,四季分明,年平均温度15℃以上,7月平均气温28℃左右,冬季平均气温2℃~3℃之间,气候温和宜人。年平均降水量1050~1200毫米,降水主要集中在夏季,六七月间为梅雨季节,八九月间为台风雨季。气候湿润,适于农业发展。四季分明和潮湿是该地区最显著的特点。

环太湖地区人多地少,人口密度最高,决定了传统建筑以低层高密度方式解决居住问题。夏季较热,冬季稍冷,多雨。为了除湿则要求建筑通风良好。高密度建筑中以小尺度天井与纵横的内外巷弄形成贯通腔体,解决通风、除湿、采光问题。该地区有一种"蟹眼天井"尺度很小,就是为了纯粹解决通风采光问题而设。在群体建筑中,能迎风的建筑是很少的,所以需要将腔体引入建筑,形成风的通道,增加各

---

① 赵媛. 江苏地理[M]. 北京:北京师范大学出版社,2011: 30.

个部分的环境均好性。巷弄是横向腔体，天井是竖向腔体。所以建筑空间特征体现为通透。这是在南方传统城镇中常采用的方式，与其气候共性有很大关联，园林中更是做到极致。铺着青石板的内外巷弄既是建筑布局高密度的产物，也便于解决遮阳和通风问题，却也形成江南建筑的典型符号，引发出诗意的联想。

粉墙是江南建筑的另一特征符号，所谓"粉墙黛瓦"的特点深入人心。粉墙即为石灰抹面。江南多雨潮湿，所产陶土砖含沙量高，吸湿率高，石灰饰面的防潮性能优于砖，可对砖砌外墙起到保护作用，所以多雨的环太湖地区多为粉墙。

（二）宁镇地区的气候与建筑

宁镇地区地处热带和暖温带过渡地区，属亚热带季风气候，雨量充沛，四季分明，年平均温度15.4°C，年极端气温最高39.7°C，最低-13.1°C，年平均降水量1106毫米。春季风和日丽；梅雨时节，又阴雨绵绵；夏季炎热，全年气候湿润，一年中寒暑变化显著，但春季短而夏季长，夏热冬冷特征明显。全年降水量适中，为农业提供了较好条件。

这一地区经济发达，人口稠密，传统建筑的密度大，与环太湖地区相仿，为解决夏季闷热、冬季寒冷问题，建筑外实内虚，设有开敞的天井或庭院，平面尺寸小而竖向比例细高，建筑之间还有细长的背巷，与天井和街巷一起形成气候调节系统，共同解决高密度住区中通风、除湿、采光问题。就住宅而言，天井不仅担当了类似烟囱的竖向拔风井的作用，更成为住宅中人们活动的中心场所，空灵的设计和灵活的位置也成为串起江南住宅空间的重要因素。宁镇地区墙面材质清水、浑水兼有，甚至墙体上下部分两种做法，讲究者以粉墙为主，清水墙或浑水墙体都有大量空斗墙，以提高墙体的防潮性能。

（三）淮扬地区的气候与建筑

本区南北纵长，其年平均气温也相应的由南向北逐降。年降雨量总的趋势为南高北低，以射阳、建湖、高邮一线为年降雨量1000毫米的分界线，其中春、秋、冬三季降雨量均呈从南向北递减的趋势，但夏季降雨反呈从南向北的递增。本区水网纵横，尤其由于大运河的存在，东来西去，南下北上，四面八方的建筑匠师集聚，促进了建筑技艺的沟通与交流，使住宅园林兼有北方造屋之雄浑与南方筑园之秀气，然又不失自己独特的个性，主要表现为造屋规整，构园精巧，不变中有变。以规整严谨的院落式为单元组群布局，体量宏大，栋宇鳞次，气势恢宏，宛如城郭。大门虽然顺街巷走势而设置，但不论街巷是何种走势，入门后主宅群皆能南向朝阳。不论房屋大小，间、厢、披、廊配置适当，比例适宜。不论宅内、宅外都有较好的空间组合，以解决使用功能上的需要。相互之间分合自如，灵活有度，通风采光较好，并因地制宜布置庭园，大者构筑园林，使之达到观之者畅、居之者适的雅致人居环境。而扬州民居中的天井相对而言则偏向于北方民居，平面尺寸稍大而竖向比例偏小，整个建筑的比例也趋于平缓，同时更多地使用了清水砖墙和实心的墙体。

（四）徐州、宿迁的气候与建筑

徐宿地区属于建筑气候分区图上的寒冷地区，四季分明且日照多，但相比较江苏南部地区来说，夏天雨水较少而冬天寒日较多。年均气温13°C～14°C，一月份平均温度在0°C以下，年降雨量800～1000毫米，无霜期210～220天，日照高度角较低，是江苏最冷的地区，为求冬季日照院落较其他地区大，正房南向，院落方形且很少设廊。单体建筑为双坡顶，屋顶较厚，外墙多为保温防寒性能较好的清水青砖或石材，墙内砌筑砂浆和填充材料常为麦秸黏土砂浆，乡村也有使用土坯或夯土作为墙体的。为了防寒和抵御冬日的西北风，窗户较小且北墙经常不开窗。

（五）通盐连沿海地区的气候与建筑

南通、盐城和连云港三地纬度相差2.5度，分属不同的气候带，南属北亚热带湿润季风气候区，北属暖温带湿润季风气候区，盐城位于过渡地带。因而三地建筑并不相同，古代等级稍高者和同一纬度的其他地区的建筑样式相近。但三地都濒临黄海，受海洋性气候影响，夏热冬冷较其西侧各地区和缓许多，在海风影响的范围内建筑都存在着防台风、防海潮和防盐雾侵蚀的相同问题。

四、物华天宝的三角洲

禹贡时代的江苏归九州中的扬州，完全是一派尚未摆脱蛮荒状态的情景，物产及其贡赋的数量都排在九个州中的后边。[①] 然而经过千余年的开发，自宋以后江南大地成为中国最富饶的区域，所谓物华天宝、人杰地灵之地，丰富的物产为江苏建筑的发展提供了极大的可能性。

（一）环太湖地区的物产与建筑

优越的自然地理条件和精耕细作的农业文明的发展，促使该地区成为我国的经济发达地区，鱼米之乡之外还盛产丝绸和各种精美手工艺品，它们的共同特征是清雅精巧，这种风格深深渗透到了地方建筑中。

苏南古代产木材，来自太湖沿岸山上的树木，其中有榉木、香樟等，水运便利，古镇木渎更是因为"积木成渎"而得名。石材尤其著名，其中城西南群山所产花岗石全国闻名，洞庭西山所产优质石灰石既是建筑用石，也是烧制石灰的原料，苏州地区的太湖石是宋代花石纲的主要采集地，太湖石和另一种沉积岩黄石是苏州园林中叠山的主要石材，造就了江南园林山水的主要风貌和意趣。

苏州陈墓、陆墓一带是著名的砖瓦生产地，选择当地地面下淤积多年的含有细沙的亚黏土制作的青砖质量最好。明代永乐年间工部在该地设"御窑"，为建造北京皇宫烧制"金砖"。苏州的金砖生产成就了明清两代皇城的铺地材料供应，为明清官式建筑的风貌作出了贡献。直到光绪末年（1908年），陆墓"御窑"转为民用。据《苏州市志》记载，陆墓有500余家从事砖瓦副业生产，可见该地的建筑业相当发达。无锡清明桥一带是历代民间建筑用砖的烧制基地，连部分桥梁也使用青砖砌筑拱券。从一个侧面也说明了地方的生产资源丰富，生产技术精湛，对苏式建筑文化的形成提供了支持。

苏南沿海和沿江的贝壳为古代烧制优质石灰——蜃灰提供了原料，较大的贝壳还经磨制成古代窗户中为提高采光效力而使用的"明瓦"。苏州一带的冶金技术从春秋时期就闻名于世，在此基础上苏州生产的建筑五金为广大地区的门窗安装提供了配件。

（二）宁镇地区的物产与建筑

宁镇地区不少山中有优质石灰石，不少村庄以采石和加工石材为生，南京的阳山采石场至今保留了明初据说是要制作巨型石碑的毛坯，被称为阳山碑材。南京又是明清两代云锦等织造的基地，绚丽多彩的云锦为江南彩画提供了无尽模拟的资源。明初南京城南还有大片砖瓦窑，制作包括优质琉璃瓦在内的各种砖瓦材，明代大报恩寺的琉璃砖瓦都是就地烧造，但这种厚度和质量的琉璃制品在当代琉璃厂已经无法生产了。南京有长江航运之利，是明代造船业的基地，大量木材沿长江输送到南京，不仅用于造船，也为建筑发展提供了基本材料。

（三）淮扬地区的物产与建筑

淮扬地区几乎无山，不产石材，但由于有长江和大运河的便利，整个淮扬地区在黄河北徙之前，大量建筑材料依靠输入，依靠运河有过数百年的繁荣。盐商、官府的建筑材料甚为奢侈，普通下层百姓的居住建筑则用料迅速减小，至淮安一带，不少民居就地取材，使用当地产的水茅草做屋面材料，省掉瓦屋面，极为耐久，且冬暖夏凉。

---

① 原文是"三江既入，震泽厎定。筱荡既敷，厥草惟夭。厥木惟乔。厥土惟涂泥。厥田唯下下，厥赋下上，上错。厥贡惟金三品，瑶、琨筱、簜、齿、革、羽、毛惟木。岛夷卉服。厥篚织贝，厥包橘柚，锡贡。沿于江、海，达于淮、泗。"原文和译文皆见"百度百科，禹贡"

（四）徐宿地区的物产与建筑

徐宿地区总体上地势平坦，也有若干山脉。土坯、黏土砖瓦的使用比较普遍，从汉代起已经有制砖业的存在，其等级高的明清建筑大多使用青砖青瓦，而平民百姓尤其是农村民居中则以土坯草房或石墙草顶房居多。宿迁水多无山，徐州的山星罗棋布，多为石灰岩的山，有大量天然石块，自汉代起就有大量采石场，场内加工石材和石雕制品。由于气候较为寒冷，南方的水杉绝迹，而北方的杨树及其他杂树甚多，普通百姓房屋的屋盖部分的建筑用材也发生了变化，低等级的民居甚至使用芦苇秆或秫秸秆作为屋面材料代替椽望。1949年后，红砖红瓦逐渐得到普及。

（五）通盐连沿海地区的物产与建筑

从南通到连云港的沿海地区以滩涂为主，历史上其盐业、渔业、农业较为发达。除砖瓦外，大量建筑材料由外地输入。这一地区手工业发达，有不少手工制品，如明清时期的建湖周氏冶铁、李氏花炮、东台曹氏木雕、唐氏羽扇以及滨海的泥彩塑等。商品交换在这里是不可忘却之事，将盐和水产、稻米运出之后，一船船的外地产品包括建筑材料就运回来了。

第五节 江苏传统建筑的人文成因

人文因素是对应于前述的山水、气候环境的非自然因素，是因人类的历史文化活动而产生的。人文者，人类文化之核心也，尤其是指那些观念形态和规范性的文化积淀。中国的自然地理环境在世界上并不是很好的，但是中华文明是人类历史上仅存的几种延续几千年的文明，经历了各种灾难和剧变的考验，这不是偶然的，在艰苦的环境下寻得适应并应对环境的技能所升华的文化引导了民族的前进。江苏也是这样，江苏的建筑在久远的历史过程中不断与时俱进，其和背后的文化积淀分不开。

明代以南京、苏州、扬州等城市为中心，形成一个以教育、航海（包括郑和下西洋）、出版、宗教、戏曲、手工业、科举考试、绘画书法、园林建筑、茶饮、住宅建筑等文化要素构成的"江南文化圈"，这一文化圈代表了当时中国社会最高的文化高峰，许多文化成就一直影响到清代甚至当代。这一文化圈又和浙江境内的"浙东文化圈"互为颉颃，从整体上推动着中国古典文化进入最后的辉煌。明成祖朱棣迁都北京后，提升了京杭运河的重要性，沿运河城市文化带特色获得加强，江南文化圈成为运河线上文化最为发达的文化圈，对北京文化及北方文化产生了诸多影响。

一、江苏的文化积淀的特色

在江苏所积淀的观念形态的文化中，有几方面极具地方特色，对建筑的发展给予了巨大的影响。

（一）农耕文化中的精耕细作和多业并进的精神

农耕文化特征以环太湖流域最为明显，同时辐射到江苏全境和周围地区。江苏的农业自隋唐开始在国内经济中占有越来越重要的地位，除了因有各种水资源的天然环境优势之外，主要就是江苏的古代农民及其先进代表人物通过兴修水利、规避水害，深入研究水利和农作物的种植规律，形成了精耕细作的新型农业文明模式，为了和遍地沼泽的自然环境斗争，江南人民创造了葑田、圩田等耕作形式；为了提高经济效益，创造了桑基鱼塘这类空间农业、生态农业的土地利用模式；里下河流域人民创造了垛田的耕作形式；沿海居民则利用三角洲的淤积结合盐业和农业的业态设置和调整，不断向海岸线推进。唐以前中国的农书多出自中原和陕西，但唐宋以后，江南的各种农书不断出版，对农业各种技术不断介绍推广。直到当代，我国灌溉型的水田面积最多的就是江苏和四川，唐代的"一扬二益"之说就建立在古代高度发展的水田经济的基础上。

精耕细作型的农业文明的特点是：在小面积的土地上投

入劳力也投入智力、投入技术形成稳定的高产效益而不断进取，且农、渔、林多业兼顾并和商业、贸易联系密切。例如太湖周围的村庄，茶田农业之外多数家庭兼营渔业、花果，不少家庭更是商旅线路上的优秀经营者。这种尊重自然、利用自然优势又发挥人力，注重实效的做法，充分体现了《易经》的"天行健，君子以自强不息"的精神。这种精神推动了江苏各地民俗中重视农耕的传统，也造就了江苏的民风和江苏人性情中勤劳奋发的成分。这种精神为其他各业的发展开拓了道路，也为建筑业的发展奠定了不断改进的基础。在明清两代，江苏经济昌盛、文化发达。清代粮盐产量均居全国之首，田赋和税分别占到全国的3/10和7/10。康乾盛世时期，全国5个百万人口城市，江苏占3个（扬州、苏州、南京），这一时期江苏的城镇和乡村的建筑质量和水平也位于国内的前列。

多业并进精神在应对近代社会急剧转型中发挥了重要作用。鸦片战争后，从大西洋上吹来的欧风美雨首先是在沿海地区登陆的。在饱受帝国主义的政治、军事、经济和文化侵略的同时，这一地区的各界社会精英从不同的切入点寻找新形势下自己的发展道路，"师夷长技以制夷"是他们的基本策略，民族资产阶级由此形成。苏南地区成为近代中国民族工业最为集中的地区。"以上海为中心，包括无锡、南通、常州、苏州等形成以近代工商文化为特征的文化圈；最具跨越式发展特点的是无锡和南通这两座城市，其特点就是由文化人打破'学而优则仕'的传统思路，向西方学习，走兴办工商实业和市场经济之路"[1]。

（二）耕读传家造就的发达士大夫文化及工匠文化并存且互动

儒家文化对中华民族的影响深刻。江苏因为唐宋以后土地开发日趋成熟，物质相对他处较为丰裕，有更好的条件接受强调以农为本、强调士农工商的社会秩序的儒家思想，耕读传家成为乡村所有家庭的信条。北宋范仲淹在苏州首创府学，办学之风由此日盛。州学、县学相继建立，南宋时出现书院。元代乡社设有社学和义塾，清代中叶又增加大量私塾。教育发展和商业推动下的乡镇发展相结合，使得江苏特别是苏南的乡绅文化特别发达，明清两代大量的乡镇中聚集着一个优秀的士大夫阶层。"最伟大的艺术家的学校，最知名的学者，最富有的商人，最好的演员，最有技巧的杂技演员和优雅地裹着小脚的家庭主妇"[2]都出现在这里，他们是社会上的有闲阶层，著书立说，臧否朝政，品评艺术，鉴赏古董，钻研技艺，大大推动了本已十分发达的各个行业的工匠层的技艺，精耕细作在这里转变成了精致、精巧的工艺，扬州、苏州、常州等地的玉雕、牙雕、发雕、核雕以及苏州、南京、南通等地的苏绣、云锦所包含的技术水平和艺术成就都是他处所无法比拟的，它们构成了中国社会的精致文化的核心部分。工匠们的审美情趣对手工艺发展不断引领，是香山帮等建筑行业匠师们的审美价值基础。顾炎武在《肇域志》中评价苏州"善操海内上下进退之权，苏人以为雅者，则四方随而雅之；俗者，则随而俗之。"

（三）参与主流文化的担当精神和开拓探索经济发展的进取精神

当代，由于城市化、交通极为发达和人员流动相当频繁，也由于信息的高速传播、普通话的普及，地域人文因素的差异性大大减小了，甚至出现同质化的趋势。但是在古代甚至在近代，这方面表现在精神面貌的差异性上还十分明显。林语堂在他那本以幽默著称的《中国人》一书中描写过东南江浙人和北方人以及广东人的差异。他认为"北方人基本是征服者，而南方人基本是商人"，认为"吃大米的南方人不能登上龙位，只有吃面条的北方人才可以"。[3]他甚至画出了一个诞生皇帝的大致范围，认为除少数民族的皇帝

---

[1] 江苏省建设厅城市发展研究所，南京大学文化与自然遗产研究所.江苏人居环境的历史文化渊源研究[G].2008.
[2] 保罗·圣安杰洛(Paolo Santangelo).帝国晚期的苏州城市社会[M].上海：上海人民出版社，2005.
[3] 蔡栋. 南人与北人. 其中的林语堂《北方与南方》一文，北京：大世界出版有限公司，1995：4.

之外，其地域以陇海铁路东侧为圆心画一个圆，在豫东、冀南、鲁西南、皖北一带。苏北的徐州也有幸列在其中，但江苏大部分都属于吃大米的出不了皇帝的地区。鲁迅则对此有所补充，认为"相书上有一条说，北人南相，南人北相者贵"。又说"北人的优点是厚重，南人的优点是机灵。但厚重之弊也愚，机灵之弊也狡"①甚为深刻。当皇帝是政治上的强势，要有点敢于杀伐决断的气质。若说到文化，则江南人士始终是主流文化的参加者，那句"天下兴亡，匹夫有责"的惊天动地的话就是出于苏州人顾炎武之口。"不为王而为王者师"是相当多的江南才子的志向，东林党人的"莫谓书生空议论，头颅掷处血斑斑"则是他们的决心。在文化学术领域内，他们构筑了主流文化大厦的许多部分。这里真是人文荟萃，群星璀璨。吴门书派、画派、昆曲、评弹皆独树一帜。思想家、经济家、史学家、文学家、书画家、收藏家众多。建筑领域有蒯祥、计成、文震亨、姚承祖等。苏南人把皇帝之乡和将军之乡拱手相让，却拿下了古代的状元之乡，并成就了今天的院士之乡。

说到经济则江苏人更不含糊，就经商的头脑而言，江苏人也许并不是最发达的，但一定是那些较发达中的一个。林语堂则拿某些他看到的江浙人的过度精明开涮，他说"长江以南，人们会看到另一种人，他们习惯于安逸，勤于修养，老于世故，头脑发达，身体退化，喜爱诗歌，喜欢舒适，他们是圆滑但发育不全的男人，苗条但神经衰弱的女人，他们喝燕窝汤，吃莲子，他们是精明的商人……"②大约从范蠡泛舟太湖时开始，吴人和越人经商就有了传统，宋明以来的太湖商帮是几大商帮之一。江苏商人有一些不同于他处商人的特点，没有过度露富，但内里却极讲究，不大做僭越之事，房子没那样高但细看还用了金丝楠木柱子，大门灰灰的但细看是木门外包了一层砖头防火的砖细做法。古代他们多是儒商，近代他们一样将孔孟之道和西学的知识放在一起教育后代。他们也许没有粤商和浙商那样的冒险精神，但开拓、探索性和开风气之先的气质禀赋则不输于任何人，张謇就是其中最有理想也是有开拓性大手笔的一位代表人物，他的男耕女织、工农一体、城乡一体的发展理想几乎超越了欧洲的空想社会主义，如果不是后来国际市场的无情，资本的狰狞可能会在他的家乡获得缓解。有一大批像荣毅仁家族这样的民族资本家造就了如无锡荣巷这样一大批乡镇中的中西合璧聚落遗存。这种精神在二十世纪五六十年代和改革开放时期都在应对社会急剧转型时发挥了作用，新中国成立后第一个社办企业春雷造船厂就是在无锡诞生的，20世纪80年代后在浙江酝酿温州模式的私营企业发展道路的时候，江苏的社办企业嬗变为苏南模式的民营企业模式，这种与时俱进又较为扎实的开拓精神正是近代江苏新的城镇风貌的主要推动力。

二、江苏的建制变迁及民风

（一）江苏的建制变迁及移民文化

远古时期的地形地貌和气候与今日是不同的，但考古学的成果仍然显示，在今日江苏所辖的范围内，新石器时代的先人们所创造的文化也类似今日，分为四块。那时，今日的沿海地区还未形成。以河流为界，淮河以北的被定为海岱文化，归属黄河流域的龙山文化系列，江淮之间被定为青莲岗文化，有趣的是考古学者多数认为江南的宁镇地区和太湖以东的文化并不相同，甚至进一步提出，远古时代的长江由芜湖经高淳、溧阳入太湖再入海的推测，认为是5000年前茅山山脉的升起才迫使长江北折经南京和镇江东流入海。③到了禹贡时期即周朝前后，江苏中部和南部属扬州，北部属徐州，这种建制至少说明了其地域文化的南北差异。

春秋期间（公元前770年～前476年），江苏分属齐、鲁、宋、吴、楚等国。秦代实行郡县制，境内长江以南属会

---

① 蔡栋.南人与北人.鲁迅《北人与南人》一文，北京：大世界出版有限公司，1995：4.
② 蔡栋.南人与北人.其中的林语堂《北方与南方》一文，北京：大世界出版有限公司，1995：4.
③ 邹厚本.江苏考古50年[M].第二章《区系类型与考古学文化》，南京出版社，2000.

稽郡，以北分属东海郡和泗水郡。西汉初年，郡国并行，江苏省先后分属楚、荆、吴、广陵、泗水等国，会稽、丹阳、东海、临淮、琅琊、沛等郡。徐州一带正是西汉楚王的领地，大量奢侈的汉墓就是这个时期的遗存。东汉永和五年（140年），省境长江以南属扬州，以北属徐州。唐代以前，江苏的人口密度低于中原，唐代持平，从宋代开始，人口密度不断提高，明清两代成为中国人口密度最高的地区。[1]这当然和农业的不断发展有关。江苏的行政建制相应地不断更新，隋统一中国后，境内已经分置苏州、常州、蒋州（今南京）、润州（今镇江）、扬州、楚州、邳州、泗州、海州和徐州。以后虽历经战火和灾害，且名称不断改变，但辖区都较为固定，明代江苏属南直隶，清代江苏和安徽又成为一省，江苏各城市的厚重人文的积累时间都超过了一千年。明清两代，在水网的枢纽地带又发展起大量的市镇，形成了人口密度及经济技术含量高但分布较为均匀的格局。在主流文化的辐射下，从职官制到科举制，从宗法制度到缠脚，从漕粮到盐运的税收，江苏都是各种制度文化的先行地区。以科举而论，明清两代仅仅一个苏州府就贡献了45位状元。在每一次的建制变迁后，由于归属权的调整，地域文化与域外文化的关系也会发生微妙的变化，近代较为明显的变化包括：清代上海道从江苏松江府划出成为特殊的城市，1927年上海及宝山从江苏分出成为直辖市，1958年松江专区9县和南通的崇明岛从江苏分出划归上海市，这些建制的调整为上海的经济现代化及形成国际大都市创造了条件，也为后来上海的现代风尚向周边的苏州、南通、无锡的辐射埋下了伏笔，成为江苏这几个城市大量中西合璧建筑发展的推动力（图1-5-1）。

（二）江苏的移民和民风

在一千多年的历史上三次移民潮对江苏的人文格局都产生过重大影响。第一次的晋室南迁、衣冠南渡，使得以建康为都城的南朝成为主流文化的保存之地；第二次五代的动荡，江苏境内的南唐国和吴越国的相对稳定的发展为两宋的繁荣提供了经济和文化基础；第三次南宋偏安江南，衣冠再次南渡，主流文化的中心南移，南北文化的分野形成。除了这三次大规模的移民潮之外，江苏还有小规模的各类移民，如明代朱元璋的义军由皖入苏，清中期湘军淮军由长江中游东进江苏都带来了大批人员，推动了楚文化的东进；明洪武年间朱元璋为了恢复沿海经济，从苏州、松江等地大规模移民到苏北屯垦，多达65万人迁到盐城。此后在沿海的开发过程中，多项制度鼓励大批流民落户盐场，这些行动都促使了江苏文化的丰富性和多样性以及兼容并蓄的特征。

由于多次移民，世族聚居与诸姓混杂两种类型的聚落都在江苏存在。多数聚落没有寨墙之类的城防系统，主要靠选址和水系环绕等方式构筑其聚落的安全性，较丘陵和山区的聚落有较大的开放性。古代居住在江苏的吴人、楚人，如今都是汉民族的一部分，今天江苏的7800万居民中少数民族不足26万人，其中一半是回族，故民族文化对江苏地域建筑文化差异性的影响除个别点状乡村聚落外，基本不存在。

与中国更南的地区相比，所谓的"杂祭淫祀"之类在江苏并不多。江苏遗存的宗教场所不算复杂，有以下几类：一类是朝廷允许或者提倡的佛、道、伊斯兰教以及后来的基督教，它们都有各自的容纳其宗教活动的庙宇和清真寺、教堂，另一类则是和百姓及各行业生计紧密相关的专业性的神祇供奉之地，如祭祀海神和水神的妈祖等，祭祀灭蝗虫的刘猛，祭祀治水有功的大禹、张王等，这些神祇在特定的地域和特定的庙宇中获得地方百姓的祭祀，这两类庙宇加上通行全国的礼制建筑如孔庙、关帝庙、城隍、先贤祠以及宗祠、祖庙等，构成了江苏古代的人神沟通、寄托信仰的场所。江苏的先民虽然相信神灵，但还都实实在在地生活在现世社会

---

[1] 参见百度百科"中国古代人口密度图"

中，这种生活态度自然会对他们经历建筑形态巨变时的观念取向产生影响。

江苏在长期相对独立的地域上通行着不同的语言系统。环太湖地区的属吴语，但即使和同为吴语的浙北如宁波、绍兴人的口音比起来，苏州人讲出的话都显得绵软柔润，以至人们说"宁听苏州人吵架，不听宁波人讲话"；宁镇的语音接近北方官话，如今南京人在正式场合里讲话都和普通话差不多，只有在城南或坊里听到老人们讲起话来，才会使今日从北方来的客人觉得普通话竟然是这种腔调；江淮之间的淮扬官话就是人们熟知的周恩来的口音的原型，有点南音却也好懂，语言学家说用这样的口音读古诗，那些平仄音韵才到位。苏北的属北方语系的鲁方言，未必好听却源于孔老夫子，铿锵有力。整个江苏的居民爱吃辣椒的人少，像两湖地区那种吃法更少，环太湖地区更喜欢做菜放糖，尤以无锡为盛，这里的生活也真有一种甜蜜蜜的感觉。江苏的居民不好斗，苏南最明显，冲突起来动口不动手为多，性格相对温和柔韧；宁镇地区和淮扬地区的居民性格柔中寓刚，不排外；徐宿地区民风直爽、剽悍。在古代，这些不同的语言、习俗上的差异既保持了文化圈内的稳定性，也加大了五个原有区系之间的沟通的困难，从而促进了地域文化的差异性。这些差异性和自然环境的差异性结合起来，加大了地域民风民情的差异性。苏州人习惯于他们引为骄傲的屋角发戗的曲线做法，即使认识到宋以前并非如此，即或遇到如同贝聿铭创作的苏州博物馆这类崭新建筑的直线屋角时，苏州的本地人依然认为：最美的还是苏州传统的弯曲的屋角。宁镇和淮扬地区的人好像见多识广，什么样的房子也能接受，但根子里的文化情结却总是深深的。苏北人则习惯于清晰和刚劲大气的建筑风格。这些民风民情的差异，随着近代交通带来的南北文化以及居民本身的频繁迁徙和交流而逐渐减小。

（三）区划变更与传统建筑文化交流

行政区的变更还带来了文化的交流。比如吴地与北面的扬州、徐州等地在多个朝代行政区划中分分合合，来自北方的中原文化对吴文化也产生了一定影响。实际上，吴文化在春秋时期的大发展就深受中原文化的影响，泰伯奔吴这样的历史事件也说明了当时吴地奉中原文化为先进文化。中原文化的影响透过徐州、扬州等而至吴地。历史上有多次战乱引发的北人南迁，如东晋、南宋的朝廷南迁，带来了中原的文化的影响。当时先进的中原文化对吴文化起到了提升作用。早期吴地的建筑文化就是中原建筑文化输入的结果。宋元时期，江南地区依然保留了早期中原地区的建筑艺术特征，古拙质朴，比如保留平行椽、梭柱、束竹柱等做法。而这些特征在中原地区往往随历史发展而湮灭，或者很少使用。[1] 这从一个侧面说明江南建筑文化类同早期中原建筑文化，宋以后不与中原文化同步，可能有多方面原因。其一是地域审美倾向的选择，江南地区审美倾向欣赏精致细节之美。其二是江南行政区划相当长一段时间与北方分离也是重要原因。

通过交流，吴地也有文化的输出。唐代的江南道包含了吴地和安徽南部，宋明时期，苏南和皖南也同属江南行政区域，清康熙六年（1667年）前两地同属江南省。"这一行政区划及相应的文化地域，一直影响到后代，形成历史上所谓的江南概念。"[2] 广义上江南的范畴就包含了皖南。当时的苏州是东南的经济中心，处于文化高势，引领了时尚，号称"苏人以为雅者，则四方随而雅之；俗者，则随而俗之。"[3] 徽商在与苏州的经济往来中，将来苏州的时尚带到徽州，与地方特色融合，从而形成了徽州本土的风格，所以吴文化与徽州文化存在很多相通之处。可以看见，两地的建筑风格有共同之处，都是粉墙黛瓦，空间组合类型也有相似之处，在唐模水街上依稀可见苏南水乡

---

[1] 赵琳，张朝阳.略论宋元江南建筑技术与装饰地域特征的滞后现象[J].作家杂志,2010(6): 291-292.
[2] 张十庆. 中国江南禅宗寺院建筑[M]. 武汉：湖北教育出版社，2002, 6.
[3] 顾炎武，《肇域志》。

的痕迹。徽州也同样注重造园，手法讲究自然奇巧，小中见大。徽州人氏曹元甫、郑元勋、阮大铖都与苏州园林巨作《园冶》有直接关系，可见徽州造园方面与苏州园林渊源，极有可能"苏艺徽用"。[1]

第六节　江苏传统建筑的技术成因

技术因素包括了物质的和非物质部分的文化因素，因其和建筑的物质形态创造直接相关从而显示独特的重要性，故单独予以阐释，它包括材料的选择、制配、构件加工制作、安装和传统的建筑结构和构造的技艺等。江苏传统建筑技艺很早就闻名于世，其中尤以环太湖地区的技艺为最。地域性的行帮在古代是以家族为核心传承的，近代中国家庭结构开始变化，至20世纪50年代的集体化运动，使手工工艺传承的原来的社会基础瓦解，传承基本中断，除了苏州因《营造法原》的影响和古建园林的建设需求量较大而传承略好，保留了若干传统技艺之外，其他地区性的行帮几近灭绝，我们几乎无法获得传统匠师的操作工艺信息，只能从建筑遗存的物质部分分析其做法。

一、苏南地区精益求精的"香山帮"技艺

太湖之滨自古出巧匠，"吴中人才之盛，实甲天下，至于百工技艺之巧，亦他处所不及"[2]。以"香山帮"为代表，擅长复杂精细的中国传统建筑技术，木作、水作、砖雕、木雕、石雕等得到发展，集泥水匠、漆匠、堆灰匠、雕塑匠、叠山匠、彩绘匠等工种于一体。史书曾有"江南木工巧匠皆出于香山"的记载。吴国阖闾、夫差两代君主就先后建立了吴宫、南宫、馆娃宫、姑苏台等苑囿，这开创了苏州香山帮建筑辉煌的先河。北宋的《营造法式》中的不少资料源自历代工匠相传的建筑经验，其中也吸收了香山帮匠人的建筑成果。后来南宋重印时特意选址于苏州，并正式形成了有组织、有规模的香山帮工匠，《香山小志》中称为"香山梓人"。明代初年参与明故宫修造的名匠蒯祥也是香山帮匠人的杰出代表。苏州古典园林也大都出自香山工匠之手。近年香山帮在国外也声名远播，众多中式园林如美国纽约明轩、温哥华逸园、新加坡裕廊镇唐城、美国锦绣中华公园、日本齐芳亭和金兰亭、美国波特兰市兰苏园等皆为香山余绪。"香山帮传统建筑营造技艺"已列入名为"传统木结构建筑营造技艺"的世界非物质文化遗产。[3]

香山帮的技艺拓展还和当地文人墨客的参与相关，"主人无俗态、筑圃见文心"是最好的写照。苏州的宅第园林往往是文人园，他们直接或间接地参与了建筑的设计与建造，并且还整理、总结了香山帮的建造经验和艺术成就，代表作有计成的《园冶》、文震亨的《长物志》。

清末民初的著名香山帮匠人姚承祖是可与蒯祥比肩的一代宗师，在刘敦桢、张镛森先生的帮助下，他记述香山帮技艺的《营造法原》流传于世，是南方唯一流传下来的营造典籍。

二、宁镇地区吴头楚尾的建筑做法

明代初年的都城南京的建设曾经征召数十万工匠和军匠，史载香山帮匠师蒯祥曾经随其父参与南京城的建设，南京城的城砖则是从附近好几个省按照大致一样的尺寸烧制的。后来永乐皇帝迁都北京带去了十几万工匠，这批工匠和北京的工匠一道完成了明代陵寝、坛庙和宫城等的建设，形成了影响到后来清官式做法的明代官式做法。这些都说明明代南京的建筑技艺是后来北方官式建筑的重要源头，这里曾经流行过强有力的大体一致的传统建筑技艺。清代曾经对北京皇家建筑作出过突出贡献的样式雷雷发达一家，祖籍江

---
[1] 贺为才.从苏州园林与徽州园林看江南建筑文化之传承与互动[J].华中建筑，2006(9): 4–6.
[2] 曹允源，吴荫培等修志，李根源署.吴县志.民国22年浸版，苏州文新公司承印吴县志.
[3] 见联合国教科文组织保护非物质文化遗产政府间委员会第4次会议，阿联酋首都阿布扎比，2009，9.

西，但长期定居南京附近的江宁，说明直到清代，宁镇地区依然有着雄厚的传统建筑技艺基础。但和香山帮的基地长期稳定并延续不同，清末以来，宁镇地区的工匠系统迅速瓦解，代之的是适应现代建筑施工的营造厂的新的工作体系，这一体系最初应该和传统体系有千丝万缕的联系，但经过一个多世纪特别是新中国成立后的公私合营等社会变故，传统技艺已经完全被取代。迄今为止，宁镇地区再未找到由清代传承下来的传统匠帮，有的仅仅是广大乡村在农闲时能够盖普通民房的泥瓦匠。因而，今日我们对宁镇地区传统建筑技艺研究，主要是通过现存这一地区的遗构的做法的分析来推测的，与之类似，在淮扬地区和徐宿以至沿海地区，传统匠帮也已近于绝迹，故皆以做法作为分析技术要素的切入点结合历史脉络予以说明。

宁镇地区的传统建筑做法从东到西呈渐变状态，东部甚至某些西部的建筑技艺都始终在香山帮的辐射范围内，那些以曲柔为美的风尚吹遍江南。但是自明代始，伴随着朱明王朝由皖入苏，淮北朱元璋家乡的制度风俗开始对皇家建筑体制产生巨大影响，楚风挟政治上的威权不断劲吹。明初朱元璋从政治需要出发，扬唐而贬宋，强调宏大规整，反对奢华装饰，禁止官员造园，风气为之一变：明初残留的石柱础皆有1米之厚，午朝门上的明间竟有8米之阔，这种恢弘的皇家气度应是那时宁镇官式建筑的风貌。享乐之风从明中期即已开始，营造园林府邸使得明初以来的节俭之风渐渐弱去。清初南京仍然是皇家的织造府所在地。曹雪芹《红楼梦》中的大观园虽是虚拟，但其范本则与织造府西花园以及南京的随园等关系密切，《红楼梦》中描写大观园的诗句"天上人间诸景备"显示了当时南京园林建设的奢华，织造府等一大批官府衙署公廨印有官方背景，仍然显露着官式的影响。清后期因湘军和淮军攻打太平军而重聚这片土地，使楚风再次东来，我们尚不知道宁镇地区的匠师帮派名称，但从他们营造出的大到庙宇、小到各处民居来看，如同语言远离了吴语一样，宁镇地区和环太湖地区的建筑风格差别明显，就做法而言，宁镇地区匠师们制作的月梁更具楚风，结构体系也更率直地表达穿斗的特点，例如在苏州，平板枋断开柱子的做法被柱子穿过平板枋代替，虽不合官式制度，却更为坚固合理。镇江一带则由西而东吴风渐盛。宁镇地区的民居则简略大于吴地，也和皖南的体系与细部有所不同。

三、淮扬地区南北东西荟萃的建筑做法

淮扬地区的传统建筑工艺始终占有独特的地位，明清两代的运河文化哺育了现存的扬州传统建筑工艺的成果，东南西北的物资汇聚扬州的同时，各地的建筑匠师也在这一地区纷纷献艺，这造就了沿运河地区多种做法混杂的现象。例如官式建筑，从淮安漕运总督衙署残存的明代鼓镜石柱础可以看出，经清代修缮过的淮安府衙木构已属抬梁结构却不施斗栱，甚为简陋，但也应接近官式；扬州在清代印行过《工段录》，书中术语皆同官式，显然是满足不断南巡和履行职务的从皇帝到朝廷大小官员的行旅需要。扬州可找到浙江南部风格的府邸，还可找到弥漫着徽州雕饰和尺度关系的盐商住宅，似乎各地匠师都来过这里一试身手。但毕竟本地工匠是多数，尤其是远离运河的乡间，因而总体上呈现的还是今日看到的不同于苏州的淮扬做法。扬州工艺水平的高超还体现在扬州建筑中大量的砖雕、石雕、木雕和砖细做法。

四、徐宿地区厚重粗犷的建筑做法

徐州宿迁的建筑工艺与江苏其他地区不同，其风格更为简易、厚重、粗犷。由于深受水灾兵火的影响，徐州宿迁地区普通人民的财力不足，地表的林木也不丰富。因此在传统的民居建筑中，结构较为简易高效，大多采用墙体承重的墙上搁檩、金字梁即双梁抬架的形式。

墙上搁檩是指放弃山墙处的承重木柱，木檩条直接搁置在山墙上的结构系统。这种结构施工简易，结构清晰，省工省料，在一般民房中广为流行。但这种结构需要山墙作为支撑，跨度不大，因此大多用在较为次要的房屋中。

在山墙上，脊檩较为粗壮，其他的檩条次之。有时因为木构件太细，屋脊下部檩条常常采用双檩上下重叠的做法。

金字梁在工匠那里被称为双梁抬架，是一种流行于苏北、鲁南、皖北地区的屋架形式，其结构为三角形的屋架，内部以抬梁填充而成。这种形式为三角形屋架和抬梁式的结合。由于是屋架整体受力，因此跨度可以加大，可以取得较宽敞的室内空间。其斜梁在顶部交叉，正好托住屋脊檩条。其他的檩条则由固定于斜梁上的托木承托。整个屋架则架设于前后檐墙之上，结构非常简易。是官式和苏式建筑中从未出现的，但普遍存在于苏北民居中。正是这样一种做法，决定了苏北的多数屋面不可能有下凹的提栈曲线而是呈直线状。

由于气候相对寒冷，徐州平原地区院落较其他地区更大，山区利用高差引入日照，因而缩小院落进深以节约建设用地。墙体厚，后墙多不开窗，以防止西北风和冷空气进入房间。因区内多山，故建筑材料多用石材，砖墙以满顺满丁的全扁砖砌法为主。

五、通盐连地区沿海简朴的建筑做法

江苏沿海地区的建造技术基本以苏州、扬州、淮安、徐州为准，从西向东平行扩展，从南方的正交穿斗梁架技术过渡到北方正交抬梁技术。

南通地区的传统匠师体系不像苏州那样清晰，但建筑技艺的高低与传承密切相关，21世纪江苏省被授予建筑之乡的21个县级市中，南通地区就占了4个，近代南通是江苏社会转型的先进地区，是江苏近代建筑获得拓展的城市，而且明清两代南通地区的优秀建筑相当丰富，将这些历史事实联系起来看，南通地区的传统建筑技艺必有坚实的基础。从传统建筑的梁架体系来看，南通和江南一样，折射了宋营造法式做法的影响。月梁、直梁并存，但即使圆作直梁亦有剥腮，屋面坡度较平缓，柱础常有木楯。随着沿海地区的由南向北，做工渐粗、门窗渐小、墙体渐厚、翼角渐平，但江南文化的辐射在建筑上的反映依然存在，例如轩的做法、梁的剥腮，直到淮河的几条入海通道的附近才发生改变。即整个盐城地区的传统建筑都与楚地和吴地文化的影响密切相关。

连云港地区梁架形式上亦存在正交穿斗梁架，东部沿海地区喜用扁作中柱造穿斗屋架，但已出现三角形的双梁抬架和大量的普通的抬梁式做法。可以说北方的影响已经占了主要地位。

第七节　社会转型引发的人文成因变化及其影响

江苏建筑文化的三大成因在两千年中发生了种种变化，地理环境变化较大：宋代后海岸线逐渐东进，长江口东移；其次，气候也发生了一定的变化，特别是两宋期间先变冷后来又逐渐回暖，太湖曾经结冰，橘子树冻死。[①]但这些变化和人文因素的变化相比都算不上什么。人文因素的历史变化又以明清以来特别是鸦片战争以后，中国社会被迫进入由农业文明到工业文明的社会转型为最大，由此对建筑变异产生的影响也最大。

一、城镇化演进

社会转型可以追溯到历史上江苏市镇聚落发展带动的古代城镇化进程，这一进程可以上溯到明代江南手工业和商贸的发展时期，这种发展使得江南大量市镇涌现。通过大运河和其他水陆交通线路，江南以及其他南方地区的各类货物需要向北方运输，苏北沿运河地区的集镇也逐渐形成。它们的选址和水网的枢纽位置及古代航船一日的行程距离有密切的相关性。

鸦片战争后，中国经历了千年未有的大变局，首当其冲是各口岸城市，接着就是沿海沿江各地。江苏就是中国这个近代社会转型后发国家中的先发地区，在转型的过程中，江苏各个城市的发展格局重新调整，相互关系重新组合。

---

① 陈代光.中国历史地理[M].广州:广东高等教育出版社,2004.

1855年黄河再次北徙，造成了大运河山东段的断航，漕运和盐运改道，由此带来的利润转移他处。苏北沿运河城市急速衰落。到了20世纪初，津浦线、沪宁线、陇海线铁路的新的选线和开通，带动了沿线枢纽城市的振兴，公路引入，火车和汽车在苏北地区取代了水运，苏南的运河水网却在工业大发展的形势下被赋予新的运输功能。孙中山的治国方略带动起来的建设，推动了上海、连云港的发展，张謇的实业救国和改造社会的理想造就了新的南通。交通格局的改变，使各城市的排序重新洗牌，上海脱离江苏逐渐成为远东第一大都市，扬州和镇江一蹶不振，无锡、南通脱颖而出。20世纪二三十年代在两次世界大战的间歇中，中国民族工业获得长足发展，上海、南京、苏州等城市制定了适应新的社会需求的规划。在工厂、银行系统、电车和股票市场、电影院引入大城市的同时，城市中现代理念的市政设施和公园、绿地等按照西方的模式被引入，城市城墙被拆除，城市的开放性和公共性获得提高。大城市中打工族的家庭结构不得不改变，里弄住宅这种在传统住宅基础上大大压缩面积且向空中发展并增加若干现代设施的新类型应运而生。廉价的工业产品使传统手工业制品逐渐衰落，市场经济使贫富差距出现急剧变化。这种深层次的变化深入到江南几乎所有乡镇。

二、社会转型中的观念文化大调整

江苏的传统观念文化也在这种社会转型进程中率先发生了变化。

面对着携船坚炮利的优势登陆中国的西方文明，总体上说，大多数中国人出于爱国之情主张师夷之技、以夷制夷，对这些物质文明采取拿来主义的利用态度，其引进过程经历了科技、政治、文化三个阶段。当不得不面对西方物质文明背后的西方精神文化时，中国的精英阶层经历着历史上最不寻常和最痛苦的思考和探索，并在舆论、政策制定和个人实践的不同层面上作出回应。他们大致可分为三种类型，第一种是保守派，认为对西方文明应予全面拒绝，如邵阳举人曾廉认为"变夷之议，始于言技，继之以言政，益之以言教，而君臣父子夫妇之纲，荡然尽矣。君臣父子夫妇之纲废，于是天下之人视其亲长亦不啻水中之萍，泛泛然相值而已。悍然忘君臣父子之义，于是乎忧先起于萧墙。"[1]第二派被归入革新派，认为应该引入器用之术，如林则徐的学生，苏州人冯桂芬认为"以伦常名教为本，辅以诸国富强之术"，曾任清廷外交大臣的无锡人薛福成认为"取西人器数之学以卫吾尧舜禹汤文武周孔之道"，《盛世危言》作者郑观应认为"道为本，器为末；器可变，道不可变；庶知所变者，富强之权术，而非孔孟之常经也。"这一派的观点最后由清廷大臣张之洞总结为"中学为体，西学为用"，获得朝野多数人的认同，虽然此派内部对于西方法律制度的态度仍然分歧甚多。第三派人认为西方的器用之术是和西方的文化密不可分的，不可能仅引入技术而回避对中西制度和观念形态的探讨，这种认识最后由陈独秀、胡适、傅斯年等人表达最为透彻，胡适提出"全盘西化"，"死心塌地的去学人家，不要怕模仿……不要怕丧失我们自己的民族文化。"陈独秀当年突出"西学"与"中学"的根本区别为"个人本位主义"和"家庭本位主义"的差异，喊出"伦理的觉悟是最后的觉悟"，傅斯年直接领导了中央研究院历史语言研究所，建立起以实证为基本方法论并与西方学术接轨的现代中国科学和社会学研究的学术体系——这也是第一代中国建筑师处理建筑风格问题时的主要推动力。这种启蒙的追求还导致了"五四运动"及其前后的"打倒孔家店"的反封建运动，如果不是后来如李泽厚先生所概括的"救亡压倒启蒙"的抗日战争带来的亡国的威胁，这些探讨会更加深化。

立足历史的高度，客观回首这些争论，应该说每一派都提出了一定的道理，都有其值得思考的学术和思想价值。一百余年的实践说明，体和用两分的提法远未解决中西文化的关系处理中的道路和方法问题。一百余年的实践却又呈现了中国文化的强大生命力，中国的实践理性精神依然在发挥

---

[1] 李泽厚.中国现代思想史论[M].北京:生活·读书·新知三联书店，2008.该段凡引号内皆引自该书第八章"漫说西体中用"。

着根本性的作用。末代皇帝和保皇派在策划复辟的同时照样住在租界的洋房里；上海的资本家从股票市场捞了钱后依然要娶几房姨太太，普通老百姓喝了咖啡、看了有声电影之后也并不妨碍他们对淮扬菜和评弹的留恋，即使加入教会或投身商场，家族关系仍然被中国人看得比外人重要。最值得思考的是由官方或教会兴办的新型大中小学堂，一方面建立起了以欧洲文明为中心的新的知识体系和方法论体系，另一方面却又为日后的革命和经济建设造就了各类骨干人才。看菜吃饭，量体裁衣，兼容并蓄，车到山前必有路，或者就是多数国人的生活哲学。江苏的各个城市面貌就是在这样的众生相的推动下，经历了近代中国社会转型初期的阵痛后形成的。用百姓们能懂的话说，就是中西合璧。从生活方式到建筑，中西合璧已然构成了江苏近代传统建筑文化的一部分。

各派学人都在历史的进程中发展、调整甚至改变自己的认识，甚至从一派观点转为另一派，而且所说与所做并不总是一回事。回望历史，胡适和傅斯年一派虽然对知识界影响甚大，但无论是他们自身的社会科学研究，还是影响到建筑学的思考，都已呈现出更多的问题需要后人应对。也许各派先贤们所忧虑的深层症结还没有充分显露，也许先贤们探讨的深层理论问题因后代忙于生活而未加重视，或者因被鄙弃而不予关注。但是我们应该认识，一百年来先贤们的这些思考，不仅是我们认识整个近代建筑文化的发展取向的入门锁钥，并且也是21世纪中国再次崛起之时讨论建筑文化的思想启示。

上篇：江苏传统建筑的区系与特征解析

第二章　环太湖地区的传统建筑及其总体审美特征

环太湖地区其实是一个较大范围的文化圈，包含江苏的南部和浙江的北部，具有相近的历史文化背景和表征，是吴越文化圈的核心地区。环太湖地区在江苏地域内，包含现今行政区划上的苏州、无锡、常州三个地级市，为古吴旧地。粗粗梳理一下历史的脉络，这一地区先秦属吴越地，秦始设会稽郡，将太湖囊括其中；东汉后改吴郡，晋则将吴郡中分为吴与毗陵郡，南朝时改毗陵为晋陵，隋时出现了苏州的称谓（吴郡），至唐时已同今名为苏州和常州，南宋改苏州名称为平江府，元沿称为平江路和常州路，明清为苏州府和常州府。[①] 行政区划的变替在唐以后基本稳定，有助于区域文化的形成与确立。

这一区域也被统称为"江南水乡"，杏花烟雨，精巧婉约，是其文化印象，小桥流水、粉墙黛瓦则是其建筑印象。杜荀鹤在《送人游吴》中写道"君到姑苏见，人家尽枕河。古宫闲地少，水巷小桥多。"这是对苏锡常环太湖文化圈的城市建筑风貌的生动写照。苏锡常环太湖文化圈的建筑总体审美特征可以概括为"清雅精巧柔"（图2-0-1）。

"清"来自清秀的山水环境，太湖流域有山但却不高峻，宋王希孟的《千里江山图》中表现的钟灵毓秀，舒展平远，构成了江南山水的主题。水面大，虽有浩渺的太湖、阳澄湖、滆湖，但更多的是密如蛛网的水道运河，清渠若碧，人家枕河，桃柳夹岸。虽然人居密度较高，但建筑依然以清朗为主，色彩质朴，以白黑为主色调，柱梁木构为深栗壳色，墙体为混水白色，屋面瓦顶为黑色，间或以黑灰修饰墙基与抛枋。坡顶层叠，粉墙黛瓦，在烟雨中若隐若现，吴冠中的画作中弯弯的黑色线条为白色界定了范围，黑的线，白的面，加上两三枝粉的桃、绿的柳，画面湿润的可以看见水汽，就是太

---

① 谭其骧.中国历史地图集[M].北京：中国地图出版社.1987.

图2-0-1 无锡清明桥水乡印象

湖流域建筑"清"的最典型描摹。

"雅"来自深厚的人文积淀，南朝以至南宋，两次大移民促进了江南地区的文化发展，而且历史上这里发生的战争很少，既不像徐州那样是兵家必争之地，也不像南京那样具有作为都城或重镇的政治意义。《咸淳毗陵志·风土卷》引杜佑《通典》，称"毗陵川泽沃衍，有海陆之饶，珍异所聚，故南其人，君子尚义，庸庶敦厚。永嘉之后，衣冠避难，多所萃止，艺文儒术，斯之为盛。"经济的发达，适宜的气候，丰富的物产，文化得到极大的发展。至宋元时期，人们重视教育和文化，人才辈出，在哲学、文学、史学、艺术、教育、书籍刻印出版、宗教思想、美术工艺，尤其是城市工商和消费文化等各方面都呈现出领先全国的局面，从而使太湖平原到浙东一带成为中国真正的文化中心。苏轼归老在地，在常州留有藤花旧馆；苏舜钦归隐于此，留下"清风明月本无价"的沧浪亭。与山水的契合，与儒佛文化的契合，与文人情怀的契合，是环太湖流域建筑"雅"的体现，园林是最典型者。拙政园、网师园等9个园林被列入世界文化遗产，苏州园林也成为中国私家园林的代名词，无锡、常州同样也名园遍布。园以名称，常州最著名的几个园林的名字分别为近园、约园、半园，取"近似是个园林"、"大约是个园林"、"约莫半个园林"的意思，有趣的名字恰恰体现了文人风"雅"的审美需求，造园不追求宏大与气势，喜好如同南派山水画中马一角、夏半山的传承，芥子须弥中见微知著。而即便一般的宅中，无土地建大型的园林，也往往择一角落配置具体而微的园林景观，典型如苏州潘宅（图2-0-2）。

图2-0-2 苏州潘宅内宅园

"精",指的是精工细作。稳定的行政区划,共同的文化背景,较少的战乱影响和富庶的农商背景为建筑文化的发展传承奠定了基础,大量的财富积累体现在建筑的建造上。在宋代苏州地区就"墙必砖,覆必瓦,虽贫家亦鲜茅茨之室"[1],富裕的经济基础造就了建筑的繁荣与发展,建筑用材高档,细节丰富,装饰精美。典型者如楠木厅,内敛质朴、藏而不露、但做工精美,宛若天工。无锡硕放的昭嗣堂[2](图2-0-3)即如此,

---

[1] 叶承庆.中国地方志集成(乡镇志专辑)[M]."风俗习尚"引震泽编、具区志。
[2] 昭嗣堂,位于江苏无锡硕放,明嘉靖七年(1528)进士曹察所建宅第,在乾隆年间被曹氏后人将宅改为家祠。

图2-0-3　无锡昭嗣堂内景

该堂在民间被称为香楠厅，是目前江苏境内保存最完整、面积最大的明代楠木建筑，建筑面阔四间，进深十一架，月梁曲线优美，截面硕大，全部采用名贵的金丝楠木建成，甚至望板亦用楠木，柱不施油漆，装饰集中在厅内金柱上雀替、月梁两端及脊檩，配合雕刻施彩绘并贴金，彩绘也以几何纹为主，有施子莲花、双钱、包袱、垂角等纹样，贴金也少用满堂金，多为局部点饰，华美而不繁琐，但工艺精细，与建筑整体协调一致。常熟彩衣堂之彩画也能代表太湖地区的建筑技艺之精，宅为清末帝师翁同龢的故居，坐北朝南，占地约4620平方米，大致可分为东、中、西三路，今存大小房屋90余间，布置有序，曲折幽深。中路为主轴线，前后六进，依次为门厅、轿厅、堂楼和下房两进。第三进正厅名彩衣堂，为明代遗构，面宽三间，进深九架，前轩后廊，扁作月梁，用材硕大。最精彩的是梁架满堂彩画（图2-0-4），梁、檩、枋无一不绘，虽历久而依旧色彩斑斓，精美绝伦，部分画面施沥粉堆塑贴金，整体装饰风格典雅而不流俗。

"巧"，指的是别具匠心，巧夺天工。香山帮的传统工匠体系的传承有序，匠心独运，进一步强化了环太湖地区独特的地域建筑风格。譬如同样的砖细门套，徽州地区多在5厘米左右，而苏州却往往只有3～4厘米，基于纤巧清丽的审美需求，苏作的工艺不

图2-0-4 彩衣堂五架梁彩画

断拓展巧的边界。以东山雕花楼为例，在东山镇南光明村，建于1922年，正厅所有梁、柱、窗、栅无所不雕，无处不刻，仅梁头就刻有三十几组三国演义组画，窗框刻有全二十四孝组画，整个厅内雕有178只凤凰，集中体现了香山匠人在木雕、砖雕、石雕上的智慧和才能（图2-0-5）。

"柔"指的是苏州建筑大量使用曲线，一如绵软的吴语，俱呈水乡阴柔之美，其园林空间极尽曲折迂回之能事，其亭榭平面有作扇面，有作圆形（图2-0-6），甚至如环秀山庄的海棠亭者，平面呈海棠花状，其极致处连同大木作构件平面和断面也为曲线，其屋角无论嫩戗水戗，如水袖般地飘起，其屋面"囊金叠步翘瓦头"，其月洞门窗，匾额楹联、立面和线脚都显露曲线，妩媚悦人，其廊轩有船篷、鹤颈、菱角、弓形，悉作曲线，此风波及砖雕石雕，牌楼上的砖雕斗栱之纤细婉转、玲珑剔透。

总体而言，建筑风格简洁淡雅，藏而不露，崇尚自然，宛自天开，却由人作，表达了环太湖流域吴越建筑文化的模拟自然的总体审美特征。

图2-0-5　东山雕花楼

图2-0-6　环秀山庄海棠亭

第一节 传统聚落的选址与格局

一、聚落选址与山水环境

环太湖地貌类型有三种：长江三角洲冲积平原、太湖水网平原、低山丘陵。长江三角洲冲积平原由长江泥沙冲积而成，海拔10米左右，地势平缓。点缀有宁镇山脉余脉、茅山山脉和宜溧山地，总体自西向东缓缓降低，湖荡棋布，沟渠纵横，低山点缀，山水相印，风景秀丽。从春秋战国、秦汉六朝、隋唐五代直至宋元明清都在这里修建水利，大规模的圩田治水，历代的河道开凿与整饬，把水乡泽国逐步改造成为膏腴兼倍的鱼米之乡。

区域内西为宁镇山脉余脉，山不高而缓，但名胜众多，重要的城市均有名山为伴，如常州的茅山以道教显；无锡的惠山和锡山与运河惠山古镇相得益彰；苏州的虎丘有虎丘塔，通过山塘河街与苏州古城的阊门连接，沿河为苏州繁华所在，灵岩山、穹隆山和天平山多以古迹称显；常熟的虞山为古城北凭，半城人家半城山；余者昆山有玉山，宜兴有龙背山，山水相印，山城相印，共同构筑了环太湖的山水人居环境。这些山不以势而是以形胜和秀美突出，曲径通幽，别有洞天。吴人审美亦是从中孕育，建筑审美倾向精巧秀丽，无不与之有关。

环太湖区域内的城市大约诞生于商后期至西周时期，江苏南部地区进入初期的"城市文明"时代，目前在江阴花山、丹阳珥陵、武进湖塘等地均发现了一批时代相当于西周时期的古城址。"泰伯奔吴"①成为这一地区的共同文化认同，吴文化圈也自此成为历史上最为稳定的文化圈之一。从先秦时期城邑的建立上，可以追寻现今主要城市空间选址的基本脉络关系，当然，这一脉络关系首先依托于山水形势。

从历史上也可以得到印证。淹城遗址位于江苏省常州市武进区中心城区湖塘镇，是现存春秋晚期保存相对完整的一座古城遗址，考古资料表明淹城由内向外，由子城、子城河，内城、内城河、外城、外城河形成三城三河相套的建城制度，将水系组织在城市的防御与仪礼空间组织中，满足了仪礼制度、防御外敌、排水取水等多种城市聚落的功能要求。

再考察公元前515年伍子胥所筑的阖闾城，城址过去一直被认为就是现今的苏州城，但根据最新的考古成果，多数学者认为阖闾城在无锡与常州交界处。"子胥乃使相土尝水，象天法地，建筑大城，周围四十七里，陆门八，以象天八风。水门八，以法地八聪"②，考古资料也证实了伍子胥相土尝水，象天法地，仔细经营阖闾大城与水系的关系，考古中发现的阖闾城的水门遗址，与文献印证，表明城内有水系规划形成的交通性河道，地层资料也表明大城北侧的胥山湾古时有水道连通太湖，便于交通和军事用途，得水利之便而不必受水之患。

但江南水乡，水是核心，从先秦的震泽与芙蓉湖，与水的共生共荣和水网的塑形改造，是环太湖流域发展的中心命题，水理所当然成为环太湖区域内的城市与乡镇聚落选址的首要因素，也进一步决定其聚落的空间格局形态。区域内河道纵横密如蛛网，湖泊散布，在历史上形成了以水网为主要交通和生活体系的水乡环境，水街水巷构成了城乡聚落的基本骨架，城市因水而兴，乡镇因水而聚，密集的水网成为该区域立足、发展、兴盛之根本。

以区域内22处全国历史文化名镇名村作为聚落样本进行分析③，可以管中窥豹。从村镇的名称上，就间接说明了这一点，以水命名者如锦溪、震泽、木渎、沙溪、荡口、沙家浜、孟河、杨湾、明月湾；以桥名者，如杨桥、严家桥；两者数量计占半数以上。吴地山体尺度不大，秀美精致，决定了建筑审美的趣味倾向。低山丘陵虽貌不惊人，但与集镇空间结合紧密，开发较早，人文积淀深厚，多数有宗教渊源，

---

① 商末，周太王古公亶父的长子泰伯和次子仲雍，南奔入吴以让国，至梅里立勾吴国，为吴之源。
② 东汉赵晔：吴越春秋·阖闾内传，南京：江苏古籍出版社
③ 至2014年，江苏中国历史文化名镇有锦溪、千灯、周庄、甪直、黎里、震泽、东山、木渎、沙溪、同里、周铁、古里、沙家浜、孟河，历史文化名村有苏州东山陆巷村、东山三山村、东山杨湾村、金庭镇东村、西山明月湾、无锡玉祁礼社村、常州郑陆焦溪村，中国传统村落常州杨桥、李市村、严家桥村。

一般是重要公共活动的场所，是地域建筑文化的势之所在。名镇名村中也可见以山名者，如东山陆巷、东山三山村，聚落建于山麓，背山面湖，依托山体免受水患之苦。山不在高，有仙则名，舜过山的舜迹传说与兴发的庙会，间接促成了焦溪村的发展。

二、聚落选址的地理空间脉络

环太湖流域内形成基于水系的聚落空间网络。因水而兴，交通性和商业性的水系成为聚落组成的核心元素。江南地区自古是鱼米之乡，水系发达，村落依水而成，除了有用水之便外，更重要的是交通便捷。几乎所有重要的集镇聚落均有贯穿而过的水道，聚落夹水而建，水道的形态确定了村落的空间发展脉络。

考察聚落内历史文化名城名镇名村，从聚落与相邻水体的形态上其择址大体可以分为四类，择址接临湖塘等大水面，择址依托长江，择址于河渠之畔，择址于水系环绕的高敞之地。

第一类虽然邻湖塘者不少，大者如苏州东山、西山诸村镇，地势深入太湖，享太湖之烟波浩渺，但细究下来聚落择址多位于面湖的山麓地，聚落往往依然建于河畔，并不直接邻湖，通过水道与太湖联系，享水之利而避水之患；即便如锦溪那样，"镇为泽国，四面环水"，"东迎薛淀金波远，西接陈湖玉浪平"，东临淀山湖，西依澄湖，北有矾清湖、白莲湖，有"金波玉浪"之称，镇口紧邻南侧五保湖，重要的历史遗迹陈妃水冢和寺庙构成聚落的水口，但锦溪的聚落形态骨架依然建立于内侧的水道系统。周庄、同里亦如是，虽然近处均有大的湖泊水面，但聚落与其关系并不十分密切。

第二类也有少量毗邻长江者如常州孟河镇，由于孟渎成为漕运入江的重要通道，而从长江边的小渔村成为廛集成市的孟城，水系在这里提供了交通、生产、生活的基础。

第三类更多的聚落与水的关系是枕内河而置，夹河而营，依托网络状的水道系统，水街成为聚落交通生活的中心。如沙溪、荡口、周铁、焦溪、杨桥、李市、严家桥莫不如此。当然，此类关系中最重要的聚落都在京杭运河畔。隋代大运河的开挖，沟通了黄河、淮河、长江、钱塘江流域，进一步将形成城镇水网体系与全国的经济网络联系成为整体，苏常地区成为江南地区的经济中心，苏州、无锡、常州均在运河沿线，形成了名副其实的"运河城市带"。正如韩愈所说，"当今赋出于天下，江南居十九"。[①]

还有第四类，以无锡礼社村为典型，聚落内并贯穿的水道水街，择址位于周水环绕的高爽之地，周边水潭星布，十八条水浜环绕村落，称为九潭十八浜。如果把视线放在更大的区域内，礼社与历史上的芙蓉圩的围垦关系密切，"周遭圩岸缭金城，一眼圩田翠不分。"[②]享水之便捷而少虞水患，围水筑坝，堰湖而圩，是与水争地的产物。

在依托于水系布局的基础上，商业市镇的发展进一步修正了这一网络。宋代江南城市发展一个引人注目的现象是各种商业市镇的兴起和迅猛发展，这些市镇与传统州县城市不同，不是因政治而兴起，而是随着农村经济的发展，城乡市场联系不断加强、各地区之间商品流通日趋活跃的产物。南宋时期苏州的经济已超过其政治地位，成为江苏具有重要经济和文化地位的城市，出现了"苏（州）湖（州）熟、天下足"和"天上天堂、地下苏杭"这样的民谚。

成熟的经济发展，使区域内的聚落的历史演变、形态和传统的农耕型村落形态并不相同，体现在聚落规模大，农耕占其中比重有限，出现大量的商业、服务业和地方手工业。据薛暮桥统计，20世纪30年代初，礼社老街上的人口总数为1631人，务农的农民数（16岁以上男子）只有73人，占人口比例4.5%，当时的集镇化形态可见一斑，而加上周边

[①] 韩愈等.韩愈文集汇校笺注，韩愈文集(卷十九，书六、序一，送陆员外出刺歙州诗并序)[M].北京：中华书局，2010.
[②] 杨万里《圩田》诗

村庄，总人口数也达到可观的3665人①。这种独特的商业市镇形态如同施坚雅描述的华北地区的市集的六边形网络，小者为市，大者为镇，成为宗族聚居、商品交换、物资汇集、宗教活动和文化教育形成的自发中心，构成区域的中心地。

在区域内的水乡地区，土地平坦，土壤、水系相对均质化，加上交通的因素，相对在交通网线最经济合理的前提下，聚落的分布形成了网状结构：两个同级中心地之间交通线中点处形成一次级中心，许多小城镇可能位于较大城市间的交通线上，太湖流域的主要村镇分布显然都具有这一特征。因此从区位上而言，与区域中心地的交通便捷，但同时又有一定的距离，弥补和完善周边县城的服务网络，处于周边县城及县城与府城之间交通线的中点位置。在江南乡村的经济网络中，天然具有成为局部中心的可能。

以滆湖流域和太湖流域中间的传统村落杨桥为例，村落规模不大，贯村而过的水道可以便捷地连接宜兴和常州，从形态上讲，杨桥是江南地区的经济活动网络的基层市场——市集，与周边上一级的中间市场是漕桥镇、和桥镇及寨桥镇三者间的距离均相仿，共同构成此一区域的经济网络。但有趣的是，即便属于最基础的集市，杨桥太平庵内供奉的神灵依然是城隍——中国传统城市中的保护神，而每年的城隍祭也成为村落内最盛大的庙会。

三、聚落的典型格局形态

（一）水系格局

环太湖地区的聚落格局，决定于聚落周边及内部的水系形态格局，可以分为网状水系格局、"井"字形水系格局、鱼骨状水系格局和环绕状水系格局。

网状水系格局往往见于大规模的聚落形态，以苏、锡、常三市为代表，三个城市中均有运河环抱于外形成环城水系，城内则水网纵横，形成复杂的格网状水系。水网承担了交通、给排水等重要功能，是家庭生活和公共活动的重要场所，是建筑空间与城镇空间的有机组成部分，亦是地域建筑文化的灵魂所在。人们利用水街和水巷出行，"家家门外泊舟航"，形成了"小桥、流水、人家"的典型江南风格。

夫差迁都后，苏州作为吴都便粉墨登场，成为江苏南部最为重要的文化中心区。苏州当然是一座水城，"远近高低寺间出，东西南北桥相望。水道脉分棹鳞次，里闾棋布城册方。"② "三纵三横一环"的河道水系使得苏州古城形成了水陆并行、河街相邻的双棋盘格局。因地势西高东低，所以城内主要河道大都沿袭水流由西向东的走向，南北朝向的建筑与东西走向的河道共同形成了苏州城独特的河街模式。

常州据载始于周灵王二十五年（公元前547年）的延陵邑。大运河开通后，常州成为漕运的重要中转站，也是唐朝的十望之一，在清朝有"中吴要辅，八邑名都"之称，水系也以东西向为主要方向，形成四横的主河道系统，运河自西北分南北环绕夹城而过，复会于东。无锡历史上为县城，规模略小，城呈龟背形，大运河贯通后，原古城格局与水网形成"一弦两弓九箭"的城市格局。

相较于这些中心城市，规模较小的古镇，往往以两横两纵的"井"字形水系格局或者纵横的"十"字形水系构成聚落的骨架，前者如周庄、同里，后者如焦溪、李市。焦溪近水而居，因水成街，龙溪河顺街蜿蜒东流，汇入舜河，宽仅10余米，建筑夹河而筑，鳞次栉比，北岸为面街靠水居住兼商铺的建筑，南岸为空旷平整的堤塘，绿树花木点缀其间，民居则退后而建，"面街背水户通舟，台榭高低临水际"，形成"六街、九桥、十八弄"的典型江南水乡十字形街市格局（图2-1-1）。

鱼骨状水系是最大量存在的水乡村镇的水系形态，只有一条主水系贯通，两侧通过若干小的与主水道垂直水巷构成鱼骨状水系。此类聚落往往规模较小；或者如东山陆巷位于山麓，由于地势落差大而形成形态相对单一的水系。以严家

---

① 张建清.江南古镇礼社[M].苏州:古吴轩出版社,2008.10:7
② 白居易《九日宴集醉题郡楼》

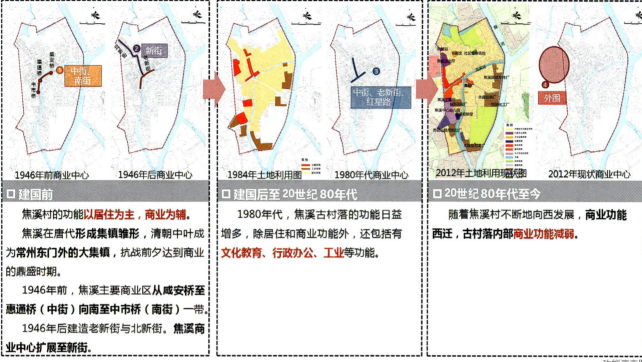

功能演变图

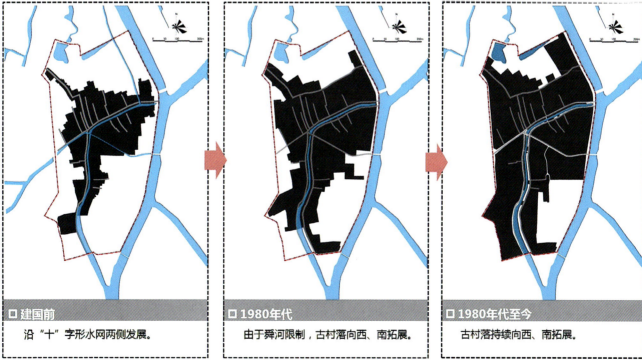

空间形态演变图

图2-1-1 焦溪村落格局演变

桥为例,滨水而建,永兴河从村中自南向北流过,聚落格局呈现"一河四桥六街"的空间格局,永兴河成为村落的骨架(图2-1-2)。

环抱状水系的聚落内没有水街,或者聚落的延伸不以水街作为骨架,水道环绕在聚落四周,或者从一侧经过。前者以礼社为典型,后者以杨桥为典型。杨桥村的空间格局是由南北向的老街和东西向的杨桥浜构成的"十"字形态。聚落主体沿南北向的老街分布,杨桥浜在南侧东西贯穿村落,并和朱家浜、太平浜三面围合环抱村落,形成集中的商业地带,而连接杨桥浜和老街的南杨桥,成为村落的实际中心(图2-1-3)。

(二)街巷格局

苏锡常地区的街往往较为疏朗,两侧建筑与道路的高宽比不会超过2:1。街的两侧往往密布着商铺和住家,前后通常会有河流经过。因为街原是集市贸易的地点,苏锡常地区丰富的水网体系为集市贸易提供了便利的水运条件,所以街与水的关系相当紧密,这也促成了多种类型的水街模式,如一河两街、一河一街等。河与街交接的地方往往会设有码头等公共设施,这就形成了街的节点空间,从而使街的空间变得丰富曲折起来。街两侧的商铺与住家往往是一体的,根据实际使用情况也产生了多种类型,比如下铺上家,前铺后家等。总之,苏锡常的街诞生于当地人民独特的生活和生产方式,因而具有强大的生命力。

苏锡常地区的巷往往是街的延续,但空间感受却不太一样。巷很窄,两侧主要分布着民居,由于地少人多,布局往往很紧凑。巷很深,曲曲折折的界面让外人不能一眼望到头,也与外面嘈杂的环境隔开,因为这是老百姓日常生活起居的地方。所以苏锡常地区的巷,淡雅静谧中又洋溢着世俗的生活情趣,这也正是其耐人寻味的独特魅力。

图2-1-2 严家桥村落总图

图2-1-3 礼社村落格局

第二节 传统建筑的视觉特征与风格

环太湖地区内建筑文化特色同质而稳定。相同的文化背景,行政管辖和经济文化交流投射在建筑上,表现为相似的建造特征与形式细部做法,或者我们可以称之为苏式风格。在统一的区域风格下,无锡和常州受苏州的辐射影响,但又有自身的发展变化,在具体形态上也表现出相对的差异性。

一、基于地域自然的建筑形式表达

（一）对自然环境的适应

环太湖地区属亚热带季风气候，雨量充沛，气候具有明显的季风特征，四季分明，冬冷夏热，而春夏之交5~7月冷暖气流交汇后形成的"梅雨"季潮湿多雨，是这一地区重要的气候特征。

这一气候特征加之苏锡常地区经济发达、人多地少的聚落特点，民居多采用高密度的建筑布局方式，利用天井和内外弄堂形成的纵横腔体来解决微气候问题，从而形成了苏锡常建筑形式的外实内虚、空间通透的特点。天井、巷弄本身是解决建筑微气候问题的手段，也成了建筑最具有特色的空间场所，从某种意义上来说，它们就是地方建筑文化的典型图景。天井（图2-2-1）往往是主要的行为活动的核心场所和景观场所，其位置颇为自由，或在堂屋前，或在厢房侧，或在廊道拐角，为建筑空间带来意想不到的丰富变化，民居园林皆如此。

铺着青石板的内外巷弄也是江南建筑的典型符号，狭闭的线性空间引发了许多诗意的联想，不少关于江南雨巷的诗歌散文扣人心扉，它们演化成建筑文化符号的前提始终是气候，所以在当代继承方面，依然要挖掘它们背后的气候文脉，而不是简单的形式符号提取。

传统建筑采用木结构，构造上注重防潮，所以用石材柱础隔湿，内墙并不注重密封性以利于通风。门窗多采用花格，是利于通风的措施，也为装饰提供了机会，吴人在漏窗和花格上极尽精巧装饰，木雕技术独步天下。这是装饰和功能的统一（图2-2-2）。

以石灰浆打底和刷白的粉墙是环太湖流域建筑的另一特征，白色之外间或也会有青灰色的墙面，加上灰黑色的蝴蝶瓦，此即所谓"粉墙黛瓦"。江南多雨潮湿，而所产青砖吸水，部分墙体砌筑采用空斗墙体，故石灰饰面对砖砌外墙起到保护作用。所以在少雨的北方多看到清水砖墙，而在多雨的江南，多为粉墙。

通风和采光成为建筑处理的首要问题，因而形成的院

图2-2-1　苏州潘宅内院

图2-2-2　苏州耦园门罩及漏窗

落，尺度介于北方地区和皖南民居之间，除较大型的宅第，在城镇中一般民居的院落中少用厢房，尤其在常州、无锡周边地区，院落呈扁院形态，进深约与建筑同或略浅，往往在后檐处与后进院墙间留有非常狭窄的小院，俗称"蟹眼天井"（图2-2-3），往往不足两米，但却能有效地解决采光与防火的问题。由于通风的需求，较小的传统民居中往往会采用矮闼门的形式，在通常的板门前加矮门（图2-2-4），既区分内外，也使得入口和内天井形成通风廊道。

冬冷夏热的气候条件，也促使空间的进一步划分。轩的使用是这一区域内建筑的特色，既解决了大进深的屋架系统中空间灵活和功能性的界定，也在局部形成双层屋面，有

图2-2-3 苏州某宅天井

图2-2-4 苏州某宅矮闼门

图2-2-5 拙政园卅六鸳鸯馆

效地改善室内的舒适性，典型者如鸳鸯厅。拙政园补园中的卅六鸳鸯馆就是其中最著名者，此类鸳鸯厅中柱落地，通过轩和中柱及立于中柱的挂落和屏扇将空间分为南北，北侧面水，朝向与谁同坐轩，用于夏季纳凉，名卅六鸳鸯馆。南侧用于冬季御寒，观茶花而名十八曼陀罗花馆(图2-2-5)。

由此可见，江南建筑的主要特色莫不与气候有千丝万缕的联系。建筑空间与形式的表象是视觉最易感知的部分，由此衍生出所谓文化的符号。但是透过表象看本质，文化符号所对应的自然策略也许才是文化继承的根本所在。脱离了这个根本，所谓文化传承就变成了形式的描摹。要继承江南建筑文化，首先要理解这个地区的建筑要解决哪些最基本的环境舒适性问题，比如通风除湿、避暑防寒。

（二）与山水环境的相辅相成与和谐共生

苏锡常山水资源丰富，既有太湖、阳澄湖等大型湖泊和苏南运河、大运河等大型河流，又有惠山、锡山、虎丘和灵岩山等诸山，湖山秀美且多风景名胜。当地建筑形式与自然山水形态和谐共生，建筑体量轻盈婀娜，呼应山体，同时注重近水亲水。

百尺为形，千尺为势。山不高而有灵，就需要建筑的塑形。从吴越时期的虎丘塔与灵岩山，到明代的龙光塔与锡山，塔标识了山体，重新界定了平缓的山体轮廓，成为与山体相辅相成的典范，也塑造了城镇聚落的重要景观。寄畅园借景龙光塔，拙政园借景北寺塔，盘门借景瑞光塔，山塘借景虎丘，通过塔作为媒介，自然的山水景观被园林和城市借用（图2-2-6）。

苏锡常地区的民居大多呈现前街后河的布局，形成一幅幅"小桥、流水、人家"的画面。其中典型的代表有位于苏州老城西北角的山塘街，护城河水系沿街延伸，并与京杭大运河相连，是沟通运河和城内水系的重要通道。山塘街分

图2-2-6 拙政园借景北寺塔

为东西两段，东段大多为商铺和住家，西段比较开阔，自然景色优美，古迹众多。山塘街的两侧密布着商铺和店家，房屋后方是河流，它的格局最能代表苏州街巷的特点，被誉为"姑苏第一名街"。位于苏州老城内的平江路是另外一种布局模式。平江路中间是并行的路河，两侧是房屋，房屋的体量、街道河道的宽度、比例恰当，显示出疏朗淡雅的风格，因此平江路是苏州古城最有水城原味的一处古街区。

二、基于地域人文的建筑形式表达

苏锡常自古以来受到文人墨客的青睐，吴地重视人文的传统，使得建筑风格颇受文人审美情趣影响，崇尚淡雅自然。许多文人墨客更是直接或间接地参与到建筑的设计建造过程中，苏州园林便是其中的代表。士大夫文人的世界观、人生观、处世心态及审美情趣等无不渗透到造园中，同时也奠定了吴文化中的崇尚自然与人文的特质。"主人无俗态，筑圃见文心"，文人墨客的直接或间接参与建造，提高了建筑审美，还整理、总结了建筑经验与艺术成就。

可以说，苏锡常环太湖文化圈的建筑体现了地域人文的思想，而苏锡常千百年来的地域文化也在建筑中得到延续传承。吴越文化具有秀慧、柔和、细腻的特点，这在建筑审美上多有体现，清雅、小巧、精致，建筑往往色彩淡雅、尺度宜人、装饰考究。

民居注重意境，可居可游，可观可赏。坐在厅堂内对着庭院能"春观翠竹石笋，夏赏碧荷睡莲。秋品紫薇桂花，冬闻腊梅暗香"。步入庭院，又可欣赏造型优美的厅堂和精湛的装饰，隽秀的窗棂、飘逸的挂落、活泼的坐槛、镂空的栏杆、雕饰的梁枋与庭院里的花木山石自然地融为一体。那些厅堂背后、高墙脚下、备弄尽头，特意留下的一个个小天井，则是古民居这盘棋上的"气眼"。布石笋，植天竺，立湖石，种芭蕉，一个天井就是一幅立体的图画，就是一曲优美的乐章。院墙上的漏窗造型多样，镂刻花草虫鱼，漏窗玲珑剔透，庭院间似隔非隔，可谓"断断隔隔自成景，疏疏密密窗如画"。

园林更是浓缩了环太湖流域的文化精粹，内秀而工于意。以常州近园为例（图2-2-7），主人以为历时五年营建，却自认为只是"近乎园"，并因此意而谓之"近园"，但实际上，园占地近七亩，山池堂榭一应俱全，园之中央为全园最高处，周围环水，名鉴池。池旁堆置假山，筑亭一座，名"见一亭"；左有层楼"天香阁"，右有书斋"安乐窝"；临池有"得月轩"，园西有"秋水亭"。回廊匝绕，过"虚舟"可入"容膝居"；过小桥可达"三梧亭"，亭下有"垂纶洞"。西南辟有菊圃，圃前筑以"四松轩"，轩左建有"欲语阁"，园内栽种树木数百株。虽只不过区区数亩的面积，然则构思奇巧，穷尽画理，建筑名为"见一亭"、"虚舟"、"容膝居"、"欲语阁"，无不呼应"近乎园"的立意，却浓缩了明清园林的精华所在，也表达了园主人"远山近水自成趣"的人生态度。

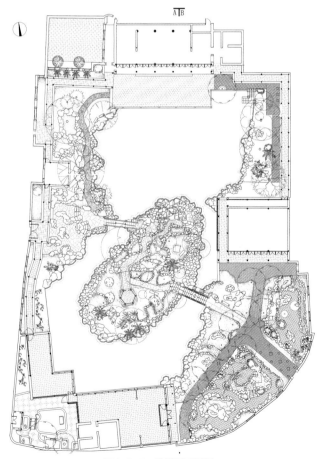

图2-2-7 常州近园平面

三、基于地域技术的建筑形式表达

（一）香山帮工匠体系促进了地区建筑形式的传承与延续

由于苏锡常地区物产丰富，经济发达，从而促进了当地手工业的起步与发展，孕育了闻名于世的"香山帮"。"香山帮"是一个以苏州市吴中区胥口镇为地理中心，以木匠领衔，集泥水匠、漆匠、堆灰匠、雕塑匠、叠山匠、彩绘匠等古典建筑工种于一体的建筑工匠群体。香山帮大量运用本地的建筑材料，技艺精巧，建筑精致、机巧。"香山帮传统建筑营造技艺"也归入"传统木结构建筑营造技艺"，成为世界非物质文化遗产之一。香山帮的成熟与发展，促进了地区建筑形式的传承与延续，成为地区建筑技艺的代表。

（二）多样的地域材料建构了地区建筑形式与风格特色

环太湖区域物产丰富，人民富足，社会形态从单一农业经济向多种手工业发展。冶炼加工技术发达，提供了各类工具，建筑加工趋于精细化。巧妙地运用当地丰富的自然资源作为建造材料，并根据材料本身的特性以及当地的环境需要，同时发挥工匠们的聪明才智，最终形成了苏锡常颇具地域特征的建筑形式。本地区还盛产丝绸、精美手工艺品，享誉世界。苏州的宋锦、苏绣、檀香扇、无锡惠山泥人、常熟的抽绣花边等，都是该地区特有文化的组成部分。他们的共同特征是清雅精巧，这种风格深深渗透到了地方建筑中。地方的物产通过建筑材料的使用直接影响了建筑风格。

优秀的建筑离不开性能良好的建筑材料，特定的地域材料造成了特定的建筑形式与风格。苏州地区水网密布的格局为木材运输提供了极为便利的交通条件，大量的木材可以通过水运，源源不断地从全国各地输送到苏州，古镇木渎便因"积木成渎"而得名。周边省份的木材，尤其是江西、浙江的木材成为苏州地区建筑的主要用材。至今在工匠口传中，江西产的杉木性能最佳，被称为西木。杉木的大量使用，也间接决定了柱和梁架的尺度。楠木是中国传统营造中最为推崇的材种，苏州地区重要的厅堂无不以楠木建造为显，这种风气与运河的漕运无法分开。明代文献中就记载，播州土司杨氏家族以楠木进贡北京，便是经长江顺流而下，至江苏后再由运河转送至北京。

太湖石、石灰石、花岗石和黄石是苏州最主要的本地石材。宋代苏州地区大量使用的武康石，产自湖州一带，为凝灰岩，石材表面有蜂窝状的空隙，表面红色，形态特征明显，如果在苏州看见桥梁中使用这种类型的石材，大体都是宋元之前建造的。而之后一直到清，最大量使用的是石灰石，俗称青石，其纹理细腻，厅堂建筑中的台阶和柱础、石桥的桥栏和桥面以及碑刻莫不用之，因其表面强度不高，久经使用后，表面光洁温润，色泽舒雅，更强化了苏常地区建筑的清雅风格。而太湖沿岸和湖中的洞庭西山等岛屿中蕴藏着丰富的太湖石，具有"瘦、透、漏、皱"特点的太湖石（图2-2-8），自宋徽宗建艮岳采办花石纲起，经由米芾等文人的推崇，成为中国传统园林中的核心要素。清以后，苏常地区开始使用花岗石为建材，俗称金山石，石作的牌坊和古亭多用之，表面粗平后形成粗粝坚硬的效果。还有一种石材名黄石，产自常州与无锡交接的横山一带，色黄质坚，纹理古拙，也是堆砌假山的理想选择，如网师园中的濯缨水阁面对之假山"云岗"以及池东之黄石洞峰，土石相间，方正凝重，与湖石假山的奇巧险峻截然不同。

在横山焦溪村一带，由于黄石便于取材还产生了黄石半墙的做法，墙体下部用大块不规则黄石浆砌，至层半或二层窗台下止，用卧砖收扁砌砖线找平后，再用传统的青砖空斗砌法结顶。粗粝的黄色石材，不规则的丰富形状，和上部整齐的青砖和白色的抹灰墙面形成有趣的反差与对比，给人以强烈的视觉冲击，也丰富了区域内的建筑风貌形态（图2-2-9）。

洞庭西山所产优质石灰石既是建筑用石，也是烧制石灰的原料，苏州产石灰又被称为"苏灰"。周边阳山产优质高

图2-2-8 环秀山庄湖石假山

图2-2-9 焦溪某宅黄石外墙

岭土，太湖西岸的宜兴也被称为陶都，出产优质陶土砖瓦。苏州郊外自明代始工部在该地设"御窑"，为建造北京皇宫烧制"金砖"。嘉靖年间为重建皇宫三大殿，工部郎中张问之在苏州三年"亲督金砖5万块至京"。至今北京故宫等皇家建筑修缮用的铺地"金砖"仍然由陆墓生产，从一个侧面也说明了地方的生产资源丰富，生产技术精湛，对苏式建筑文化的形成提供了支持。

（三）南北融合形成的地域技术体系界定了环太湖地区建筑的形式传承

历史上中原地区的几次战乱促使北方的文人士大夫南迁，也将中原地区的官式体系的影响带入此地区。宋室南渡后，南宋绍兴十五年平江（苏州）知府王唤在苏州重刊《营造法式》，之后又在南宋绍定年间再一次在苏州重刊，深刻影响了环太湖地区的建筑形态，如苏州玄妙观三清殿、东山元构。明清以后，苏州地区建筑上仍保留着梭柱、月梁、木楣、编竹造等等宋式旧法，体现了文化的交融融合，也带来了建筑形式的新的发展。而20世纪30年代成书的《营造法原》，是苏州地区传统建筑营造的系统记录与归纳总结，被刘敦桢先生称为"南方中国建筑之唯一宝典"。法原的著者姚承祖曾担任苏州鲁班会会长，是当地著名匠师，其在苏州工专建筑工程系任教期间，根据其家传图册和自己的实践经验，归纳总结的地区传统建筑讲稿，后经刘敦桢先生委托张镛森先生，根据苏州所存寺观民居实例，在测绘调查的基础上改编增编，并重新绘图整理成书。《营造法原》中反映的苏式做法，遗存了传统穿斗的原生体系作法，但在形式逻辑上，表现出相对完整的抬梁系做法的特征，尤其在圆作厅堂的构架处理上，梁通常位于柱头直接承檩，是典型的抬梁形态，但如果仔细考量其榫卯做法，工匠往往会在柱中做两个长榫，穿透梁身直抵檩下，体现出与原生穿斗体系的渊源关系。

第三节 传统建筑的结构、构造与细部特征

一、结构

环太湖流域结构构架精巧，富于变化。以民居建筑中最重要的厅堂为例，功能及构架类型较北方地区远为丰富，较之左近的宁镇地区也更富有变化。以《营造法原》中的论述，厅堂按平面位置和功能，在大型宅第建筑群的进深方向的主轴线上依次为门厅、茶厅、大厅、女厅，在两侧路轴线上则有书厅、花厅、对照厅等用于读书、休憩、赏景、会客的一系列辅助厅堂。功能繁复，而对应于不同厅堂的等级和功能，在剖面形式上，又可分为扁作厅、圆堂、贡式厅、船厅、卷篷厅、鸳鸯厅、花篮厅及满轩，对室内空间进行更细致的空间划分，让木构架在结构功能外满足等级和功能的细分要求。中轴线上具有仪礼功能的轿厅、大厅规模大且等级高者为扁作厅，小者等级低者为圆堂，两者在剖面形式上具有相似性，都是由轩廊、内四界和后双步组成；而两侧花厅、书厅、对照厅等休闲功能和辅助功能的厅堂，追求更为变化性和装饰性的空间效果，往往多用船厅、卷篷、贡式厅和花篮厅等更为活泼和多样的木构剖面形式。这些厅堂的剖面形式，细究下来，大体是在基本的四界梁架的基础上，通过轩自身的变化和不同组合、柱网的变化（将前步柱改为垂莲柱而不落地为花篮厅，中柱落地划分前后空间为鸳鸯厅）、细节的变化（船厅通过遮蔽脊檩便形成更具装饰性的鳌壳卷篷）、构件的截面变化（扁作厅用扁作月梁，圆厅则用圆作梁）、等级的处理（扁作用斗栱抬上部梁架，而圆作厅往往只用童柱支撑）而形成丰富的类型。在基本的方形平面形态上，通过作为结构体系的木构架系统，形成如此丰富的空间和形式，充分反映了环太湖地区建筑的精巧。

由于人多地少、人口密度高，民居布局相当紧凑，产生了窄开间、长进深、多进天井的封闭式建筑布局。天井与建筑（厅、堂、楼）组成的一个小院落是一进，是这种民居的基本单元。多个单元串联贯通，形成一户。有些建筑甚至是一个开间，进深却达到了数十米。这种布局使每户占用了最小的河岸或街巷段，紧凑利用土地又获得了水陆交通的方便。

而较高的居住密度也使得建筑大量采用楼房，通常正厅为一层厅堂，后进女厅，也就是内眷住所多为楼房，大者在二层设走廊，俗称跑马楼或者转盘楼。楼屋的使用使得民居形成足够的体量，也影响了街道的高宽比例尺度。

而大量的一般性乡镇民居，将高密度的人居环境和传统的农耕形态结合在一起，以杨桥朱家场4-5号朱宅（图2-3-1）为例。该宅建于晚清，坐北朝南，面阔三间，硬山式砖木结构，由三进一院组成，大院在一进与二进之间，一进是平房，二进与三进都是二层楼房，屋面勾连搭，是典型的传统苏南多进乡村住宅，窄院形态不用两厢以节省土地。功能布局合理，建筑灶间位于第一进平房内，正房一层为客堂，楼梯位于正房后金柱北西侧，正房

图2-3-1 朱家场朱宅后门及烟口

二层为居住用，楼梯位置留有走道，楼板低于正房二层楼板，略高于第三进楼板，便于室内保持清洁。第三进一层内为厕间和浴室，尚保留有坐厕木椅和江南地区传统的洗澡用的矮灶铁锅，厕旁还留有畜栏，据言过去为牛栏，二层为贮藏杂物间用来存放粮食。外立面朴实，是白墙灰瓦的典型江南民居风格，但内侧正房建筑南侧一层为长窗与槛窗的组合，整座建筑的装饰集中于此，宫式格心，正中雕四瓣海棠，裙板雕双线如意头，夹樘花板双面雕刻暗八仙图案（图2-3-2）。建筑虽然以功能性为主，但也形成了与当地环境协调的审美特征，装饰集中，与人体关系密切，正是环太湖流域民居建筑之典型。

二、构造与细部特征

（一）构件尺度

环太湖地区的建筑形式的另一个重要的视觉特征是木构件尺度的纤秾合度。以柱网为例，相较于清官式的11:1的柱高细比（柱高：柱径），南方厅堂的柱高细比往往在15:1左右，而廊柱更可以达到18:1，通常的围廊中的柱径只有15～18厘米左右，在同里退思园中的廊柱为了极致的精细，柱径大约只有10～12厘米。纤细的柱网造成了秀丽雅致的立面效果，也强化了开间的疏朗效果（图2-3-3）。

（二）屋面坡度

古代朝廷不允许庶民房屋超过三间，环太湖地区富裕的人家就只能加大进深，为使屋面不致过高，结合该地区虽多雨而少雪的特点，采用檐步平缓靠近屋脊时屋面再升高的做法，使得这一地区的民居建筑的屋面坡度平缓。根据《营造法原》中的提栈作法，虽然计算方法类似清工部做法，也是从檐柱算起，步柱、金柱而至脊柱，与举架做法一致，但坡度要远缓于北方。《营造法原》中规定依据建筑规模大小，檐口坡度为三算半（0.35倍界深）到五算（0.5倍界深）的檐步界深。一般民房六界进深，只用两个坡度，为三算半（0.35倍界深）和四算半（0.45倍界深）；大型的八界厅堂，脊步的坡度也不过八算（0.8倍界深）。这些数字与实物的坡度相对应，通常的城镇民居中的檐口坡度多在四算（0.4倍界深）

图2-3-2 朱宅堂屋长窗

图2-3-3 退思园廊

左右。造成的屋面效果就是坡度缓，曲线平，有时甚至很难从视觉上感受到屋面曲线的变化，与北方地区相对陡峻的脊步曲线形成较大的形式差异。

（三）色彩处理

在装饰上，色彩淡雅，强调协调而非对比。在整体建筑色彩处理上，强化色彩的协调，主体建筑构建的色度均较低，很少用鲜艳的纯色处理。即使屋面瓦作和抛枋、下碛会用黑色处理，似乎与白色混水的墙面会形成强烈的色彩对比，但白石灰的墙面只需要经过一个梅雨季节，灰黑色的霉菌就会爬满墙体，形成斑驳丰富的灰色调，在朦胧的烟雨中和灰黑色的屋面协调一致（图2-3-4）。而一般民居木构油饰多用桐油，高等级民居中用广漆，但即使等级最高的退光漆做法要求漆面亮可鉴人，其色泽也是彩度极低的栗褐色甚而黑色。住宅厅堂中大都有彩画，但彩画不似北方采用厚厚的地杖层，只是在木材基面上平整后，用薄薄的一层白垩打底，便直接彩绘。彩绘色彩较北方及官式做法丰富，多用朱、蓝、黑、白，色彩雅致，高等级的彩画也沥粉贴金，但由于基底层薄，时光荏苒，色彩层褪色后，木材的肌理从色彩中泛出，彩画仿佛就铭刻在木材的表面，华贵与舒雅，纷繁与简洁，似乎矛盾的特征在时间的维度上统一起来，细节精妙而整体协调，构成建筑室内的水乡风格（图2-3-5）。

图2-3-4 杨桥村北街街景

图2-3-5 彩衣堂边贴梁架色彩

图2-3-6 常州地区屏山墙

(四)屏山墙

高密度也带来防火的问题,屏山墙成为重要的元素,也成为装饰的重点。苏州地区通常为三峰及五峰屏山墙,墙体对应屋面呈梯状升起,在解决防火分隔的同时,形成了独特的形式特征,更有着区域文化的烙印。在常州地区,包括无锡、宜兴一带,屏山墙的形式特征明显区别于苏州府,以单峰及三峰的屏山墙为多,尤其是独特的官帽式单峰屏山墙,出挑大,造型舒展,成为原常州府地区传统建筑最重要的外观特征(图2-3-6)。

(五)装饰装修

院落分隔则采用墙体和石库门,将院落分为一个个连续的方形单元,门成为联系的唯一通道,也成为装饰的重点。此外,还有精巧的屋檐滴水,天井、形态各异的漏窗,构思巧妙的挂落以及峰石点缀的庭院等,都散发着吴地建筑文化的浓厚气息和不尽韵味。苏州古民居内的雕刻则是一门艺术,每一件雕刻作品都给人以美的享受。古民居内林林总总、丰富多彩的木雕、砖雕、石雕,则把民居这种物质实体提升到了精神生活的领域,加深了古民居的文化积淀。

第三章　宁镇地区的传统建筑及其总体审美特征

宁镇地区是指南京和镇江地区。宁镇地区在江苏的江南部分的西侧，处在我国江淮平原与东南沿海丘陵山地的交界处，位于长江三角洲平原西部，地势西部稍高，东部较低。自三国两晋时期开始，这里就已经成为中国东南部以至南中国的文化和经济中心，且在六朝和五代以及明代前期成为南中国的政治中心。这一带除了纳入江南的范畴之外，也被称为"江东"，"江左"，那是因为万里长江在安徽芜湖天门山一带陡然北转，形成了一段自南向北偏东流的江面的缘故。这段长江被称为横江，宁镇地区就在横江之东。考古学家还说，史前长江本来是自茅山山脉以南流入太湖的，5000年前茅山升高，阻断江水，长江才从茅山以北冲出一条入海水道，这种地理环境巨变，造成了很早以来这里的地理环境，包括土壤植被等就不同于太湖流域。

南京和镇江都有悠久的历史。镇江这一带西周时为宜侯封地，故名"宜"，春秋时叫"朱方"，战国时叫"谷阳"。相传当年秦始皇见这一带有帝王之气，命赭衣徒三千凿京岘山东南垄，改谷阳为"丹徒"。东汉末期，孙权移治于此，称京城，迁都建业后又称"京口"，筑铁瓮城。宋以后称镇江。

这一地区通行的语言或是传统建筑，都呈现混杂的状态，且呈现自东向西的渐变中的较大差异性。这一规律被概括为"吴头楚尾"，自常州西行到南京旅行，人们会感到语言的变化梯度极大。东部的溧阳和南部的高淳还保留了古吴语的影响，甚至可以说是古代吴语的活化石。西部和北部宁镇两市的市区，两千年来的人来人往使这里的语言接近北方话，属于江淮官话中的一支，南京人讲话和邻近的安徽当涂一带以至淮北的语言有更多的相似性。建筑方面在宁镇地区东西两边也不同且混杂，其总的审美特征除了同样的"吴头楚尾"的描述外，还可以概括为"浑厚、兼容、大度"。

浑厚就是没有了环太湖地区的精雕细凿的精美感觉，月梁渐少而直梁渐多，即使月梁，做法也没有那么多的曲线；建筑的高度、梁枋的尺度都较环太湖的民居为大。这一差异一如南京紫金山和苏州天平山在审美上的差异一样，可以说米家山水到南京的意味渐渐淡了。兼容就是一个地区古法新法并存，东来和西来的异地文化并存，吴地做法和皖南做法都可以在宁镇地区的许多老街上找到表演的舞台，建筑体系的月梁、直梁并存，一个建筑的抬梁穿斗并存；大度则是一种风尚，十朝古都的京畿地带和南北东西水路要冲的地位和衣冠南渡的历史都决定了这里的历史文化的主流性和阔达性，"金陵帝王州"和交通枢纽地位使之成为军事重地，必须着眼大局，这里被视为汉族和主流文化的复兴之地，在中国历史上具有特殊地位和价值。这里的城市选址等气局甚大，城池、建筑尺度也较南方他处为大。大度的好处是没有那么多脂粉气，既能容纳保守，也能容纳革新，缺陷就是有那么一点土，那么不太在意赶时尚。

第一节 传统聚落的选址与格局

一、聚落选址与山水环境

本地地形以丘陵低岗地为主，其间有宁镇山脉、茅山山脉和宜溧山地，具体山脉有：紫金山、牛首山、宝华山、金山和焦山等等。山虽不高，但风景秀丽，山水相映。由于开发较早，大多人文积淀深厚，多数有宗教渊源，为重要公共活动场所，是地域建筑文化的势之所在。沿江依山名胜古迹众多，与城市空间结合紧密。

群山之间，水流蜿蜒。长江滚滚而来，横贯东西，大运河在镇江以东，斜穿南北。其中南京的江北地区属于滁河水系，其水发源于安徽省肥东县梁园镇附近，平行长江东流，经六合区接纳八百河后，在青山镇附近入长江。以中部的茅山为界，西侧的南京属于秦淮河水系，其水发源于东庐山和宝华山，经南京北入长江。东侧的镇江地区属于香草河流域，其水发源于茅山和宝华山，经丹阳北注大运河。其中镇江市区因为北靠长江，南临群山，因此独立在香草河的流域之外。在古时，交通多靠舟楫，每个流域之内，经济文化的联系十分密切。相近的流域之间，经由长江运河的沟通，交流也比较频繁。

二、聚落选址的地理空间脉络

宁镇地区最大的一处聚落南京在新石器时代就有人居住，考古学称之为北阴阳营文化，后来的十朝古都常被人描述为"钟山龙蟠，石城虎踞"，是指南京城这片以鼓楼岗为中心的土地是以钟山为东方的青龙，以石头城所在的天然砂岩小丘陵为西方的白虎所形成的山岭拱卫环绕之势，并传说是诸葛亮说的，大概希望借诸葛丞相的名望，提高堪舆家对南京聚落形态描述的威望，但历代的建设就是延续着这一思想的，六朝时期的建康城的中轴线就是取此态势，并指向南部的牛首山，将之作为城市的案山，明朝建皇宫时东移了轴线，后来建明孝陵更将钟山作为陵墓的大帐，但仍以钟山向东南方向延伸的余脉为青龙，且囊括了更大的明堂的范围，明代的都城之外加建外廓，形成两道城池。又挖通胭脂河运河，沟通秦淮河水系和南部水阳江的通道。甚至修龙江船厂，为郑和出海下西洋造大船。则帝王州的气局异常显著。如果说南京城以山为胜，镇江则是山水俱胜，被称为"天下第一江山"。宋代词人陈亮在他登上镇江北固山多景楼所作的《念奴娇·登多景楼》词中说："一水横陈，连岗三面，做出争雄厚势"。"一水横陈"，即指紧临镇江城并由西而东浩荡奔流的长江，沿江有金山、北固山、焦山三山鼎立。"连岗三面"，即指镇江城内外东、南、西三面皆山。他更认为"京口——江旁极目千里，其势大略如虎之出穴，而非若藏穴之虎"[①]阐释了镇江的地理形势与重要的战略地位。长江经南京后复又折向正东，镇江一带正处于突出的"汭位"，当年此处为海口，长江千年的冲刷，北岸崩塌陷入江中，而南岸渐渐淤起，金山、北固山以至焦山已于南岸相连，可见选址决策保证了聚落的扩展，真可谓"虎之出穴"。

其他的中小聚落选址与宁镇略有不同，宁镇地区地面坡降较环太湖地区陡，一旦豪雨来临，山洪较多，洪涝水位和库水位高差甚大。宁镇地区西有石臼湖、固城湖、东有滆湖、天目湖等。从汉代起就通过围湖造田的方法在湖荡地区开垦出临湖的圩田，结合水利工程兴建来发展农业，因而中小聚落选址皆选在靠高坡丘陵又近水和近圩田之处。近水而村、而居成了聚落空间关系的一大特点。如镇江东部的华山村原来就是长江入海口的一座高地，东侧就有河流靠村穿过。而距离它不远的儒里，则是利用江滩东进后建圩而成的土地成为一大聚落。南部的九里和柳茹本属于浩瀚的沼泽，古称万顷洋，与本地香草河以及湖体的关系则是当年村落选址的重要依据。其中九里择址于水中的一个台地，而柳茹则是利用湖体作为泄水通道和对外交通，并凭之形成自己的两

[①] 以上引用的陈亮词及解释的文字转引于李金坤. 镇江山水人文精神与文艺生态兴盛之因探赜[N/OL]. 见www.guangcheng.com/news

圈护村河。对于宁镇地区西南的漆桥、杨柳来说，与水的关系依旧至关重要。其中前者就利用水中的一条南北向的小岛作为自己的基址，而后者则把村落建在圩田的堤坝之上。

三、聚落的典型格局形态

在这样的山水兼具的大环境中的建筑群，经营多注意防洪排涝和防卫性能，所创造的空间具有聚敛性。即使近代的一些重要建筑群也是这样，如南京中山陵，地处于东郊紫金山南麓，是中国民主革命先行者孙中山的陵墓（图3-1-1）。该陵址是孙中山生前就中意的，建陵前又经奉安大典委员会众多成员看过，建筑背靠钟山主峰，东有灵谷寺，西有明孝陵，前临旷野，取势良好。其空间较明孝陵开阔许多，但总体布局仍然是沿中轴线采用纵深向上的形式，长达600米左右。场地平面如同钟形，意在唤醒国人。从山下到山上共分布着博爱坊、墓道、陵门、石阶、碑亭、祭堂和墓室等建筑，并通过层层的大楼梯以及平台将它们串联。单体建筑采用了中国古典陵墓建筑的官式做法，舍弃了象征等级观念的黄琉璃和红墙，采用了白墙、蓝琉璃来表现中山先生倡导的自由、平等和博爱的精神。

镇江金山寺位于金山之上，高44米，寺周520米，距市中心3公里（图3-1-2）。寺庙始建于东晋，距今已有1600多年的历史。古代金山是屹立于长江中流的一个岛屿，"万川东注，一岛中立"，与瓜洲、西津渡成掎角之势，是

图3-1-1 南京中山陵

图3-1-2 镇江金山寺

南来北往的要道。清代道光年间，因河滩淤积，开始与南岸陆地相连。由于山体不大，寺庙建筑覆压其上，并建慈寿塔拔高地势，形成优美的轮廓。为了切合环境，寺庙打破了坐北朝南开门的规制，大门西开，正对滚滚波涛，给人一种大江东去、群山西来的观感。

大量传统村落格局则具有如下的特征：

第一，和环太湖的水网地区的村落呈"井"字形或网格形的格局不同，宁镇地区聚落因位于高丘之上或位于古代圩田边缘，场地较为狭窄，往往由一条主要道路串联起，聚落街巷呈鱼骨状为多，如华山村、杨柳村、漆桥镇等。

第二，若干村落聚族而居，形成以若干祠堂为核的片状肌理。西晋末年以来，北方人口大量南迁，此地成为安置北方移民的第一站，形成了许多聚宗族、乡里而居的新聚落。它们以一姓或者一两个具有深远关系的大姓为主。其中九里是吴氏为了守护季子墓地而兴起为村。柳茹是贡氏家族为了隐匿岳飞遗孤而建。华山先民来源较杂，但也包含冷、杨两大姓。其中前者于宋代由山东淄博南迁，杨姓在唐代南迁。儒里的朱氏先人为了事亲，元代从山东迁入，而张氏则于明代从婺源前来。杨柳村的朱氏在明万历年间由句容迁入。漆桥的孔氏于南宋年间从温州平阳到此。在这些姓氏中，除了漆桥的孔姓来源于南方越地，儒里的张姓来源于江西，杨柳的朱姓则来源于本地以外，其余六姓均由北方迁入。为了提高家族凝聚力，宣扬教化，村中一般都建造雄伟的宗祠，它常常位于村落的重要部位，面临主要街道，周围有民居环抱。

第二节 传统建筑的视觉特征与风格

一、基于地域自然的建筑形式表达

和环太湖地区相比，这里的人口密度略低，但仍然是苏南的人口稠密地区，这决定了本地传统建筑的特点：密度大。

宁镇地区的建筑气候分区也属于夏热冬冷地区，与环太湖地区相比，表现为夏季更闷热，冬季更寒冷，全年湿度大，建筑以夏季降温为主，兼顾冬季保温。反映在建筑空间的特点上同样是外实内虚。建筑群多设有开敞的天井或庭院，建筑之间还有细长的备弄，与天井和街巷一起形成气候调节系统，共同解决高密度住区中通风、除湿、采光问题。就住宅而言，天井不仅担当了类似烟囱的竖向拔风井的作用，更成为住宅中人们活动的中心场所，空灵的设计和灵活的位置也成为串起江南住宅空间的重要因素。但和环太湖地区的民居相比，这里的天井稍微大一点，界面也粗犷一点。

由于防洪排涝的需要，宁镇建筑对山水的依存关系较环太湖地区更为重要，不少聚落的主要街道沿高丘的脊梁走向，如华山村的主要道路即被称为龙背街，垂直或平行于此街就构成了聚落的建筑方向线。而在滨水和圩田而成的聚落中，河岸湖岸线则决定了聚落建筑的方向。宁镇地区乡间多池塘，聚落内的池塘周围常常形成公共空间。

宁镇地区的景观具有"大局气势"。这里山更高，水更阔，城更大更高。私家园林和苏州的相比，较为疏旷，但精美稍逊，若与郊野的名胜古迹相比，则宁镇地区的名胜古迹阔达雄浑，明太祖当年的狮子山，阁还未造就命名为阅江楼，山下的寺院就叫静海寺，镇江的焦山下的明代刻石写的就是"海不扬波"四个大字。登高一览正是那种"滚滚长江东逝水，浪淘尽千古英雄"的感受。

位于南京西南的低山丘陵地带的杨柳村是"大局气势"的又一案例。村落的后部是马场山，前部是杨柳湖。建筑依山面水，坐北朝南。村庄始建于明万历七年（1579年）。为了围湖造地，杨柳湖的北部曾建有圩堤，村落大多位于堤坝上，形成东西长、南北短的形态。湖体的南部曾有东、西两沟，其中西沟可通秦淮河水系，是村民为了运送建材开挖而成。

村庄的古民居建于清康熙乾隆时期，原有36个宅院，目前还存17个，共37进366间。

目前，杨柳村保存最完整且有代表性的宅院是位于村西的三座宅院，也称"三堂上"，由朱侯昌于清乾隆年间出资建造。三座大宅在村落西部一字排开，联袂而立，从东到西分别是思承堂、礼和堂和树德堂。

三座大院皆为前后三进三坐落，通过东西封火墙相连。建筑各自独立，有明确的中轴线，依靠山墙间的门洞相互联通，非常方便家族中各个子孙使用。为了加强防卫作用，提高凝聚力，在这三座房屋前后两侧，各有一个横向的长院。在南院中，居中设一个礼仪性大门对外。

每座建筑的前进都是一溜七开间平房，中间设门。中进的形制稍奇，前后两排房屋被中间的两道纵墙隔成了三个小院。中间的小院三开间，主司前后交通，两侧的小院两开间，可供起居，两者动静分区明确。侧面的天井非常狭长，与安徽泾县茂林地区的蟹眼天井类似。出了中院，则是后院。后院为楼座，有檐廊，空间敞亮，是居住之所。

从门口的杨柳湖进入村庄的前庭，再从此进入三座建筑共有的场院，然后进前院、到中院，尺度是逐渐缩小的，过程也非常顺利。从中院到后院，乃至到最后的长院，尺度又逐渐增大，这种过程是内外有别的礼制思想在建筑中的反映。

由于地近水面，为了防止洪涝和水汽，建筑的墙体一般用石砌勒脚，然后再做粉墙。墙体规模宏大，建筑只在重要的地方进行装饰，主要集中在门窗部位，特别是中轴线的大门上。

主入口的大门采用了影壁式（图3-2-1），即在硬山门房的前檐用青砖砌筑影壁式的门墙。由于靠近门房，为了遮蔽它形制比较低的屋顶，影壁墙远远高于院墙，顶部也不做跌落，而是水平展开。这种做法，在南京地区较为普遍。为了对来人有一种接纳的态度，门墙八字行，向内凹进，中部开设门洞。由于影壁墙非常高大，门洞与檐墙屋顶之间有大片空白，此处正好出挑青砖，做挑叠涩式屋檐，以示强调。"八"字形门墙通体砖构，灰色而多变复杂的姿态与白色平实的院墙对比强烈，重点突出。

建筑大门的装饰主要体现在门洞周围的贴脸上（图3-2-2）。由于墙体是封火墙，非常高大，而门洞只要人的尺度就可以，墙高而门小，就会让人产生封闭感。为了避免这种不协调，于是在门洞边附加装饰。装饰包围在门洞的上方和两侧，形成一个大面积的精美画面，宽为门洞的三倍，高达其两倍，非常大气。这种规模，让门洞在院子里自然成为目光的交点。

然而，这么大的规模如果全做砖雕石雕等装饰，一来费工，二来繁琐，三来不易保存。因此，工匠将门脸的装饰首先做了如下处理。

紧贴门洞的墙面经常与人体接触，因此用白色的条石包

图3-2-1　杨柳村三堂上主入口

图3-2-2　杨柳村三堂上内部庭院入口

砌筑，它质感细腻，不施雕刻，表面光洁，易于打扫，非常人性化。门框下部为了承受雨水的侵蚀，采用了石头做的座墩。座墩是三段式，采用须弥座的样式，稳固厚重。

门洞的上面则是繁密的砖雕，它由精美的砖来雕出叠涩以勾出大门的梁枋、垂花以及屋顶。这部分雕刻位于门洞上部，不易受损，也能较好地接受天光，非常耀眼。石材和砖雕在门洞上一上一下，繁密和简洁各得其所，既相互辉映，又落落大方。

在杨柳村中，一些普通的民居虽没有那么考究，但它们对材料的灵活使用透露出乡土建筑的灵气。如在一处建筑的墙上，立砌石材与眠砌青砖相互夹杂的做法产生了一种大尺度的斗墙形式（图3-2-3）。

另外，南京地区周边多山，山地型的村庄也有显现。在这些村庄中，百姓常用石材垒砌房屋，较为典型的有窦村。

窦村，位于南京市的东南方位，处在宁镇山脉西端的北坡山谷中（图3-2-4）。山谷盆形，直径约为1.5公里，东部为条状的宁镇山体的主脉，它从东北延伸到西南方向。山谷的北、西、南三面则由低山微丘拱卫而成。从东到西分别为徐家山、梁家山和梅家山。三山之间略有低谷，外界道路由此而入。

窦村建造于明代，现有村民2000多人。村名为窦，却无人姓窦。明代洪武年间，朱元璋定都南京后大兴土木，从全国各地找来石匠参与建设。他们聚集在青龙山的脚下，开山取石，打造石刻，并通过水道运入南京城。之后，为了继续从事维修工作，石匠们便聚集在青龙山的谷底之中安家落户，于是形成了窦村。窦，音同"斗"，在南京话里有组合、聚集的意思。

窦村村落为团聚状，村落中间有一口四方井（图3-2-5）。井旁有几口青石垒砌的长方形水塘，井水与方塘之水相通。方塘按照水的流向分成上塘、中塘和下塘三部分。上塘淘米洗菜，中塘洗衣服，下塘刷便桶，功能各不相同。之所以在井边建造这些方塘，主要是为了节水省水，一水多用，并做到多人同时用水。由于此地石匠密集，因此修建方塘轻而易举。

图3-2-3 石材与眠砖形成的斗墙

图3-2-4 窦村的巷道

图3-2-5 南京窦村四方井

图3-2-6 镇江西津渡

村中建筑为穿斗木构架，瓦坡顶，以石墙围护。墙用毛石砌筑，门洞口则用光洁的条石箍边。箍边由立柱、雀替以及门梁三部分组成。

镇江靠近长江和大运河的交界之处，建筑风格既受到北方建筑风格影响，又秉承了江南建筑的小巧精致，体现了四海兼容的气势，具体表现就是粉墙黛瓦与清水砖墙并存，建筑木构件既有栗壳色，也有原木色，其传统建筑多集中在西津渡一带。

西津渡（图3-2-6）是结合地理环境的又一典型。它位于镇江的城西，长江之南，云台山之北。此地东部以象山为屏，挡住汹涌海潮，东以金山为障，阻滞滔滔江水，北部隔江正对古邗沟，直达齐鲁。这里断矶绝壁，岸线稳定，是一处天然港湾，自然成为南来北往的重要渡口。三国时期，孙权的东吴水师在此驻扎，称"蒜山渡"。六朝间，这里的渡江航线就已固定。规模空前的"永嘉南渡"中，北方流民有一半以上从此登岸。东晋时，刘裕在此大破孙恩率领的大军。唐代，因镇江属金陵，此地曾名"金陵渡"。李白、孟浩然、张祜、王安石、苏轼、米芾、陆游、马可·波罗等都曾在此候船。宋代改称为"西津渡"。清代以后，由于江滩淤涨，岸线北移，渡口遂下移到玉山脚下的超岸寺旁。西津古渡现在离长江已有300多米。

目前1000多米长的街区内完好地保存着六朝时期的古渡码头街道、宋代救生会、元代庙宇、过街石塔、清代商会和民居等历代古建筑，其中昭关石塔是江南地区现存的唯一的喇嘛式过街石塔。英国领事馆旧址则是我国典型的领事馆建筑之一。

二、基于地域人文的建筑形式表达

气局甚大同样反映在地域人文因素的建筑表达上。江南是中国士大夫文化的凝聚地，两晋和两宋的变乱使北方的众多精英人士聚集到了这处已经规模开发、气候温和的土地上，"过江名士多于鲫"，形成了新的主流文化的中心地带。但宁镇地区与环太湖地区略有不同，环太湖地区被大量下野或退休的士大夫选择为终老或安享天伦之乐的地方，例如苏东坡这位四川籍的人士选择了宜兴为终老之地并病逝在常州，因而这里可谓体现居江湖之远的、带有出世色彩的士大夫文化。而宁镇地区的强烈的政治和军事意义在士大夫文化的底色上渲染了一层居庙堂之高的入世的色彩。即使是佛寺、道观、伊斯兰寺庙，也常常是皇恩浩荡的赐建的结果，规模宏大，外观雄浑，内观规整，等级高于他处，如宝华山的隆昌寺，南京的大报恩寺、茅山的道观和南京的穆斯林的净觉寺等，更不用说那些作为首都和省会的大量的官署、学宫、文庙、太学等官方建筑了。

地域人文因素在建筑上反映出的另一特点是吴头楚尾的文化并置和兼容，宁镇地区作为北方过江南下或者巴楚人士从上江到下江[①]的第一个落脚点，使得这个地区成为北方文化的桥头堡和巴楚文化的展示地。这里从不排外，因为这种桥头堡的历史文化就始终是混杂着的。明代的故宫，清代的朝天宫以至民国年间的国民政府诸建筑，都呈现着历时性或者共时性的风格杂陈，有一飞冲天的翼角，也有钝头钝脑的北方式的屋盖，却也相安无事，甚至丰富多彩。民居建筑则既有南方建筑的典雅精致，又有北方建筑的硬朗大气。建筑平面布局规整严谨，空间组合深邃灵活，建筑风格硬朗。传统民居青砖墙，小瓦顶，双坡屋面有优美的举折，墙体以清水青砖为主，也有刷白灰的粉墙，是青灰色的基调上点缀着粉墙黛瓦的图画。入口有砖雕门罩，考究的常设贴脸式的影壁，但所有的砖雕和砖细的线脚都较环太湖地区的做法大出一圈，简朴得多。

由于南京历代曾为首都，所以建筑尺度相对其他城市要宏伟些，尤以宫殿、陵墓等官式建筑为甚，如明孝陵、中山陵等。

明孝陵位于南京东郊紫金山的西部独龙阜玩珠峰下（图3-2-7），是明朝开国皇帝朱元璋和马皇后的合葬墓。因皇后谥"孝慈"，故名孝陵。陵墓始建于1381年。1398年朱

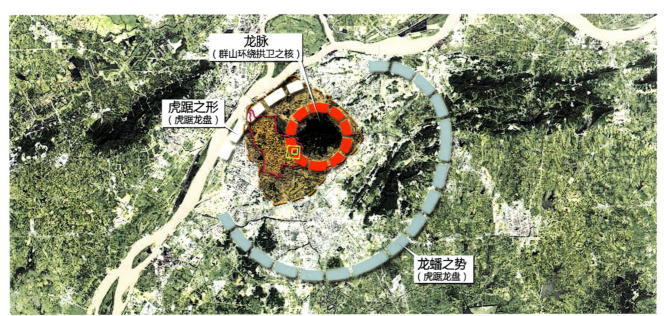

图3-2-7 明孝陵与周边地势（来源：白颖、邓峰 提供）

---

① 古代水运为主，长江航道上的商旅过客将芜湖南京一带以东的长江下游称为下江，而以西部分特别是湖北四川部分的长江上游称为上江。

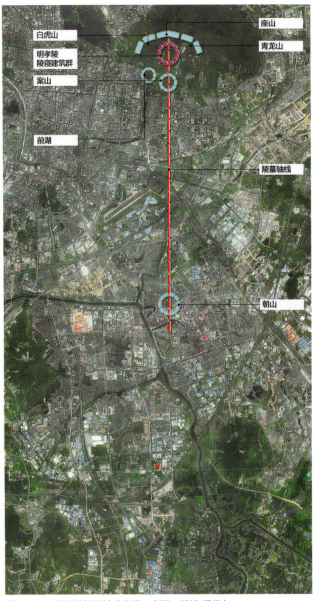

图3-2-8 明孝陵的选址（来源：白颖、邓峰 提供）

图3-2-9 明孝陵

图3-2-10 南京中央体育场

（四方城），然后经过一条东西向的石象路至梅花山西部，由此进入向东北方向的翁仲路，再经梅花山的北部向北，通过一条笔直的轴线直达方城明楼（图3-2-9）。神道在梅花山的脚下饶了一个弯，前后的总长约有2600米。

梅花山是孙权所葬之地，朱元璋的陵墓绕过此地，不仅是对环境的敬畏，更是对前人的一种尊重。

明孝陵的开创性格局使它荣获"明清皇家第一陵"的美誉。2003年入选世界文化遗产。北京、湖北、辽宁、河北等地的明清帝王陵寝，均按南京明孝陵的规制和模式营建。

受到这种风格的影响，在国民政府定都南京的时候，兴建了一大批具有传统官式韵味的现代公共建筑，如音乐台、南京中央体育场等。

中央体育场位于南京东郊的体育学院内，建筑占地面积约77亩，平面呈椭圆形，南北走向，主入口朝西，正对入口的林荫道（图3-2-10）。周围是看台，中间是田径场。

田径场非常大，在它和看台之间，有一圈高大的法国梧

元璋去世，启用地宫与马皇后合葬。1341年大明孝陵神功圣德碑竣工之后，整个孝陵才得以完成，前后历时共30余年（图3-2-8）。

孝陵打破了唐宋陵墓总体布局的直线发展、陵寝建筑十字轴线的特征，建立了前朝后寝的三进院落制度，开创了陵寝建筑前方后圆的格局。它依据山形地势，设置了一条弯曲的神道。其起始点从下马坊开始，西北而行达到神功圣德碑

桐。运动员和观众可在树荫下观演竞赛。看台四周环绕，可容三万五千余名观众。

东西门楼分左右三段，上下两层。其中南北两端是碉楼，中间七开间采用中国冲天式牌楼与券拱相结合的方式。上部是空廊，下部明间、次间是拱门，比例匀称，细部雕刻精美。它是当时全国最大的田径赛场。

不仅受到气局甚大的皇家建筑的作用，南来北往的衣冠望族也为此地注入了一股封建伦理的宗族思想。宁镇地区的宗祠建筑一般比较宏大。建筑前后数进，形制完整，甚至具有皖南等地的风格。从镇江九里、柳茹、儒里等地看来，此地宗祠建筑有如下特点：其一，常用隔墙将仪门的明间拔高，一方面强调其入口，另外也打破其多开间"一"字形的单调，还避免了僭越。其二，进入祭堂和寝殿之前，常用狭长的小空间来进行衬托。如九里的季札庙，进入祭堂之前要经过狭窄的前院。而儒里的张家祠堂更是如此，进入祭堂之前，要经过一条17米长的通道。这种布局与江北大别山地区、宣芜盆地的民居形制相似。

镇江丹阳市延陵镇柳茹村的宗祠，始建于南宋嘉泰二年（1203年），由五世祖志信建于南庵。历经修葺，深受当地传统建筑的影响。明万历十八年（1405年），由18世孙西桥公首倡其议，将南庵的祠堂移至村北爱樨公奉献的围地，重建贡氏宗祠。[1]建筑南向，前后三进（图3-2-11）。1976年，因为扩建柳茹小学，拆除祠堂的前后两进，只留中部一进。1991年重修中进。2001年恰逢丹阳旧城改造，于是将拆除的麻巷门王家大院和陶家大院的建筑材料用来重建祠堂的前后两进，2003年竣工。若按中进的年代算起，祠堂距今已经有600多年。祠堂目前坐落在村庄的北部，位于牌楼广场与会堂广场的北部。祠堂坐北朝南，轴线微微偏西，前后三进三坐落。房屋门前有一条东西向的道路，其东侧有一条南北向的支路。两条路交于祠堂的东南角，交通便利。

镇江儒里的朱家祠堂（图3-2-12）位于老街中部偏北

图3-2-11　柳茹村贡氏宗祠中的仪门

的位置。房屋坐东朝西，入口面朝老街，南来北往的人群都由此而过，区位非常显要。祠堂始建于元朝1368年前后，为三间两进布局，院内屋后皆植桂树。康熙二十五年（1686年）祠堂扩建成目前格局。在后来的300多年里，房屋多有兴废。2009年在当地政府和朱氏后人的努力下，祠堂修葺一新。目前祠堂五间三落，若连上前面的影壁院子，则是包括前后三进。祠堂长约50米，宽约20米。仪门和影壁院子是第一进，祭堂和前院是第二进，寝殿和后院是第三进。建筑内部木构，外包青砖，屋顶小瓦且檐口包砖。

儒里古镇的张家祠堂（图3-2-13）又称敦睦堂，位于镇区东北角的夹沟村，距离朱家祠堂约500米左右，相传是汉代张良后裔修建。祠堂始建于明代景泰年间（1456年），其前身为建于村西的"百忍堂"。目前祠堂为明代嘉靖年间重建。张家祠堂在古镇的核心区以外，选址用地比较自由，

---

[1] 贡义林，贡金关，贡亚生.贡氏宗祠"萃涣堂".贡义林.思源集[M].北京：中国文联出版社.2005.

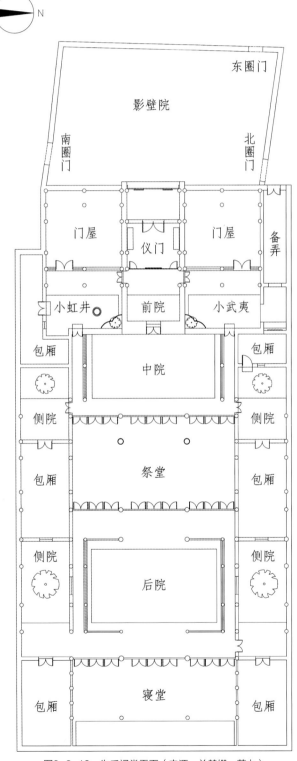

图3-2-12 朱氏祠堂平面（来源：关慧姗、薛力）

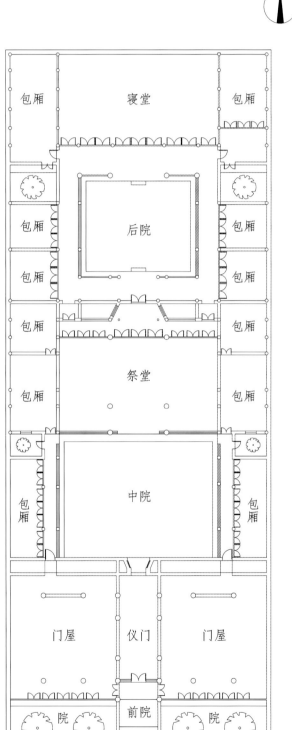

图3-2-13 张家祠堂平面（来源：关慧姗、薛力）

其占地约为8000平方米。建筑长56米，宽22米，总面积约为800平方米。在其东侧另有小院一座。小院南与祠堂平齐，相隔约3米。因前部有两株银杏，绿意葱茏，因此辅助用房向后退去，只留院墙在前。这两座院落之前，有水塘一口。塘长方形，长边与建筑平行，略长之。

水塘和祠堂之间有一个较长的谷坪，临水一溜六个圆形石墩，是插旗杆的基座。在旧时，只有族人中举和做官时才能立旗旌表。祠堂坐北朝南，五间三进，看似普通，但却依靠明间的隔墙创造了肃穆的仪门通道，通过次间的隔墙分离了中部的祭祀空间和两侧的辅助用房。在祭堂中通过前后八字形影壁门的设置，来强调其重要性，并利用中院的直通空间和后院的回字形庭院，创造了多样有别的空间，它们和侧面厢房、庭院组合在一起，使得普通的五间三进变得极其丰富多彩。

三、基于地域技术的建筑形式表达

宁镇地区技术因素在地域传统建筑的表达，同样呈现出吴头楚尾式的技艺的并置和兼容。楚地典型的穿斗做法和吴地的抬梁式的月梁做法，在宁镇地区历时性或共时性地存在着，如南京朝天宫、六合文庙等大式建筑都表现出较为典型的穿斗特点，柱头科无大斗而使用插栱，六合文庙虽然使用了平板枋，但檐柱依然穿过平板枋支托檐檩，斗栱以平身科为主。而如高淳关王庙、丹阳隆昌寺无梁殿等则是表现了一如北方官式建筑那样的柱头科使用大斗的抬梁式逻辑，但总的来说，大量性建筑特别是厅堂和平房这些不使用斗栱的建筑物是两种体系的混合。且就整个宁镇地区而言，就现在保存下来的以清代遗存为主的建筑做法来看，楚地做法的影响强于吴地做法的影响，这和宁镇地区的语言状况相近，但是还应注意到，在楚地做法和吴地做法的双方面共同影响下，这里已经形成了既不同于香山帮做派，也不同于徽派的宁镇地域性做法。这表现在，多数不使用徽派的冬瓜梁体系，而是用介乎直梁与月梁之间的总体直线型但具有梁肩，斜项处既不同于吴地的剥腿，也不同于徽州的梁眉的做法（图3-2-14）。

在镇江地区，一般民房有联排、独栋以及天井式，一层、二层兼备。联排民居一般共用山墙，面阔两间，内部两层。底部四间，外侧为厨房和堂屋，里侧是厕所和卧室，楼上是卧房，设固定楼梯或者活梯上下。

图3-2-14　南京净觉寺大殿梁架图

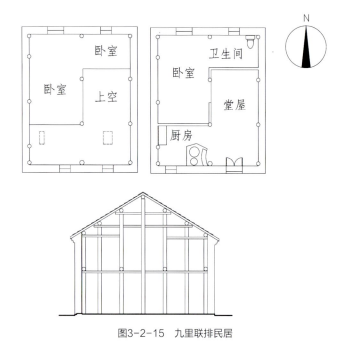

图3-2-15 九里联排民居

图3-2-16 民居六角窗

镇江九里现在仍然保存着这种较早的民居形制。房屋平面略微方形，两层双坡顶，坐北朝南。为了节约用地和造价，建筑共用山墙，联排而筑（图3-2-15）。底层面阔两间，进深两间，共四间。东首大门，门后为门堂，占据一间，其后是厕所和洗浴。大门西手则为灶台。后为卧室。门堂处空间贯通，置放活楼梯，其余三间铺板，形成二楼的卧室。房屋为内部木构外包砖墙的形式。

木构三榀，每榀6步架。为抬梁与穿斗混合式。边贴五柱，山墙的梁下另外附加两根通川。上穿连接三柱，下穿连接五柱。正贴为了营造大空间，省略了中柱。在2米左右的高度，柱子之间有梁枋彼此拉结，以此稳固结构，铺设楼板。穿枋和柱子的交接处因为断面小，为了防止脱榫，插以木销。

外墙一般用青砖。勒脚以下每皮一顺一丁内外眠砌筑，内填泥灰砖石。其上为空斗，三斗一眠。或者四斗五斗一眠。到了山尖部位，空斗墙外补刷白灰。由于墙体较高，在墙体的中上部，会有铁拉牵将它和内部木构相连。其山墙、前后檐墙均用小封檐，未用封火墙。

大门用木过梁，为了减小跨度，两边出挑砖叠涩。山墙上在山间部位开六角形气窗（图3-2-16），其雨搭的屋脊飞扬起翘，灵动优美，是整个建筑最为精彩的地方。

共用的山墙由于位于室内，无雨水之患，一般用土坯砌筑。采取的是内嵌式。即将土坯砌筑在木构框架中。山尖以下均刷白灰。

檩上铺椽，椽上冷摊小青瓦。为了采光，局部采用透明瓦。屋面有举折。总体来说，民居青砖墙，小青瓦，显得清雅小巧。

独栋式一般三开间，中间堂屋，两侧次房，堂屋后设固定楼梯上下，其平面布局与太湖流域相似。天井式民居稍大，一般前后三落两进，左右有包厢。一层的房屋，一般厅为通高，其余设阁楼储物，精巧大方，灵活多变。

更为宏大的住宅由多路多进的天井式形成，有的甚至还

图3-2-17 南京城南传统住宅的墙体

图3-2-18 甘熙故居

附带花园，前者如杨柳村民居，后者如南京的甘熙宅院。

南京地区受到徽派建筑和苏南建筑的共同影响，建筑精致典雅，但已不似江南建筑的错落曲折，多了北方建筑的硬朗大气。木材多采用栗色混油漆，与粉墙黛瓦和硬朗简洁的建筑空间交相辉映，大气混成。

南京城内的传统民居主要集中在中华门以东和以西的片区。一般民房采用天井院布局，内部使用木构，外包砖墙。由于近代南京历史上战乱频繁，民房建筑等多有毁坏，因此普通人家常用旧砖旧瓦建造新屋。这些材料并非统一制成，尺度大小不一。为了将它们协调使用，产生了多样的构造做法，并分布在不同的部位（图3-2-17）。

其中石块常常运用在墙体的勒脚。这些石块原本就是城墙的勒脚，由于城破墙塌，老百姓就将它们砌筑到自己的房屋勒脚。石材表面不平或有破损，为了将它们组织起来，常用薄砖填在缝隙或凹坑之中找平。这些薄砖就起到了浆的作用。这种勒脚非常坚固，仅次于石砌墙基。

石砌勒脚之上，一般是眠砖和立砖隔层砌筑的墙体。这层墙体是实心墙，也很牢固。立着砌筑砖块的原因是可以利用厚薄不同的砖体，其做法与扬州的玉带面类似。

在这种墙体的上部，一般砌筑空斗墙，其原因是要利用部分规则的砖体，便于砌筑。另外，还有一部分碎砖瓦也要填入空斗而发挥效能。这种墙体的自重要小于上述两者。有的人家，还将靠近檐口的地方用灰刷白。

内部梁架正贴或抬梁或穿斗，边贴一般穿斗，其构架常与山墙镶嵌在一起。因为大料难得，内部梁架喜用叠合型梁枋。

在南京城内豪华隆重的典型民居有甘熙故居。建筑位于南京城南的中山南路西侧，昇州路北侧。房屋始建于清嘉庆年间，由多路多进的天井院组成，附带小园林，俗称"九十九间半"。房屋屏山墙，白墙黑瓦，条石为基，石框箍门，有徽州民居的特色，而纵列院落之间的备弄，则体现着江南民居的风格（图3-2-18）。

国民政府定都南京之后，政府在20世纪30年代为部分官员新建了高级住宅区。它们主要位于从山西路西头沿着颐和路直到北京西路的轴线两侧（图3-2-19）。包括西北面的珞珈路、赤壁路、琅琊路以及南面的灵隐路、普陀路、天竺路。其道路的命名均来自我国各地的名胜。

这些街区的道路多为正交斜放，街区密集，尺度宜人，绿化优美，浓荫蔽日。地块大多分为一个个占地400平方米的块，内部为形态各异的居住建筑。

建筑大多为独栋坡顶，掩映在树木葱郁之中，其风格有西式也有中式。外墙有拉毛做法，有清水青砖、红砖的砌筑，也有水刷石的处理，或者是以上做法的综合。建造的手法简洁，未见有过多的装饰，格调清新。这些住宅是南京传统住宅和西方设计思想相结合的产物，它是南京居住建筑新的发展。

综上所述，由于地理和文化的原因，宁镇地区的传统建筑具有如下的特点：第一，建筑既有南方建筑的典雅精致又有北方建筑的硬朗大气。第二，民居的平面布局与内部结构与太湖地区相似，但其外墙做法与江淮地区的青砖墙类同。第三，祠堂因为并不住人，其礼仪性最为重要，因此其格局有可能与迁入居民原籍的模式接近。

第三节 传统建筑的结构、构造与细部特征

一、结构

宁镇传统民居的结构为木构，外包砖墙。檩上架椽，椽上铺望砖盖瓦，或者直接冷摊瓦屋顶，建筑一到二层。有几点特殊做法值得注意。

图3-2-19 颐和路"民国公馆区"

其一，梁架在山面采用穿斗式。但在中部为了追求大开间，局部使用了抬梁结构（图3-3-1）。木构断面细小（图3-3-2）。

底部的大梁跨四界，上垫坐斗，承托上层之梁，二层的梁除了在两头承檩之外，中部再垫驼峰，承托屋脊。此时的横梁、斗栱不仅因为结构作用而尺寸硕大，而且位置也比较醒目，成为雕刻聚集之处。梁的两头一般刻出象鼻纹，斗栱则雕成灵芝如意纹。大梁因为离人较近，还将底部铲平，刻出双钱菱纹。

其二，内部的隔墙有板壁、泥墙以及芦席墙三种。

民居的外围结构因为防盗、遮蔽的要求而用砖墙砌筑，厚实而费工。内部隔墙却比较简易。大多有三种做法。第一是土坯墙，即用土坯在梁柱的框架中砌筑，四面严实后两面粉灰。因为它需要梁柱的限定才能稳定并起到抗剪的作用，因此很少在山尖砌筑。

这时就需要另一种隔墙即"板壁墙"。板壁墙由木板拼接而成，镶嵌在木构体系内。由于木板轻，易于固定，因此它们可以占据整个山面。

另一种轻质的墙体是芦席墙（图3-3-3）。即用芦苇编织成席子，悬挂于抬梁结构的大梁之下。这种墙体大多出现在二层结构的上层。出现这种墙体的原因是：第一，村落周边多水，水生植物芦苇出产丰富。用它做墙，费用低廉。第二，二层抬梁的结构下并没有立柱，用板壁缺少支撑，用土坯同样如此，而且还很沉重，所以采用了轻便的芦席墙。尽管芦席墙没有板壁和土坯坚固，但它位居二层，很少受到外力冲击，正好起到隔离的作用。

图3-3-1　局部使用抬梁的屋架

图3-3-2　民居梁架

二层房屋的下层填充也是土坯墙。这一方面是利用土坯廉价的特点，另一方面也是利用土坯的承重和抗变形作用。阁楼的楼板是木板，铺设在横梁之上，楼板上开设一个洞口架设单跑楼梯上楼。

二、构造与细部特征

（一）外墙

外墙主要以清水青砖为主，年代较晚的也有砌筑红砖的（图3-3-4）。传统民居砌筑墙体，总体来说遵循就料、省工、实用、美观的原则。在盖房子的时候，很多情况是拆旧建新。工匠们根据现场砖头的数目和破损程度进行相应的检砖，以求物尽其用。其中规则的砖头用来砌筑青砖空斗墙，不规则但破损不大的砖头用来砌筑夹心乱砖墙，较为细碎的砖头则用作填料。这点和扬州的乱砖墙类似。

此后，需要核算买进新砖的数量。新砖要与原来的规则旧砖一起使用，它们可能规格相同，也可能会有点差异。其中夹心乱砖墙位于砖墙的下部，其高度依料而定，一般到窗台的高度，它是由内外乱砖墙体以及中间的碎砖填料组成的。所谓乱砖墙，就是用不规则的砖块进行眠砖顺砌的墙体。砌筑的时候，要在不同规格砖头中，选择同一厚度的砖块进行砌筑。由于规格不同，每一皮的厚度大小不等。施工时尽量做到厚薄搭配，两薄一厚，或者三薄一厚。内外两层墙体砌筑几皮后，需要及时往内部填充砖料灰浆以起充实连接作用。

在乱砖墙砌筑完以后，顶部会用一皮规则的青砖顺砌封边找平，然后在上部砌筑空斗墙。空斗墙每顺一丁，三斗一眠。由于墙体大于一砖的厚度，因此内部丁砖、眠砖并不能内外到头，只能相互犬牙交错。为了加强黏结，斗墙内部同样填以碎砖灰浆。此类墙体在遇到转角、门窗洞口的时候，都用眠砖实砌，增加强度，利于构造。砖块之间，用白灰勾缝，黑白分明。

空斗墙可以砌筑到顶，在山墙部位依然如此。在前檐口，一般先挑出一皮，在上面砌筑斗砖一列，顺丁交替。然后在这批斗砖上部挑两层眠砖，底层一皮，上层因承接小瓦，做两皮。山檐做法与此类似，只不过省略了斗砖。为了适应屋顶曲线，山尖的墙砖要斩砖，施工要求比较高。

由于斩砖与屋顶曲线之间会留有接缝，因此山面檐下通常是抹白粉的。山尖距离地面较高，是风雨较常侵蚀的地方，檐下抹灰会相应扩大，乃至布满整个山尖，用来防水，这就形成了抹灰墙（图3-3-5）。

除了青砖墙，宁镇地区外墙还有毛石墙和土坯墙。

毛石墙的做法与青砖夹砌墙类似，毛石内外两层实砌，中填灰浆，高至窗台。毛石白色，光面朝外。尖头朝内，大头在下，和灰浆牢牢地结合。因为毛石之间缝隙较大，外墙勾缝分内外两道。内层主要用来起到拉结填充的作用，即灰泥将石缝挤实抹平，间距大的地方还要先楔入小石。外层

图3-3-3　民居芦席墙

图3-3-4　民居外墙

的勾缝主要是为了美观。即用水泥砂浆沿着石缝做一个突起的勾边，宽约4厘米，高约2厘米。它们在石墙表形成一个网，使得原来不规则的石块各就各位。纹理很是漂亮，掩盖了内层勾缝的粗细不一。石墙和上部的砖墙之间，往往用水泥砂浆找平，厚度6厘米，并稍稍出挑2厘米。勾缝正好以此收边。

土坯墙一般位于墙体的上部，因其不耐雨水侵蚀。土坯会隔几皮变换排列方式，丁斗交错，以提高稳定性。其墙体外侧通常抹灰，一为提高强度，二为美观。

1949年以后，由于青砖价格昂贵，因此红砖慢慢在宁镇地区推广开来。在此期间建设民居大多采用青砖与红砖混搭，或者全部红砖。其内部平面与前者类似，结构依然为传统木构。

图3-3-5　民居的外墙

（二）支撑结构与屋顶

1980年到2000年左右，因为木材紧张，内部的大木构架曾用预制混凝土代替。即采用混凝土柱、檩与木梁结合的混合结构。由于混凝土檩条是放在木梁上的，因此也可以称作混合抬梁式。内部隔墙采用一般板壁、芦席等轻质隔墙。

屋面采用檩条上方架木椽，然后铺芦苇、覆泥灰挂瓦的形式。因为很多房屋为拆旧建新，所以以前的小瓦依然被大量使用。新房规模往往大于旧宅，现代的大瓦也不得不添加进来。这时，屋面就形成了一种大瓦和小瓦共同覆盖的样式。由于大瓦出挑远，因此它们常常位于檐口，而小瓦在其上部。为了使瓦垄不致滑落，在小瓦的端头，将另一小瓦旋转九十度，插于其下。

建筑的外观比较朴素，装饰集中在大门和山墙的气窗处。其中前者通过砖挑叠涩完成门洞的过梁结构（图3-3-6），后者则通过砖和瓦的组合，形成飞扬灵动的外观。

（三）门窗洞口

墙体用来限定内外，但上面的券、门、窗、洞却用来勾连空间。为了提高强度，它们周围的墙体均为眠砖实砌。

券的形式就是一个砖拱。它不需要过梁，也不需要门板，用于室外与室外的沟通。华山村的券洞主要出现在龙脊

图3-3-6　方形门洞的砖雕门楼

街上。虽然形式单一，但它们的规模和形制是按照空间要求而变化的。迎嘉门，其券洞宽大，券拱用两道立砖和眠砖发券。而作为龙腹处的东西券门，开口朝向次要巷道，券洞较窄，只用一道面砖和立砖发券。因为券洞宽度小，后部的巷道又是倾斜状，因此券洞的拱角部位将一侧砖角收进，以利交通，此举和房屋转角的收进类似。龙脊路广场处的张王庙券拱最为壮丽，此处券门宽大，且抹灰刷黄。

另有一些洞口采用的是方形，主要用在巷道以及入户的庭院中。如在村子西部的一个洞口。此处的洞口处于住宅之中，私密性较高。为了提高欣赏性，屋主没有采用砖拱，而是采用了石头过梁镶嵌砖雕的形式。另有一处洞口则位于西侧的李家祠堂的侧门，直接开设了一个门式洞口。

在华山村，传统民居的门一般设于明间中部，下设石坎，上设木质或者石质过梁。石梁因为耐水直接裸露在外墙。木梁则在墙内且外部挂砖防雨。有时缺少大料则过梁分内外两支，分别搭在内外两层墙上。为了减小过梁跨度，外墙皮门洞上角用青砖向内出挑2～3皮。它们与过梁、墙角形成一个券口，十分美观。石门坎上立木门框，门框直到内侧的过梁底下。因为是内外夹心墙，因此门框立柱隐含在内侧的墙体中，门闭合时，从门外看不见立柱，只露出门板和门楣，安全性很高。门槛有时连门窝一石连作，增强了牢固程度。门板用穿带拼合，髹红色或者黑色油漆，大多两扇，外表设门环、插销，门后设锁。有的门只有一扇，因为隐藏了门框，所以在侧墙上预埋木砖，与门上的插销勾连，权作挂锁。

有两处构造较为特殊。

其一位于多院子的祠堂中。大门正处在第一进房屋的后檐，后接一个天井。此门为其后院的正门，宽大且有两扇。为了顺应人流的方向，门扇势必后开。但门扇开启的时候，已经裸露到了天井中，既不防雨，也碍人流。为了解决这个问题，屋主加厚了后檐墙，并在墙的外角斜向收进，由此形成了一个向外敞开的"八"字形门后空间（图3-3-7）。这个空间一举三得。其一，它创造了门后空间，使得门扇在开启的时候还能隐藏在墙内，避免雨淋。其二，门扇后的空间"八"字形，可以容纳门扇以大角度的方式打开，对人流的

图3-3-7 华山村某祠堂"八"字形门洞

通过并无遮挡。另外，当门闭合时，门后的这个空间不仅美观，还可以使人在开门时稍作休憩。由于墙体较厚，因此在两侧端头预留了洞口容纳门闩。

可能在门后架设一个披屋也能解决问题，但没有这个墙体巧妙。因为披屋的尺度要比前者大得多，这不仅侵占了本来就较小的天井，也破坏了它方整的造型。

另一处构造是门闩洞（图3-3-8）。它位于一座大门的后面。大门位于西墙后接小院，墙体厚4砖，将近1米。门洞采用白色石质的内外双过梁。外侧密雕卷草纹样，承托上部砖雕贴脸，形制隆重。墙体如此之厚，其原因与"八字形

图3-3-8　华山村某门闩洞

图3-3-9　华山村某山尖气窗

门楼"类似,乃是为了营造空间,防止门开启时被雨水浇淋之故。之所以未设"八字形",是因为这里是直线进入,无需折弯,因此直角开启未妨交通。

由于墙体很厚,在门洞的侧面开设了门闩洞。从房屋的内侧看去,左边为固定插口,即在墙上留一个方洞。洞口大小约为15厘米见方,在一块砖的跨度之内。为了美观,上部的砖块过梁底部挖成双弧形凹边。右侧的洞口为活动插口,其形状为曲尺形。墙面从外向里开槽,越来越深,到了前方突然下折,形成一个与左侧对应的卡口。关门之后可将木质门闩先插入左侧洞口,然后沿着右侧槽口前推,直到它陷落到前方的卡口中。可见,右侧的槽口之所以逐渐加深是因为它是以左洞为圆心,门闩为半径画的圆弧。这样就能在墙体做浅开口,直接挑砖而不必借助过梁。

另外,在门洞朝向后院的部分,还用砖出挑,将洞口的侧面形成一个槽口。这种好处是当门开启的时候,门板的侧面完全隐藏在门洞的槽口内,既美观又安全。

在传统的华山村中,百姓日出而作,日落而息。居住的房屋出于安全防卫、保温隔热的需要,对外开窗较少,规模也较小,只能满足基本的通风采光。1949年以后,治安得到改善,新一代的民居建筑结构增强,窗户尺度逐渐加大起来。

根据规模不同,华山村民居的窗洞可以分为以下几种:玻璃窗、木板窗、漏窗、气窗。

在当地传统和现代民居中,玻璃窗都是必备的。它负责室内主要居室的通风、采光以及观察等作用。由于民居是砖混结构,因此窗户的尺度并未出现较大的变化。传统的窗洞约50厘米宽,80厘米高,离地约有1米左右。窗户外设固定木栏杆,内设玻璃窗扇。为了防雨在窗洞之上设置雨搭。雨搭由青砖分两皮叠涩,约出挑30厘米。其形呈拱,以将上部压力传递到窗洞两侧。拱的两头微微起翘,意在将雨水向外导出,避免侧流而沾污墙面。在雨搭和窗洞之间,用青砖填充。

气窗主要为辅助空间服务。华山村的气窗有两种形式。一种位于山尖部位,另一种位于檐墙。山尖的气窗与镇江其他村落相似,一般也由下部的窗洞和上部的雨篷组成(图3-3-9)。从外部看,下部的窗洞也是六角形。但在内侧,六角形洞口稍微扩大,成正方形壁龛。因为墙体双层,厚度较大，这样做不仅便于施工，也可在方形的壁龛中附设木质推拉门，控制采光和进风。六边形的洞口，一般用青砖切角砌筑，尺度正好满足安全需求，且形态符合受压的力学特征。令人感兴趣的是，有的六角形的箍边并不用青砖，而是采用了小瓦。小瓦弧形，凹面对外，六块刚好拼成了六边形。由于瓦片较薄，因此设内外两道。用小瓦的好处在于不用斩砖磨角，施工方便。

另外，并非所有的山间气窗都是六边形，偶尔也会用方形的。方形的气窗与内部窗龛的关系会更协调。其外部常用砖挑叠涩，减小过梁的跨度，做法与门洞类似。挑砖因为形态特殊，是重点装饰的地方。窗洞上部的雨篷一般用砖挑一个窗额，然后做两到三层叠涩，再斜放青砖做坡顶，两端稍稍翘起。屋脊则用泥灰塑成起翘，两头或者分叉，或者收成圆饼状，顺畅柔美。为了坚固，屋脊也有用砖直接形成，其做法是在墙体中预埋三层薄砖，出挑成翘起的形态，简洁刚劲。

（四）外墙装饰

外墙上，为了辟邪、美观，常用装饰。

在一户门洞上方的墙上，有一块八卦砖雕（图3-3-10）。八卦是30厘米见方的四边形，呈菱形嵌镶在青砖墙内，图案铲地做成。平面内外分成两个部分：内部是圆形的八卦图，中间围绕着回旋的双鱼太极，外部则是梅兰竹菊四

图3-3-10 砖雕八卦装饰

大君子，分别位于菱形的四角。内部图案抽象，外部图案具体，为了过渡自然，在八卦的外圈，还有一圈程式化的花草图案。在另一座住宅中，居民在外墙上新开设了一个洞口。为了掩盖洞口与空斗墙之间的接缝，就在洞口的周围抹上了水泥。上部抹边要掩盖过梁，因此较宽。为了避免单调，于是就在面层阴刻一个"双喜"字。

第四章　淮扬地区的传统建筑及其总体审美特征

　　淮扬地区包括扬州、淮安、泰州三个中等城市和他们周围的若干小城市。该地区位于江苏省中部偏西的位置，北抵宿迁、连云，南边隔江与镇江、常州、无锡相对，东与盐城、南通相邻，西靠安徽以及南京地区，沃野千里，湖河纵横。

　　这一地区是我国开发较早的地区。扬州，春秋时称"邗"。公元前486年，吴王夫差开凿邗沟，此为建城之始。秦汉为广陵，东晋、南朝为南兖州。唐高祖武德八年（625年），将扬州治所从丹阳移到江北，从此广陵才享有扬州的专名。明清为扬州府。

　　泰州具有2100多年的历史，秦称海阳。汉置海陵县。东晋设海陵郡，与金陵、广陵、兰陵齐名华夏。南唐建州，取"国泰民安"之义，因名"泰州"。

　　上古淮安区属于淮夷。夏朝初年，大禹治水，"使淮水永安"。春秋时期，吴王夫差开凿的邗沟沟通江、淮。后淮安属越、楚。秦始建县，名淮阴县。隋称楚州。元升为淮安路。明清称之淮安府，延名至今。

　　淮扬地区的主要水系略呈"工"字形。北有淮河、洪泽湖及东西流向的苏北灌溉总渠这条水系，南有滚滚东流的长江，中镶嵌白马湖、高邮湖等水体。京杭大运河纵贯南北，将它们紧密相连。全地区只在扬州西部和淮安南部有些小山丘。运河在这一段多沿湖边行运，故称里运河，里运河以东地势低洼，是江苏最为低洼之处，海拔2米左右。自黄河夺淮以后，淮河河床抬高，为使运河可以穿越淮河和黄河北行，清代治水采取引水攻沙的办法，在淮安修坝，抬高洪泽湖水位，引洪泽湖水北流冲刷黄河，使得里运河穿越黄河。这样里运河的水位常常比堤坝东侧的里下河地区高出近10米，加上淮河水位被迫抬高，出海口又不通畅，每遇洪汛，"锅底洼"积水，水灾不断。

这一局面一直到20世纪70年代由于电力普及才获得根本改变。淮扬地区在古代有一条黄金水道，运河商业贸易带来的财富滋润了沿运河的各个重要码头和城市，同时又使远离运河的地区灾害频繁，因而这一地区贫富悬殊，围绕着运河形成一串彼此依托的生态链。生态链的顶端就是聚集在扬州的盐商和扬州、淮安两地的官员，而底端的就是那些盐工、船工和贩夫走卒以及底层的农民。这一生态链随着1855年的黄河北徙、运河北段淤塞以及此后的铁路运输取代水道运输而断裂，商贸的区位优势不再，沿运城市就此迅速衰败。

从清代的康乾盛世到清末民国，淮扬地区如同一出真实版的《红楼梦》，曾经富甲一方，曾经纸醉金迷，曾经是歌舞场，但转眼间就"蛛丝儿结满雕梁"。只是毕竟淮扬地区的历史文化的积淀太过丰厚，就好像扬州的唐、宋的城址和淮安清口的闸坝遗迹，外观不显山露水，却处处连着中国文学史上的无数名篇，连着中国古代文明的精髓。这种特点使得这里的传统建筑总体审美特征呈现出极为丰富的层次。大致可以概括为：秀朴兼有，刚柔相济，雅俗皆赏，多元聚集。如果说环太湖地区有一股士大夫之气，宁镇地区有一股王者之气的话，淮扬这上通天子、下接江南的八方通衢之地，则时不时地显露着贵族之气。

说它是秀朴兼有，是因为这里同样山明水秀，风月无边。清代李斗在《扬州画舫录》中记述康乾盛世时的扬州园林时说"苏州以市肆胜，扬州以亭园胜"，可见那时苏州园林还排在扬州园林之后，今日扬州保留下来的不仅有何园、个园等私家园林，还有平山堂、瘦西湖、五亭桥等大片的郊野名胜古迹，它们在如画的山水环境中格外妩媚，秀丽不让江南。但与环太湖地区不同，这里的园林建筑屋面一律不用混水，即不用苏州一带屋面施工中的青灰罩面和粉饰，仍然延续着清初的质朴的做法，仿佛不肯施粉黛的美女，更多一点天然的质素。墙体上，白色石灰膏粉刷的墙面急剧减少，大量的是青砖的清水墙或者是砖细的门脸。在城市里，盐商住着青砖瓦房、庭院深深的同时，乡村和沿运河各镇上船工挑夫等下层百姓，居住着简陋的平房甚至是夯土墙、茅草顶的茅屋。

说它是刚柔相间是因为屋面、翼角和江南相比，虽然也是翘起的曲线，但曲率却小了许多，且不是嫩戗发戗，而是延续了明代以前的依靠子角梁微微起翘然后靠清水砌筑的戗脊（即江南的水戗）完成翼角起翘的（图4-0-1）。因为是清水做法，这里

图4-0-1 淮安市淮阴区关帝庙

的屋面没有江南那样多的灰塑和线脚,山墙也呈直线,但却有一种江南没有的特殊的屋脊装饰盛行在扬州以东地区的百姓们的房顶上,那就是使用砖瓦加铁饰砌筑成极富装饰性的"脊花"安放在正脊的两端。

说它雅俗皆赏是因为,古代这里生活着各个阶层的人们,他们的消费成本和审美的品位各个相异,但却又各得其所,如同这里既诞生过唐诗、宋词的传世杰作,也诞生过元曲、明清小说和扬州竹枝词这样的贴近底层生活的市民文学一样,淮扬地区的建筑艺术也是品味多样。以造园论,既有保留了清代艺术大家石涛画意的片石山房这样的造园神品,也有满足商绅们一日之内赏遍四季山水的奢望的个园四季假山这样的奇构。

说它是多元聚集是因为,这里是古代封闭的中国对外开放的一个窗口,是海上丝绸之路和中国南北交通大动脉的接驳地,南北东西的文化在这里都可以找到存在过的痕迹,这里有江苏省唯一的少数民族自治乡高邮菱塘回族自治乡,有一处至今唤作波斯村的传说古代为波斯商人居住过的乡村。扬州城里还有古代阿拉伯人普哈丁墓和近代包括西方传教士活动的遗迹。

第一节　传统聚落的选址与格局

一、聚落选址与山水环境

本地区多水少山，大型聚落的选址与水紧密相连。

古城扬州，正好坐落在运河与长江的交叉口，交通便利，有苏北门户之称。其下辖的瓜州镇位于长江北岸，处在南京下游，与镇江的京口地区隔江相望，王安石有诗云："京口瓜州一水间，钟山只隔数重山"说的就是它们的关系。优越的选址和通达的条件使得扬州在唐代和清代几度繁荣。

淮安地区襟吴带楚，位于大运河和古淮河的交叉口，处在五大淡水湖洪泽湖的西侧，高邮湖、白马湖的北侧，自古就是舟马转运、水利枢纽之地，人文昌盛，经济繁荣。

二、聚落选址的地理空间脉络

本地区土地平坦，水网密集，总体地形西高东低，有低山微丘、圩区、里下河地区、平原地区这几种地形。除了大型聚落择水而生以外，小型聚落往往根据不同的地理环境而做出各种变化。有的位于平原，有的位于平地，有的位于河岸，有的位于洲岛，种类十分丰富。

三、聚落的典型格局形态

扬州、淮安大运河以西的部分土地平坦，与安徽接壤处有低山微丘。此处湖泊星星点点、山丘起伏其中，土地划分并非为方格网状，而是略呈自由形；村庄或者沿路蔓延，或者于高地集聚，形成不规则的团聚状。

运河以东，长江以北，通扬运河以南地区属于长江圩区。此处由于江水的南北摆动，地多建堤圩田。由于排涝的需要，堤坝前后往往另有小河。建筑通常位于围堤之上呈线性发展，形成条形村落。门前小河用于水产养殖和日常生活，门后小河用于防卫和排放，具有独特的田野、道路、河流、住宅的空间序列。建筑组成的条带之间相隔达200余米。此处的定居点随着水的涨落而进退兴废，因此年代并不久远。

圩区以北，大运河以东，苏北灌溉总渠以南、串场河以西则是水网更为密集的里下河地区。此处的运河即古代的邗沟，它连接淮河和长江，又称里河。串场河是唐代修筑海堤时形成的复堆河。其沿线串有安丰、东台等十大盐场，故称串场河，也称下河。里河、下河之间的地区则为里下河地区。本地区的形成历史很短。在距今7000年左右的时候，海平面上升到目前位置并逐渐稳定，此处尚是一个向西凹入的海湾。由于北部的淮河、南部的长江东流大海时不断携沙而来，堆积的沙洲南北相连，逐渐将之与外海隔离，形成潟湖。3000多年以来，在江淮诸水的不断注入下，海水逐渐淡化。因泥沙淤积，此地就形成了四周高、中间低的锅底洼平原区，水患严重。由于地势低洼，湖荡纵横，水中的高地变得极其珍贵。经过长时间的围堤、开垦，逐渐形成了以洲岛为中心的放射型水网以及依赖舟楫的出行方式。中间河汊交口的高地型小岛上，则是村庄所在。为了利用难得的高地，建筑密布在小岛之上，其规模、形态因为小岛的变化而与之吻合，或为团聚状，或为条状，密度非常高。村庄的内部具有街巷式肌理。当岛上建满房屋的时候，民居则会向周边的河汊蔓延，形成中心放射状的布局。

在苏北灌溉总渠以北的地区，土地平整，河湖密度不大。建筑为行列式，前后几排，左右数户，与宿迁地区类似，只不过规模较小。

第二节　传统建筑的视觉特征与风格

一、基于地域自然的建筑形式表达

本地区襟吴带楚，文化交汇，建筑风格"南秀北雄"，既有北方的大气凝重，也有南方的秀美轻巧。

淮扬地区历史久远的传统民居多数位居城市，乡村的农宅基本建造于1949年以后。由于江苏的农村城市化进程很

图4-2-1 淮安民居

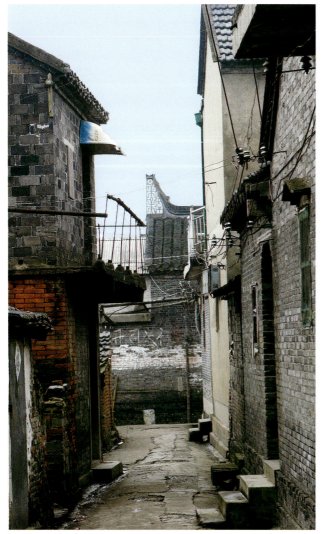

图4-2-2 泰州民居

快,本地区不少农户的房屋1980年以后就得到了更新。

目前在农村地区,北部的淮安民居多为一层红砖红瓦建筑,三开间,堂屋起居,次间居住(图4-2-1)。外部或有檐廊,或搭建小披。正房前面或者侧面一般建辅房。受到徐州汉代建筑风格的影响,屋脊起翘明显而硬朗。

扬、泰中部地区则以楼房为多,建筑二层,前有阳台和檐廊(图4-2-2)。建筑多为青砖黛瓦,清水原色,以工整见长,雄浑古朴,与江南民居建筑外观粉墙黛瓦、黑白相间、轻盈简约明显有别。

沿江一带的建筑形制与扬、泰中部类似,只不过外墙常刷白粉。城市传统建筑经济条件比较好,房屋用青砖清水砌筑,小瓦顶,特别强调精美的砖工,一般用封檐墙,但扬州、泰州的深宅大院也有使用封火墙的。

淮安乃漕运总督府所在的运河沿线大都市,历来是南船北马的转换地,所以传统建筑工艺也富有多样性,表现出明显的介于徐、扬之间的过渡性。淮安的城镇依水而成,街巷由建筑夹道而生。建筑平面布局受北方传统建筑布局的影响较大,基本为传统的合院民居形式,强调南北纵深轴线关系。当然这种合院式布局也与人们的居住习惯有关:二合院式通常主屋三间,为"两暗一明"的形制,暗间用作卧房,明间用来接待宾客或全家聚餐。倒座为厨房和囤粮之用;三合院与二合院一样,多出的东厢用作粮仓;四合院的东西厢除囤粮外,还设书房、客厅、磨坊、油坊等。受民居形式影响,祠、寺建筑的布局方式也接近于民居的布局,通过多个院落的组合加强轴线对称的感觉。

淮安民居中典型的有刘鹗故居,它既有园林,又有院落,体现了南北地域的过渡性。

房屋建于清代,位于淮安区西长街的东侧,坐北朝南,正对门前的小路。目前建筑只有部分残留。建筑由两列南北向排列的院子并联而成(图4-2-3)。西路西长街,两落两进,东路只有一落一进。两列院子之间有一个间隔,于此朝南开设大门。在西路院子前一进的山墙,另开一个小门面对大街。

建筑的布局颇具匠心。首先,从外部大街进入到建筑中都要经过小庭院过渡,有私密性和趣味性。其次,从南面进

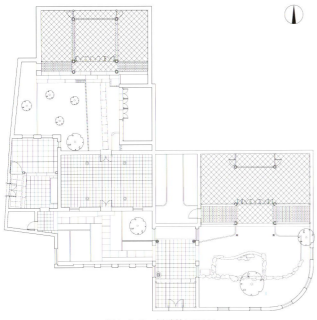

图4-2-3 刘鹗故居平面

图4-2-4 刘鹗故居的画杉大厅

入大门的时候，只见门堂高耸，前方是一个庭院，四方墙体围合。正对的青砖墙下有修竹一丛。左右砖墙上各有一个门洞，由此进入南北两院。

北院有一个微型园林。房屋在北，林木在南。园林由小山及其下部的水池组成，山体从房屋的东部开始一直延伸到大门侧墙，目的虽为造景，实际乃遮挡尘嚣之故。因为有眼前美景，北部的大厅设宽敞的前廊且檐墙全为隔扇门窗。大厅名为画杉大厅，是刘鹗用来接见宾客的地方（图4-2-4）。厅堂三开间，因为隔扇退后而使室内空间高峻，正贴为抬梁，边贴为穿斗。明间后部设有两棵金柱，但并没有拥堵之感，这是因为它们正好和太师壁组合在一起，显得非常自然。由于采光非常好，加上墙壁为白，因此梁架上布满了彩画。

南院中，北方有三开间房屋一座，中间设木门，两侧开窗，较为封闭。此房为展示刘鹗生平事迹的地方。建筑的结构抬梁式，内设四柱，山墙与檐墙一起承重。过展示室，进入另一个庭院，北部为刘鹗纪念堂一座，东部是一偏房，园中有植被数丛。

南院西北角有一个凹口，在其北施一小门，过小门得一庭院，东边正好是展示室的西山墙，西边则是朝街的小门。

小门面朝西街，此处车水马龙，因此它便成了故居的主要出入口。门的形制与大门类似，只不过规模较小。门洞采用青砖出挑叠涩，共四挑，中部镶嵌一块花砖，海棠文内嵌一个"福"字。从来人的方向看，这个字是倒着写的，寓意"福到了"。

除了园林宅第之外，郊野园林也体现了地域特点，兼有南方之秀与北方之雄。扬州的瘦西湖就是一例。瘦西湖原名保障河，是人工开凿的城濠和通向古运河的水道，唐罗城、宋大城的护城河遗迹，它南起北城河，北抵蜀冈脚下，水面狭长，长4300米，最宽处百米左右（图4-2-5）。

由于水面狭长，工匠们利用洲岛、水湾、汊口、圩埠、堤岸等营造了连绵不断的水景，并通过长岭、低丘配合以重峦叠嶂，种植以杨柳、桃花以及其他古树名木等，分布以自成体系、相互照应的小园，造成了小中见大、意境深远而又协调统一的空间效果。其主要景区从大虹桥开始，沿途经过

图4-2-5 扬州瘦西湖

长堤春柳、徐园，小金山直到吹台、五亭桥、白塔和凫庄，其中小园构筑各不相同，景色大异其趣。世人称之"两堤花柳全依水，一路楼台直到山"。

二、基于地域人文的建筑形式表达

本地区处于南北交通要道，是车船转换之所，各种文化在此掺杂交融，表现在建筑上既有江西的青砖封火墙、也有北方皇家的黄色琉璃；既有太湖流域的备弄与园林，也有皖南的高墙大院。

扬州历来是运河沿线的繁华大都会，在传统建筑工艺上表现为各类做法兼收并蓄。在扬州的古城内分布着大量的盐商住宅和古典园林，它们外部青砖高墙而含蓄内敛，内部住宅密集且园林开阔（图4-2-6）。建筑雄伟壮观，其中假山多种多样，非常适合居住者举行较大规模的饮宴活动，能够满足盐商交游官宦的愿望，与苏州园林的小巧精致的文人特色形成鲜明的对比。梁架以圆作正交穿斗做法为多，也有相当部分的圆作正交抬梁梁架，扁作梁架很少，没有三角梁架。屋面曲线以举架做法为主，同时也受到举折的部分影响。柱础以鼓镜、石鼓为多，有少量的覆盆柱础，而櫍状柱础极为少见。

扬州城内大型住宅主要有何园、个园、汪氏小苑、小盘谷、扬州永胜街40号住宅、大武城巷住宅、康山街卢宅等。

图4-2-6 扬州岭南会馆的磨砖对缝门楼

何园，坐落在扬州古城的南河下，由清末汉黄道台、江汉关监督何芷舫所造（图4-2-7）。"何园"是其俗称，原名"寄啸山庄"，是主人从陶渊明诗句"倚南窗以寄傲"、"登东皋以舒啸"取意而来。

何园的最大特色是复道行空和片石山房。前者是一条400米长的双层走廊，它左右分流、高低勾搭、衔山环水、登堂入室，形成全方位的立体景观和全天候的游览空间，充分展示了园林艺术的回环变化之美和四通八达之妙。后者则贴墙叠石成山，独峰耸翠，秀映碧水，石壁、石磴、山涧三者最是奇绝，是石涛叠石的人间孤本。

图4-2-7 扬州何园

图4-2-8 扬州个园

个园由清代嘉庆年间两淮盐业总商黄至筠（1770～1836年）在明代"寿芝园"的旧址上扩建而成。黄至筠，生性喜爱竹之虚心劲节，于是取"竹"的半边"个"字为名。个字，象形于竹叶，复有竹叶报三多之美好寓意（图4-2-8）。园林位于扬州东关街，坐北朝南，主要由南部的住宅和北部的园林组成。

其中住宅现有三路三进，南侧门前设置共有长院，在中路和东路之间设一座大门。因为门外是东关街商业街，气氛喧闹，所以在街对面砌一座八字行的影壁，用来整肃空间。三路住宅中的东路和中路均为一层，四水归堂形式。西侧前两落是单层，后两落是楼层。三路住宅之间有备弄相隔，可通过走廊相连。

园林中依据不同的石材，分峰用石，形成四季假山。其中春山植笋石几株，掩映在竹林之中。夏山用太湖石临水构筑，模拟水帘波动，夏云初起。秋山叠黄石数重，峭壁千仞，有丹霞意蕴。冬山堆略有荧光的石英石，表示白雪皑皑，其底铺冰裂纹的白石，寓意冰雪消融。园中建筑山环水抱，其中建筑体积宏大，可供多人饮宴游乐。

汪氏小苑坐落在扬州市东圈门历史街区东首地官第14号，占地面积3000余平方米，建筑面积1580余平方米，遗存老房旧屋近百间（图4-2-9）。

小苑住宅为主，园林为辅。建筑分右三路，前后三到四进。中路空间比较规整，大门前设置倒座一排。倒座四开间，主入口开在东首第二间而不在中路的轴线上，可避免外来视线直达厅堂。为了对来客示好，纳其财气，在正对大门的墙上设有福祠。西路为女眷所居，西南院墙处的用地不规则，有一条三角形的用地，其北面小而南面大，颇为无奈。为了化朽为奇，于是将南面设为船厅，将此三角形用地寓意为船尾，船厅正好伸入西路的南面小院中。东路为男子所居，在第一进的西向开门直通中路。每进均为前堂后室布局，即第一进为三开间开敞的厅堂，后面两进则是三间带两厢的天井。

中路西部并联，于东路之间留火巷，由此直达后部花园。花园横向较长，于是用隔墙一分为二。东为仆人、厨房

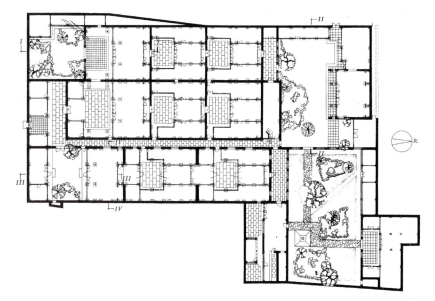
图4-2-9 汪氏小苑平面图（来源：《扬州园林》）

图4-2-10 扬州小盘谷

洗浴等辅助花园，西为容纳书斋、轿厅的主要花园。西部轿厅北面留有小门对外。与扬州其他盐商住宅不同的是，小苑并非只在后部设花园，在东路和西路的南面，也置小园，以求四平八稳。

建筑的主要厅堂用抬梁结构，次要用房是穿斗结构，青砖黑瓦，清水砌筑，稳重含蓄，唯后部花园稍显直白。

屋主汪氏，原籍安徽旌德，后来扬州经营盐号。到第二代时事业发达，开始购置房产。小苑分两批建造，中路和西路是清末购置，东路是四子于民国扩建。

小盘谷在江苏省扬州市丁家湾大树巷内，是清代光绪三十年（1904年）两江总督周馥购得徐氏旧园重修而成（图4-2-10）。

建筑由西部的住宅和东部的园林组成。建筑坐北朝南，中轴贯穿，分东西两路并隔以火巷。园林也为东西两分。西侧园林南部叠假山一部，石径往复，已觉新奇；北部再置曲尺形楠木花厅三间稍阻挡其景，用游廊连接水阁凉亭，其后建二层小楼一座，楼前老树参天。三者与东墙之间避开一深潭，临池依东墙构筑湖石假山，谷洞幽深，道路回环，光影迷离。其假山出于重霄之上，有模仿"九狮"之意，大雪之后，有九狮显现。亭台楼阁相看不厌。此园东侧草坡连廊，较为开敞，适合各类活动的开展。两者之间隔一道墙，在假山之巅的凉亭相连。

扬州永胜街40号住宅位于扬州的老城区的东南部，坐落在永胜街的东侧。用地为不规则的五边形，北面大，南面小，类似扇面（图4-2-11）。住宅先用前后四进院落的居住用房占据了东部略呈长方形的地块，然后在西部余下的三角形的地块中营建花园，大门开在西南方位（图4-2-12）。

这种布局的好处在于：其一，住宅为日常起居之地，长幼有序，内外有别，规整的用地符合它的礼制。而剩下的不规则地块用作花园，刚好可以发挥它随形就势的潜能。其二，大门开在西处，处在住宅和花园顶端结合处。这里设共有门厅，前附小院，向东可进住宅，向北可进花园，是各个空间的起始。

为了使得住宅入口轩敞，院子后部第一进院子的倒座被减去一间，留出入口前的空地。在随后四进的住宅之中，第一进和后面几进也有区别。

第一进的院子较为开敞，它是进入住宅区的门脸，所以做得宏伟，其正房前部的院子全部敞开。后面几进用房在次间的地方伸出耳房相连，将五开间的大院子分成三个小院，既提供了私密性又增加了居住面积，非常实用。

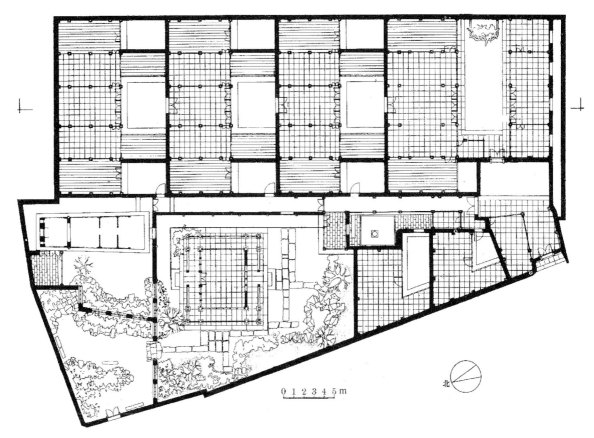

图4-2-11 扬州永胜街40号住宅平面图(来源:《扬州园林》)

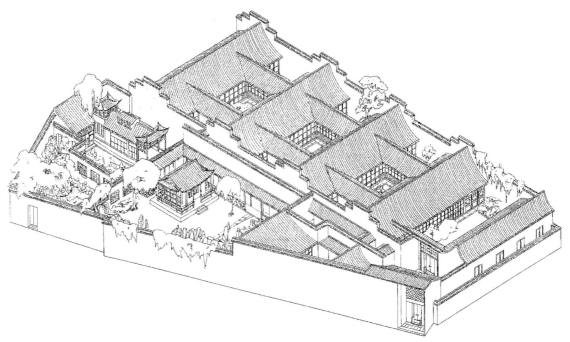

图4-2-12 扬州永胜街40号住宅轴测图(来源:《扬州园林》)

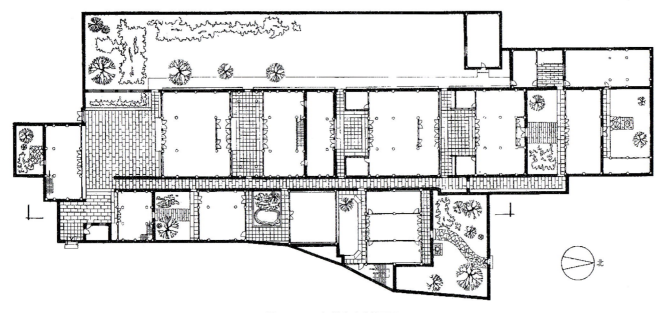

图4-2-13 扬州大武城巷民居

图4-2-14 扬州大武城巷民居外观（来源：《扬州园林》）

三角形的花园没有因为它的小而成为一个大空间，它被分为前后四进，用墙隔离。第一、二进各有披屋和小天井，第三进面积最大，置四面开敞的花厅。这三进院落沿着院墙空间逐渐放大，似有规则，但在最后一进时这个规则失效了，因为在用地的中部突然有墙把它一分为二。外置花园，内置石舫。这种做法利用了最后一进用地窄长的特点，将它分为东西两个小院子，化整为零。小尺度的空间既衬托了花厅的开阔，又展现了自己的幽深。之所以这么做还有一个原因，就是在外侧的小院设对外的偏门，由此进入花厅。花园和住宅之间，一条通长的备弄将两者相连。

这座民居花园在外，住宅在内，布局各得其所，空间细密幽深，是扬州民居的精品。

大武城巷住宅位于扬州城南的大武城巷的西侧。

房屋南北长，东西短，主入口在东南部（图4-2-13），三条轴线纵深排列，中间的厅堂占据最为宽大方整的地形，西面的长条形地块作为开敞庭院。东侧靠巷子用地不规则，因此建有活泼的生活性园林。这种布局是想用建筑的高墙来面临街巷，使宅子更加安全（图4-2-14）。

西路是开敞的庭院，种梧桐、架秋千，人们可在此嬉戏。在这个建筑中，留出如此大的地方的确是一着妙手。中路是一进大厅，礼仪威严。东路则是小尺度的园林，是学习、居家的闲适场所。在中路和东路之间有一条巷道，这就是备弄，或者叫火巷。它将两者适当区分。一为防止火势蔓延，二为方便内眷和仆人前后来往。作为外宾，一般须由中路穿厅而入，才符合礼制。

三条并置的轴线，交汇于南部庭院。南部入口庭院经过两个转折，方才开口于东面的巷子中。这两个转折，一个比一个空间要小。人从外部进来，有一种逐渐开朗的感觉。

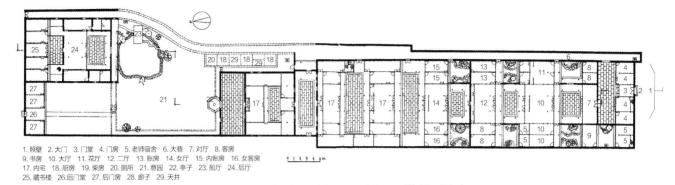

1. 照壁 2. 大门 3. 门堂 4. 门房 5. 老师宿舍 6. 大巷 7. 对厅 8. 客房
9. 书房 10. 大厅 11. 花厅 12. 二厅 13. 账房 14. 女厅 15. 内账房 16. 女客房
17. 内宅 18. 厨房 19. 柴房 20. 厕所 21. 意园 22. 亭子 23. 船厅 24. 后厅
25. 藏书楼 26. 后门堂 27. 后门房 28. 廊子 29. 天井

图4-2-15　扬州民居卢宅平面图（来源：《扬州园林》）

扬州卢宅坐落于扬州古城的西南方位，位于康山街22号。建筑坐北朝南。呈一路纵深发展，前后九进（图4-2-15）。

第一进入口门屋七开间，南墙完全封闭，明间不设门，主入口只在北部次间。为了进一步强调这个入口空间，在街的对面设置八字形影壁。其轴线与入口相对。进入大门是一个横院，北部第二进建筑七开间，在明间设二门，因为它在大门西部，所以能够避免路人视线直达屋内。为了让人感觉自然，在大门对面的墙上设有福祠，给来人带来吉祥的喜气。横院东部另有一墙，上开一门洞，由此而入可达备弄，借之可迅速到达房屋的后部。由此来看，大门看似偏东，实乃是后面二门的中心，是空间转换以及流线便利的综合之举。

中轴线上，建筑均为七开间，第三进的大厅可分可合，内部可以形成一个大空间，适合大规模的宴会。后面四进的正房大厅均为三开间，次间尽间为附房。为了配合这种空间划分，正房前面的庭院均用隔墙相隔，形成中院和两个侧院，中院四方平坦，利于交通、饮宴，侧院内置绿化假山，为附房带来一片较为私密的幽静场所。

前面四进是用来接待宾客的地方，后面三进则是内眷所居。两者之间用隔墙分离，只留中轴线上的小门相通。由于是内部使用，后三进建筑空间性质统一，不设侧院。在这七进房屋之后另设一进小院，前后两座落，五开间，外有独立的院墙，用来安排亲戚临时居住。小院之后是一个花园，内设廊道、水池和画舫。空间略显开阔，有待进一步雕琢。花园之后建书斋和藏书楼。藏书楼前后两进，后进为楼房，进行了很好的收束。东侧的备弄紧贴正房、小院和藏书楼，直通到北端，并于此设门对外，非常便捷。

三、基于地域技术的建筑形式表达

由于受到多种文化的作用，本地区传统建筑的特点是粉墙少，多用木构架外包青砖清水墙，因此砖工技术发达，扬州地区有乱砖墙、青红砖夹砌墙、玉带墙之说。部分豪华的民居的门脸磨砖对缝，辅以砖雕。梁架以圆作正交抬梁做法为多见，少量的圆作正交穿斗梁架，扁作梁架极少，没有三角梁架。屋面为直屋面，曲线少见。内墙有夯土，也有板壁。

泰州地区的住宅兼具扬州、淮安特色，青砖黛瓦，硬山屋面，"囊金叠步翘瓦头"，有柔和的曲线，屋脊喜欢用小瓦叠出镂空图案，非常繁复。此处特色，似因泰州近海而要减小风阻。本地较为典型的民居为丁文江先生的旧居，目前已经成为黄桥战役纪念馆。

建筑位于黄桥镇米巷10号，坐北朝南，面朝大街。房屋为院落式，由东、中、西三路组成（图4-2-16）。主入口位于东路南端的门屋。门屋三开间，明间设门。过门为前院，对面设多竹堂。左手则可进入中路院子。将主入口放在边路，通过流线的转向进入住宅，可以营造曲折的进入过程，避免外界干扰，与扬州、徐州地区的做法基本一致。

图4-2-16　泰兴黄桥战役纪念馆平面图（来源：《江苏民居》）

院、蝙蝠厅以及桂花厅和后部的花园，非常便捷。此道与扬州的备弄类似。

从东侧的前院西拐，就可进入中路的内院。内院较狭窄，只有前后两落，并无厢房。前落是对厅，南侧不开窗，三开间对内院开敞，对厅北面是大厅，内部只设四柱。大厅的北侧是一个狭长的小院，北设蝴蝶厅。过蝴蝶厅，则是另一个小院和内堂。小院的东侧有门通向东路的通道。

西路的建筑比较疏朗。南设一个开阔三合院，是为西花园。院落朝东，形态出人意表。但仔细琢磨，方觉这是拱卫中路、呼应入口的巧妙之举。正房西墙布置，三开间，前部和左右均带走廊。南侧的厢房与中路和东路的门屋相连，形制类似。北侧的厢房用檐廊与正房相接。并在东部留有一个通道，由此可以到后面的一进。后面一进不在院北设房屋三开间，与中路的内堂连接，依靠檐廊相通。这三路庭院各有特色：中路为接待居家之所，自然居中正向，内外有别，礼制森严。东路是入口所在，也是主人饮宴之地，因此空间处理活泼多变。特别是前院的设计，通过隐蔽侧面通道的做法使得中路的入口大方出现，是非常巧妙的。西路的庭院是花园，以自然种植为主，其主要的庭院建筑位于西侧，而将庭院朝向中路，充分表达了对中路的尊重。

多竹堂体量硕大，满满当当的在前院中，只留两侧狭窄的通道通往后部，人在前院中并不能看到这两条走道的尽头。事实上，这两条走道大异奇趣。东侧走道尽头是一间小屋，小屋贴东墙布置，坐东朝西。南山墙与多竹堂相连，并开一门入内。北山墙附近设一个小门朝西，并有廊道与西侧的蝙蝠厅外廊相接。蝙蝠厅是位于多竹堂后侧西部的房屋，它坐西朝东。前面和侧面均设走廊，南侧通向多竹堂，北侧直达后面的桂花厅檐廊。桂花厅三开间，稳坐在院落后部，几近靠近院墙。左右有通道直到后花园。在桂花厅的东南侧，院落空间开阔，置小方厅一座。

如果从多竹堂的西部向后，则有一条通道直达中路的内

第三节　传统建筑的结构、构造与细部特征

一、结构

本地传统建筑结构采用的是木构外包砖的形式（图4-3-1），分抬梁和穿斗两类，与徐州、宿迁一带多用双梁抬架、三角形屋架不同。

其一，中部框架用穿斗，两侧为墙上搁檩制式。这在简易用房中比较多，可以省省木材（图4-3-2）。

图4-3-1　泰州民居屋架

图4-3-2　扬州民居的屋架

图4-3-3　泰州土草房

其二，穿斗外包砖墙，这是最为常见的一种形式。

其三，明间用抬梁，次间用穿斗，这是在比较豪华的建筑中采用的，可以利用抬梁跨度大的特点，使明间、次间融为一体形成大厅。

其四，为了节省木材，利用小料，常用叠合型枋檩。

屋面结构比较统一。檩上承椽，然后铺望砖、披泥灰、叠小瓦。屋架的柱、梁、檩均为圆作，边跨的梁常伸入前后檐墙内，以防止侧倾。大梁施彩画。正贴用板壁墙，屋架之中填充木板。边贴青砖包砌。墙外设置铁拉牵内部木构相连。屋面稍有或者不做举折。

在泰州的乡村，还有一种土草房目前已经非常罕见，房屋为一字形三开间，土墙草顶，风格古朴。其墙体为土构，分上下两层。底层为夯土结构，形成厚达0.3米，高约1.5米的勒脚，上部则是土坯砌筑。由于夯土墙的厚度大于土坯，看上去非常敦厚。屋顶双坡，内部为穿斗构架。由于大料难得，中柱采用了预制混凝土的柱子。檩条承椽子，铺芦苇秆，敷泥，然后铺草。为了防止草顶的雨水侵蚀墙角，在墙基处斜铺一圈大瓦（图4-3-3）。

淮安地区建筑多为抬梁式结构，但与北方建筑相比，梁、柱等构件比较细。常见的梁架形式有五檩中柱式、七檩前后廊式、六檩出廊式等，值得一提的是，大部分前后廊式建筑实际上三面都是墙体，只有一面开落地门或长窗，因而只有一面空廊；进深较大的房屋一般都采用中柱式；单面出廊的做法中，廊的部分通常做成卷棚轩的结构形式。此外，也有四檩卷棚式、勾连搭等房屋构筑形式。屋架做法有的有举折，以直梁为主，梁头出挑以木雕装饰。

由于淮安地区河湖众多，芦苇生长茂盛。芦苇，又称蒹葭、芦荻、荻，淮安人称之为芦柴。它虽不是栋梁之材，却与百姓的生活密切相关。此外，淮安百姓利用这种易得的材料，将它们编成笆，织成席，做成墙和屋顶，建造了主要由芦苇构成的"淮屋"。它造价低廉，占地较少，自重也轻。在江苏镇江等地，也有使用芦苇墙的。在福建地区，当地的编竹墙也与此类似。

二、构造与细部特征

（一）墙体

扬州和泰州的墙体砖工出名，尤以扬州为甚。其墙体有以下几种形式：

一是磨砖对缝墙（图4-3-4）。这种墙体的每块砖都要进行磨制，砖块大小相等，砌筑时砖缝用糯米、石灰汁灌缝。砖缝严密，连刀片也插不进。砖的形状多样，有长条形、方形、六边形这几种。由于特别费工，一般只用在大门附近。水磨砖表面平整、几乎没有砖缝，所有能用它组合成贴脸式牌楼的形状，并施加雕刻。

第二种墙体是规则青砖墙。这是用大小相等的青砖砌筑的墙体，无需每块都打磨。其豪华的等级仅仅次于磨砖墙，砖缝一般有0.5厘米，常常砌筑在水磨砖四周。以上的墙体在泰州、淮安都有出现，反映了沿运河相近的文化传统。

在淮扬地区，扬州位置显要，经济繁荣，常常成为兵家必争之地，战乱频繁。从三国到清末曾有多次毁城，如清代扬州十日和太平军三进三出。城毁之后，百姓往往用废旧的砖瓦重新建房，形成了扬州特有的墙体构造。

第一种是乱砖墙（图4-3-5）。即用乱砖建造的墙体。由于是乱砖，难以眠丁交错填充整个墙厚，因此只能砌筑夹心墙体。墙体共分三层。内外两层用乱砖眠砌，中间填以碎料。乱砖墙最大的好处是利用废砖，砌筑外层的砖块只要有一个平整面就可。填料几乎不限形状。因为砖块的厚度大小不一样，所以在砌筑之前要稍加分捡，为了能材尽其用，外层眠砖的厚砖和薄砖各自一皮，分层砌筑。

第二种是玉带墙（图4-3-6）。这是由几层眠砖和立砖上下夹着砌筑，并将眠砖用灰粉成白带的墙体。白带仿佛是墙上的玉带，所以叫玉带墙。此墙体可以迅速将厚度不等但宽度相同的旧砖砌在一起。为了使得墙面的纹理清晰，故将它们分层抹白。由于横缝能更好地黏住石灰，所以在此刷粉。

另一种墙体是青红砖夹砌墙（图4-3-7）。由于房子倒毁之后，砖块毕竟越来越细碎，导致建房时砖不够用，这时就要购入一批新砖。1949年后青砖的生产逐步减少，红砖成

图4-3-4 水磨砖门楼

图4-3-5 扬州乱砖墙

图4-3-6 扬州玉带墙

淮安砖木结构建筑的外墙多为清水砖，不勾缝或勾灰色缝；因而明显区别于苏州建筑粉墙黛瓦的地域特征。墙垣砌筑方式各异，其中"三皮顺一皮丁"是淮安特有的砖墙砌筑方式。硬山顶的两端山墙通常在与檐部相交处有飞砖处理的方式，上为挑出承檐口部分，一般为叠涩状，但与苏州建筑的飞砖垛头做法相比，出挑较小。中部为方形兜肚，下部承接兜肚起始线，作浑线、文武面等与墙体相接，自墙向上，渐次挑出。当檐部与实墙交接时，出檐自封檐板向下通过砖叠涩的方式与墙体交接；有的墙体上部的叠涩采用将砖块呈四十五度的夹角摆放的方式，整个形式形成锯齿状，很有特色。

泰州由于是长江冲积地貌，地耐力小，为了减小压强增加受力面积，所以墙体较厚，往往做成三七墙或四八墙。砖块采用梅花丁的做法，每皮丁顺交接，上下错缝扣压，墙体均为实砌。这与扬州大多数夹砌不同。砖墙的底部勒脚每隔数皮向外放大6厘米左右，形成坚固的墙基。

图4-3-7 扬州青砖红砖夹砌墙

图4-3-8 淮安的门墙

（二）门墙

淮安民居有的是三合院型，南面常设大门。大门为门墙式样，即先用砖体砌筑一面高墙，然后在其中开设门洞，这与一般砌筑砖垛、过梁的门洞不同。其主要表现为门墙的宽度占到大门的三倍多，门洞上部用砖块叠涩出挑，一般出四挑，中间架设一块花砖。花砖为方形，刻有吉祥如意的图案，或为福字，或为向日葵，或为万年青等，人们一进门抬头就能看见它。出挑的砖头精挑细选，如果是红砖的门墙往往会用青砖以表重视。为了能抵抗出挑的重量，青砖在门洞上方向两侧墙体突入，形成两个硕大的牛腿。牛腿之上，则用水泥抹灰，具有木过梁的韵味。此处往往是门匾所在。

门洞顶部两侧出挑面砖和菱角牙两三重，上承屋面。屋面用大瓦或者小瓦，小瓦一般11垄左右。大瓦的边垄往往换成小瓦，一来可利用旧料，二可继承传统。

屋脊则用小瓦砌筑，抹灰盖缝，并使之端部微微上扬，然后置望砖两皮，稍稍遮蔽雨水击打，两端则用灰塑造成燕尾之形作为压重，其上再立砌小瓦一排，由屋脊中间向两边倾轧，到了端头爬升在燕尾之上，置勾头一片。屋脊中间分

为普通易得的建材，于是扬州的墙体出现了青砖、红砖夹砌的情况。因为红砖规整，青砖细碎，红砖并非完全作为填料砌筑在墙体中，它还作为青砖墙的找平层，以其规整面来提高乱砖墙的强度。为了让红砖在墙体中均布，工匠一般将它和青砖夹着砌筑，5、6皮青砖砌筑1、2皮红砖。各自的层数依据青红砖的数量来定。

淮安地区的外墙一般以毛石打底防水，上砌眠砖（图4-3-8）。砖体砌筑到顶，出挑两层叠涩做成封闭式的檐口。也有利用拔砖、丁砖、菱角牙出挑来承托屋面的。山墙处上的封檐口多重多样。有直接出挑一层丁砖承接屋面的。也有通过眠砖、立柱砖、丁砖组成的色带来进行收边。

缝处则用小瓦结万年青一朵，形状各有不同，有的只有三瓣，有的为五瓣，还有的则是盛开之状。

（三）屋顶

建筑屋顶形式以硬山造为主，部分等级较高的建筑或园林建筑亦有歇山、卷棚、重檐等形式。一般民居建筑双面坡硬山顶，檐口出檐较小；大式建筑如采用硬山顶时，檐部会有飞檐。屋面瓦作：屋面曲线一般较为平缓，有的有举架。屋面瓦作大多为青灰色小瓦规则铺设，底瓦于檐口处置滴水瓦，盖瓦在檐口处不同于南方建筑的花边瓦，形状类似于滴水；大式建筑有用筒瓦的，在檐口处连圆片钩头瓦（瓦当）。滴水、钩头均烧有花纹，通常为文字或吉祥图案。屋脊一般有生起，屋脊两端有类似北方式样的清水脊或皮条脊，也有类似南方式样的甘蔗脊或纹头脊，此外也有哺鸡、哺龙脊。筑脊方式在攀脊上以筒瓦对合砌成滚筒，其上砌瓦条，瓦条上以砖瓦叠砌，上再覆瓦条；以瓦片叠砌组成镂空图案，脊顶刷盖头灰以防雨水，上再以瓦斜平铺（图4-3-9）。以瓦斜平铺的游脊比较简陋，常用于普通民居的非正房屋脊；清水、皮条、甘蔗、纹头用于普通民房；哺鸡、哺龙脊则用于祠宇、衙门等厅堂正脊。江南建筑屋脊长度一般不超过老瓦头，而淮安地方建筑屋脊做法虽与其形式相似，但往往长度超出老瓦头的位置。

淮安正房的屋面由小瓦或者大瓦覆压，屋脊做法与门墙相同。只不过屋脊的花饰尺度稍大。有的在两层望砖上部用小瓦镂空叠砌一层，然后再平铺大瓦，斜置小瓦，结小花。民居中普遍做瓦屋脊花，一是为了美观，二是为了存放多余的瓦片。此处的花饰均为镂空叠砌，几乎无一例外。其原因是：第一，镂空的花装饰重量小，对屋顶荷载影响不大。第二，镂空的纹饰在天空的衬托下非常醒目。另外，镂空的纹样风阻小，可以长期留存。

泰州屋面为小瓦铺砌。瓦当、滴水齐全。此处的屋脊富含特色，一般用小瓦立砌，上部再用花砖或小瓦走一道纹饰。门头上的屋脊短小精悍，长度小于屋顶，屋脊顺着屋顶摆放，只在两头上扬。正房上屋脊也是如此，只不过上扬的幅度很大（图4-3-10）。为了支撑这个上扬，在其侧下方

图4-3-9　淮安民居的屋脊花饰

图4-3-10　泰州民居的翘脊

常用青砖叠成各种纹样加以支撑。其图案或为"喜"字形，或为"寿"字纹，轻盈剔透，非常美观，几乎成了泰州传统民居的标志。近期也有使用混凝土预制花板的。屋脊的中部构造较为简单，只用小瓦叠出万年青等纹样。

（四）门窗洞

本地区门窗洞用木过梁（图4-3-11），与徐、宿地区类似。因雨水多，木梁的侧面常挂青砖保护。为了减小门洞的跨度，两侧角部用砖挑叠涩，每边四挑。挑砖的端头雕出方形、斜面、卷草等形状，外表则压地雕出蝙蝠等吉祥图案。这种挑砖只在门洞外皮形成优美的券口，内部依然是一个方形，便于安装木框。

挑砖的顶部，支撑着门洞正下方包起木梁的砖块。这些砖块一般方形且为三块。在淮安、泰州地区，中间一块方砖正对大门的中心，其上镂刻着表示吉祥如意的图案，如五蝙蝠拱寿、万年青等。如果门楼比较考究，中间三块砖雕会共同组成一个图案，其精美已经超出了后者（图4-3-12）。

门洞上方一般直接利用屋顶出檐挡雨，形制高级的另设雨披（图4-3-13）。先用砖挑叠涩三重，然后再斜铺30厘米见方的方砖做瓦。一般7块，斜如屋顶。瓦顶之上，用薄砖做成几条腰线。腰线两端起翘上扬，收成鸟首之状，形如鸱吻。为了遮挡侧面的风雨，进一步支撑屋面，挑砖端头的下部会拔出丁砖一块。这条贴在墙上的屋脊，一是为了美观，二是为了遮蔽下部方砖与墙体的接缝。

传统民居很少对外开窗，采光大多通过内院及天窗解决。如果有也只开很小的洞口，尺寸以阻止成人进出为限，如有一窗洞的尺寸是60厘米的方形，中间设一个砖柱，将它分成两半。随着治安的好转以及院落的消失，对外开窗逐渐盛行起来。大多在次间开一个方窗，上部也做挑砖形成雨搭，形式与门洞类似，只是较为简易。有的民居在明间的大门两边分别附设一个大窗，形成门连窗的形式。

在淮安地区，山墙上屋脊下部会设有一个通风洞。洞口一般为六角形，由六块红砖箍成一个圈状。还有的洞口在内部用小瓦叠出花瓣的形态。

图4-3-11 泰州民居的门洞

图4-3-12 泰州地区门洞上方的花砖

图4-3-13 淮安民居的入口雨披

图4-3-14 淮安地区民居山墙上的通风洞和鸽子洞

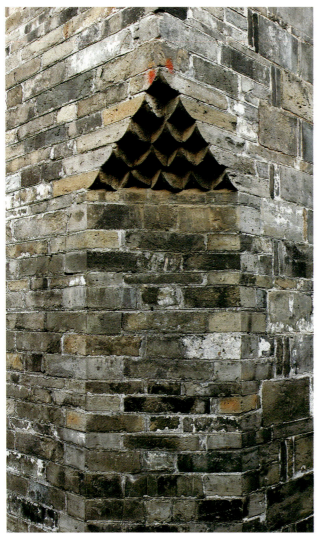

图4-3-15 扬州和泰州的老城区建筑转角，常见处理方式

另有的洞口则比较考究，洞口内外两层，外层眠砌，里层立砌，形成凹陷的形态，借之防雨。为了进一步遮蔽东、西风雨，洞口上部出挑三层薄砖作为雨搭。雨搭或为平砌，或两侧微微上扬，为的是收集雨水前送，避免它顺墙而下。有的则直接用小瓦将雨搭做成拱形，两端再行起翘，道理与之一致。

在淮安的涟水，民居的山墙除了开设通风洞以外，还有一到两个小洞。这是当地的农户用来养鸽子的地方（图4-3-14）。由于乡村地区小猫、蛇等动物比较多，为了防止它们侵害鸽子，也避免人们的打扰，所以把鸽子洞安排到了山墙上。鸽子洞位于通风洞的侧下方。每边对称布置。洞的高宽深均为15厘米左右，与砖块的宽度相仿。洞口下部由青砖出挑形成小台，上部由一块小瓦作为雨搭，小瓦的两侧，各有半块瓦向两侧起翘，这也是为了遮蔽风雨的同时将雨水引离墙面，避免侧流。小洞或者独立，或者两个并排。一般情况下，一对成年鸽子居住在一个洞中，当其子女长大后，前者就搬到附近的洞穴中。农夫偶尔会通过梯子捡出鸽子蛋去售卖。最多的一座房屋中，可以有八个鸽子窝。

（五）转角

扬州和泰州的老城区建筑密度大，街巷尺度小，为了便于行走，常将墙体的阳角在人高以下砌成斜边（图4-3-15），其大小根据实际需要而定。它与上部的交接则通过砖挑叠涩完成，最小的两层，最多的可达七道。每层砖头的端部斜切一角，呈牛腿状，受力合理，简单易行，美观大方。

（六）出檐

本地区传统建筑的墙体与屋顶的交接有包砌和出檐两种形式。前者是指用砖将檐口包砌起来隐藏木构，后者则通过木椽出挑屋面。

包砌有两种做法。一是结构式，即通过砖块的叠涩、拔砖等方式层层出挑，用来承托屋面。这种出挑结构清晰，层次分明。大多用在普通民居之中。另一种是包镶式，即在叠涩外部用水磨砖进行包镶，形态简洁且砖构精美。

建筑山墙出挑更少，一般通过两层叠涩完成和屋面的过渡。

（七）烟囱

在淮安洪泽的民居中一般砌筑烟囱。烟囱砖构且伸出屋面以上，高约1~1.5米，平面30厘米见方，分烟道、排烟口和烟帽这三段（图4-3-16）。烟道位于下部，用四块砖立砌成风车形状，层层盘旋上叠。在和屋面的交接的地方，一般用泥灰嵌捣密实，形成一个弧形放大的根脚。

烟道设压顶，上接排烟口。排烟口由两层立砖砌筑，一层两口相对，上下层错位。排烟口的上部则是烟帽，它的做法非常巧妙，先用四片仰瓦分成两排，相互拱起形成屋面，然后用两片盖瓦垂直盖缝。最后在盖瓦上施砖头压顶，置一片仰瓦作为屋脊。为了防止它随风倒下，上面往往放一块菱形的砖头，似如飞来峰。

烟囱的开口、大小和高矮与炉膛的规模有关，进而与铁锅的直径相联系。有经验的工匠会根据主家人口的多少以及当地的风向、风速来砌筑合适高度及大小的烟囱。

（八）符镇

由于建筑密度大，巷道密集，建筑与建筑之间其中难免会发生视线、噪声等方面的干扰。为了抵御这种不利因素，常通过符镇求得庇佑，其具体做法是在需要的地方预埋一些具有辟邪图案的砖雕、石雕（图4-3-17）。它们或在大门

图4-3-16 淮安洪泽民居烟囱

图4-3-17 符镇

的屋脊上，或在檐墙中。位于檐墙上的符镇一般是用砖砌一个浅龛，然后将砖雕、石雕嵌入。如有泰州的一处符镇，它位于前檐的墙角，由一块砖雕构成，上刻一个券龛，券口下部是"山海镇宅"四个大字。另有一块符镇则位于一户的门头。它是一块长方形的虎头白石。虎额在上，虎口在下，口中一石，石上刻"敕令一善"四个大字，下面另刻一个八卦。另外，扬州的老城中正对巷子口的地方，也有雕刻着将军的石敢当。

（九）井台

井在淮安、扬州和泰州是常见之物，特别是扬州。扬州号称"巷城"，也是"井城"。据扬州市志记载，在1949年，老城区五六百条巷子中有老井1499口，即使到了20世纪末，仍有300余口在使用。

扬州的老井一般由井坑、井栏以及井台组成（图4-3-18）。其中井坑就是取水的一条垂直通道。"穿地取水，以瓶引汲，谓之井"，它是所有水井必备的特征。掘井之前要看地势，选吉日，请井神，以求井坑正好落在水脉之上。

井坑不能耐久，必须砌上井壁加固。在扬州地区，井壁大多数用普通的黏土砖砌筑，条件较好的常常用定制的扇形青砖。最近出土的几口汉井，也有用陶砖的。为了便于水的渗透，砌块干摆，不加灰缝。井壁大多是圆锥形，像一个埋在地下的烟囱。下面稍大，约1米见方，可以增加渗水面。上面较小，只容一人出入，如此可以减小蒸发并保证安全。另外，这种形态还能加大井壁耐压能力，使其不易坍塌。

井深度则以水势多少而定，一般要4至5米左右。井壁的底下往往垫有一块杉木板，板厚一砖，大同圆桌，上置一些石块以压住坑底的水势，便于工匠站在上面砌筑井壁。成井之后，木板和石块还可以保持净水的纯净，避免泥土上翻。杉木如果一直在水底下，可以千年不朽。后来为了简易施工，只在井底埋沙，水体往往不如前者洁净。

井壁的上端靠近地面之处，常用一块石板做压顶。石板方形，1米见方，厚达半尺，中间掏圆洞，刚好套在井壁之上。圆洞处微微起鼓，坡向四周，就像一个小型的火山口。

在洞口外围，还凿有圈状石沟、石梁。这个石板，称井口石，具有承上启下的作用。对井壁来说，它是一个圈梁，可以将井壁牢牢压住。对井栏来说，它是承重的台基。在井口石的圆孔外围，石梁和石沟如同是圈形的榫卯，正好与井栏的底部咬合。这种做法不仅稳住了井栏，还形成了泛水，它与石头的表面起坡一致，将井栏边的水流排除在外，防止它们渗入井坑。有时为了进一步固定井栏，在井口石上还凿出几个榫孔使之"就座"，在安乐巷的古井中就可以看到这种构造（图4-3-19）。井口石的上方则是井栏，它有维护安全的作用。在扬州地区，井栏大多为圆形，也有八边形的，它们均由一块整石雕成，十分厚实，费料费工。

图4-3-18　永宁巷的古井

图4-3-19　安乐巷的古井

第五章 徐宿淮北地区的传统建筑及其总体审美特征

徐宿地区位于江苏省西北部，包括徐州、宿迁两地。处在苏鲁豫皖四省的交界之处，地跨黄淮、江淮平原，又在古淮河的支流沂、沭、泗诸水的下游，北抵微山湖，南到洪泽湖，中镶骆马湖，大运河纵贯南北，废黄河斜穿东西。

徐宿地区在建筑气候区划图中属于寒冷地区，和淮扬地区相比年均降水量减少至800至930毫米，雨季降水量占全年的56%，四季分明。

徐宿地区历史非常悠久，传说原始社会末期，尧封彭祖于此，为大彭氏国。考古发现包括6000年前的新石器遗址，考古成果证明彭城建城的时间比苏州所在的阖闾城还早59年，是江苏最早的建城遗迹。禹贡时代徐州即为九州之一。春秋战国时先后属于宋国、楚国。秦灭六国，项羽、刘邦皆由此处起兵，这里是汉朝的发祥地。汉代这里是历代楚王的封地。徐州城周围汉墓林立，已经发掘的汉墓有数百座，其中楚王和贵族之墓十几座。丰富而宝贵的汉代文化遗产为中国国内所罕见。汉墓和墓中的汉画像石以及汉兵马俑，被并称为"汉代三绝"。还有诸如汉皇祖陵、张良受书处、项羽的戏马台、范增墓、刘邦的拔剑泉、泗水亭等汉文化遗迹景点。三国、魏晋、隋唐以及宋元时期，徐州均为一方治所。明曾属于凤阳府，后属于南直隶，清升徐州府，辖一州七县。日伪时期，曾为淮海省省会。

宿迁也是较早就有人类活动的地区。夏商周时期，传说古代的徐夷即在此生活。公元前113年，泗水国在此建都。春秋为宿国，秦置下相。南北朝为宿豫县，唐改邳州，宿豫为州府，后为避代宗李豫之讳，改宿豫县为宿迁县。宋元明清屡有兴替。

徐宿地区传统建筑的审美特征可以概括为：雄浑刚劲，古风重新。在风格上可概括为：楚汉遗韵。说徐宿地区的传统建筑雄浑刚劲，不仅因为徐州的汉墓体现了汉代雄浑刚劲的建筑特征，还因为徐州的建筑一如语言一样属于北方体系，历代的建筑，虽然因为战争和水灾都被毁掉或者深埋地下，但仅余下的清代建筑例如宿迁皂河龙王庙、邳州土山关帝庙以及徐州云龙山下的行宫的残余部分，都表现了北方的官式建筑的主要特征，而户部山的民间建筑虽然等级低，却依然使用直线屋顶、厚实的青砖墙，虽然时代很晚，但插拱做法和双梁抬架的屋架依然深藏汉代遗风。汉画像砖作为资源，依然在哺育着新的建筑设计沿着古风拓展。楚汉遗韵中的楚汉指的就是在楚文化基础上发展起来的汉代审美特征，用李泽厚先生在《美的历程》中的概括，就是楚汉的浪漫主义，不拘一格，充满动感，虽然这都只是那个时代的余绪了。

第一节 传统聚落的选址与格局

一、聚落选址与山水环境

徐宿地区以黄河故道为分界线，北属于沂、沭、泗水系，南属于淮、安河水系。本地地势西北高、东南低。除了徐州中部和东部分布着少数丘陵，其余均为平原。海拔在30~50米之间。

由于徐、宿地区自古为南北要道，两京咽喉，历来为兵家必争之地，战争杀伐频繁。发生在徐州的战争，仅史书有记载的就多达400余次。最远的一次，发生在公元前21世纪，即彭伯寿征西河；最近的一次，即淮海战役，发生在1948年11月至1949年1月。本地区平均每十年左右就要打一回仗。徐州人崇尚武术，骁勇善战，这是江苏其他地方人所不具备的。

同时，本地为黄河故道所在，洪灾水患严重。自南宋建炎二年(1128年)黄河"夺泗入淮"流经徐州至清朝咸丰五年(1855年)黄河改道山东，黄河流经徐州700多年。其中自明朝建国到1949年，黄河在徐州境内的决口达50余次，漫溢近20次，这些洪灾往往从徐州波及宿迁地区。

黄河水灾过后，往往留下大面积的沙地和盐碱地，难以保存水分。原有的水利设施遭到破坏，并促使农业种植结构和耕作制度发生变化。明清以前徐州曾大面积种植水稻，黄河夺泗入淮后，徐州地区慢慢变成以旱作植物为主。

由于战争、水患的双重影响，使得本地区南宋以前蒸蒸日上的经济水平发展陡然衰退。原本积极进取的百姓变得小富即安，不愿意进一步积累和生产。商人也不敢进行大规模投资，其在传统建筑上的表现为徐宿地区的古村落非常少见，稍有历史的深宅大院往往在城市的高地之上，如徐州的户部山。同时，灾害也带来人员的迁徙流动，促进了文化的交流。徐宿一带的建筑风格与鲁南、豫东以及皖北接近，而与江南地区差别较大。

二、聚落选址的地理空间脉络

目前，本地区村落大多建造于1949年以后，其选址有以下几种方式。

第一类是平原团聚形。这类村庄主要位于徐州的平原地区。为了抵御洪水，村庄的选址大多位于平原中较高的台地。建筑独门独院，前后数排，左右若干户。村落形态为团聚状，规模较大，一般将近500米见方。前后有15排，左右有30户人家左右。第二类是山地自由形。这类村庄主要分布在徐州的低山附近。为了便于耕作，村落的选址大多在紧贴山脚的平原。村落一般沿着等高线伸展，表现为不规则的长条状。第三类是水网行列式。这部分村庄主要分布在宿迁地区。此处水网比徐州密集，村落大多逐水而居，建筑沿着水道成排布置，左右之间靠的很紧，每排20户人家，前后4~5排左右，规模200米见方。在宿豫县的东部村落，行列式村庄之中常常种植了杨树。

三、聚落的典型格局形态

徐州户部山民居是利用高地规避洪水的典型案例。

户部山位于徐州城南，原名南山。地势高爽，原为项羽登临操练兵马之处，称戏马台。公元416年刘裕北伐，曾登南山北望中原。经过历朝历代的发展，户部山上各种寺庙馆阁兴建起来，文人墨客经常来此凭吊怀古。

明清以后，南北贸易逐渐增加，徐州处于大运河之畔，位于汴水与泗水的交汇处，自然是商家云集。户部山一带经济日渐繁荣。明代天启年间，黄河泛滥，徐州的户部主事将办事机构迁到南山，在此分管钞务、税务等事宜，自此南山称为户部山。由于此地地势较高能避洪涝，加上附近有政府办事机构，因此官宦商家纷纷在山上觅地造屋。现存建筑大多建造于清代（图5-1-1）。

户部山虽说是城南的一座小山，它在明清时期已经成为政商要地。由于山形类似完整的圆锥，山体与地面的交线就形成一个圆形的道路，北、东、西三面是状元街，南面是项

图5-1-1 户部山民居

王路。户部山是行业的繁华之地，寸土寸金，因此在这圈圆形道路以外，还有一圈四方道路，它们负责户部山路网与城市道路的承接。

第二节 传统建筑的视觉特征与风格

一、基于地域自然的建筑形式表达

本地区位于江苏北部，气候冬冷夏热，所以对日照要求比较高，建筑间距比较大。乡村民居建筑总体来说简单、粗犷、厚重。由于土地平整，土坯、黏土砖瓦的使用比较普遍，传统的农村建筑喜用砖块和土坯的复合墙，一般下砖上土，外砖内土，也有房屋采用夯土、青砖以及这几种形式。由于山地较少，石作墙身不多，即使是考究的建筑，也只在勒脚、门窗过梁处稍有点缀。

为了降低能耗，单体建筑一般为"一"字形，三开间，双坡顶，不设前廊，表面积系数非常小。建筑有草顶农舍、独院式瓦房或者曲尺形院落、三合院、四合院这几种形式。考究的还有设置阁楼的门屋。外墙窗洞较小，外观封闭。

本地林木资源并不丰富，单体建筑通常采用简省的墙上搁檩和双梁抬架的结构形式。屋顶有草顶、小瓦屋顶。1980年以后，乡村农宅以红砖为主，盖大瓦屋面。屋架以三角形屋架和墙上搁檩为主，双梁抬架逐渐少见。房屋单层，南墙明间设门，两侧开窗，前后封檐，外墙不粉，通过质朴的材质取得自然的美感。城市的传统民居建筑少有留存，多集中在徐州户部山。此处的传统民居依山而建，建筑通过单体组合成院落，形成多进住宅或者带有花园的大型宅第。在徐州户部山，房屋采用了石墙、青砖以及土坯搭配的里生外熟、上砖下石的构造。建筑外表青灰色，厚重而含蓄。

在徐州宿迁地区，目前保存比较好的传统建筑有窑湾古镇、户部山民居、龟山汉墓、宿迁耶稣堂、皂河乾隆行宫等。

窑湾古镇位于新沂市。在骆马湖的北端，有一片狭长的用地，它东边是沂水，西部是大运河，两者之间距约有10公里。窑湾位于这片地块的南端，紧靠在大运河东岸，南临骆马湖。古镇三面环水，只留北部与陆地相连。

窑湾是一座具有1300年历史的古镇。东周时期为钟吾国所在地，公元605年大运河开凿，窑湾成镇。唐代窑湾名隅头镇。公元1668年镇区被毁，于是在镇南运河拐弯处筑窑烧砖重建新镇，过往船只在此停留，是名窑湾。明清时期，漕运鼎盛，窑湾商贸盛极一时。民国时期，此处南达苏杭，北抵京津，拥有商号、工厂、作坊360余家，成一方大镇，有"小上海"之称。

古镇建筑风格接近徐州地区。单体建筑青砖黑瓦，平面三开间，"一"字形。庭院由正房、厢房和倒座形成。墙体青砖砌筑，三七厚，等于三块青砖并置。砌筑时内外搭接，上下错缝。门窗洞口用砖砌拱券、平券，或者用砖挑叠涩，施木过梁。木构髹黑漆。前后檐口以及山墙均挑砖，形成小封檐。建筑的山墙常有通风窗，它是大面积山面上的唯一点缀，一般设计成六边形、圆形，并用砖雕镶边。有的山墙

图5-2-1 窑湾建筑的山墙

比较高大，墙面上有白色的石块（图5-2-1）。它们在墙体上部对称布置，厚度穿越整个墙体。这种做法在徐州、鲁南及豫东较为常见，当地称之为把石、丁石。之所以如此，是因为它要将外部砖墙与内部土坯连接在一起。这反映了窑湾的建筑风格受到了上述地区的影响。建筑的门洞口常在砖墙上出挑1至3跳斗栱用来支撑门口的披檐，做法与户部山基本接近。

屋面建筑结构采用了徐州地区常见的双梁抬架，但更为简易。为了省工节材，直接利用弯曲的原木做梁。斜梁之上搁置檩条，然后铺秸秆、覆土、挂瓦。由于檩条的断面细小，因此常将双檩叠放或并置以提高承载力。明间是双梁抬架，边贴常用山墙搁檩。在一些新建的结构中，双梁抬架上的童柱侧面有一根联系梁，用来提高侧向稳定性。屋脊为一根曲线，起翘舒缓但刚劲，端头上收，有汉代遗风。

二、基于地域人文的建筑形式表达

受两汉文化的影响，徐州宿迁一带的建筑风格有其遗韵。

从发掘的陵墓以及出土的画像砖来看，其建筑风格具有刚劲硬朗的特点。这些遗存对本地区的建筑起到了潜移默化的作用。特别是在徐州，很多大型建筑都有汉代遗韵。如高台的建筑形制、硬朗的坡顶、红柱白墙的墙身等。对普通民居来说，汉韵则表现为屋脊舒展而刚劲，檐下砖构封檐结构清晰。

另外，由于徐宿地区靠近山东，由山东流下的沂、沭等河带来了上游孔子家乡鲁地的儒家文化的影响。合院建筑比较流行，常常是一正两厢之形。正房和厢房连成一体的天井几乎没有出现，这也说明了此地的建筑风格更接近华北地区。

皂河的乾隆行宫从一个侧面反映了华北地区代表儒家思想的官式建筑风格的影响。

乾隆行宫又名龙王庙，位于宿迁西北20公里的皂河古镇。建筑南临黄河故道，东靠京杭大运河，隔运河可远眺一望无际的骆马湖。庙宇位于水路要冲，是祭祀龙王的绝佳场所。庙宇始建于康熙二十三年（1684年），雍正五年（1727年）大修。占地36亩，总建筑面积2000平方米。建筑院落式布局，前后共有四个院落。因为有祭祀和行宫的双重功能，龙王庙有如下特色：

第一进院落是戏台小院，包括南面的戏台、北侧的山门以及东西牌坊。建戏台目的有两个，一是为了在正月初九等日子举行演出让龙王诸神满意，二是为了让皇帝在旅途中有一些娱乐活动。为了能够容纳较多的观众，广场特别宽大。由于是举行庙会的戏台，人人得以进入，两侧置高大的牌楼。牌楼三间三楼，红墙灰瓦，青砖勒脚，门洞用青砖发券。明间屋檐下嵌一块牌匾。西曰"海晏"，东曰"河清"。牌楼与院墙贴合，仿佛是墙体的升起。广场中除了戏台，别无他物，重点非常突出。戏台的北面是山门，上有"敕建安澜龙王庙"牌匾。建筑位于台基之上，红墙，歇山顶，三开间（图5-2-2）。明间开门，尽间设假窗。东西院墙上设小门。这一面做得较为封闭，因为南侧是戏台，如此可以更好地把视线导向前者。

过山门，是第二进院。包括中部的碑亭，两侧的钟、鼓楼以及北侧的大门。碑亭重檐顶，施黄色琉璃，底层六角单坡檐，上层圆形攒尖顶，内外两圈柱子。内含石碑一座。碑上记载着康熙、雍正年间建庙的缘由和修庙的经过。两侧的钟、鼓楼平面方整，楼高两层，形制相同，是在皇帝下榻之际，用来

图5-2-2　乾隆行宫山门

击鼓撞钟、举行仪式用的。为了让声音悠扬地传播，此处庭院中的房屋也较少，只有体量不大的这三座建筑。

过了院北的大门就进入第三进院子，龙王殿大院（图5-2-3）。这是整个建筑群的中心，包括中部的龙王殿和东西配殿。龙王殿位于白色的台基之上，五开间，带回廊，重檐庑殿顶，施带黄色剪边的绿色琉璃。内部中央供奉东海龙坐像。此处院落为三合院型，空间围合感强，私密性明显。龙王殿后面的一进院落是禹王殿，也是皇帝的寝宫，人们称之为正宫。大殿分上下两层，黄色琉璃。此处的大殿并非独处，它的东西两侧皆有小屋接东厢、西厢，形成特别封闭性的院子。院中遍植柏、柿、桐、椿、槐、杨六树，取意"百世同春"、"百世怀杨"，象征江山永固。

从布局上看，龙王庙采用了皇家宫殿的多重院落纵向发展的形制，增加了会馆、庙宇建筑，设置了牌楼、戏台以及钟、鼓楼。随着轴线的发展，各个院落的私密性是增强的，反映了行宫内在的要求。

如果说乾隆行宫是徐州明清建筑文化的表演，那么龟山汉墓则充分体现了徐州的汉文化。它位于徐州九里山境内的龟山西麓，为西汉第六代楚王襄王刘注（即位于公元前128

图5-2-3　乾隆行宫的院子

年~前116年）的夫妻合葬墓（图5-2-4）。该墓为两座并列相通的夫妻合葬墓，其中南为楚王襄王刘注墓，北为其夫人墓，两墓均为横穴崖洞式。墓葬开口处于龟山西麓，呈喇叭形状，由两条墓道两条甬道以及十五间墓室组成，全由人工开凿（图5-2-5）。两甬道均由26块塞石分上下两层堵塞，每层13块，每块塞石重达6~7吨。墓室十五间，室室相通，大小配套，主次分明。此墓工程浩大，气势雄伟，实为世界罕见。

图5-2-4　龟山汉墓

在徐州、宿迁，来自西方的建筑文化也有显现，如宿迁耶稣堂。

建筑位于西湖路北边的广场，西靠中山路，东临幸福路。房屋建于1925年，由美国传教士程彭云向宿迁、邳州、睢宁三县募资兴建。建筑坐东朝西，平面约为20米左右见方的正方形，建筑两层，下层可容400人，上层可容200人，屋顶为交叉十字双坡顶（图5-2-6）。建筑为集中式空间，中间十字交叉顶下是一个大厅，开阔轩敞，东部抱厦的部分为讲堂，空间通高。西、南、北三面抱厦均为两层。建筑砖墙承重，下部毛石作为勒脚，余部均用青砖清水砌筑。

为了体现中间大厅的集中性，建筑的结构和构造花了一番心思。

其一，墙体采用了砖券和墙体镶嵌的形式，既节约了材料，又得到了强度。砖柱下层粗壮，上层收分，符合结构之需。二层的砖柱在顶部成拱券相连，加强了整体性。为了表示空间的向心，两侧的拱券做成了不对称的单坡形。一层二层之间不做腰带，只设上下两个窗户，一气呵成。旁侧二楼

图5-2-5　龟山汉墓地道

图5-2-6　宿迁耶稣堂

的窗户为了呼应单坡券而成了扇形。从外表来看，整个立面就是一个中间高、两侧矮的三个连续券结构，忠实地反映了内部的大空间。大厅的北部也是如此。东部是讲坛，无需对外开窗，立面上只有两个小门。大厅前面的入口部分采用砖墩加墙体的形式。上下的砖墩依旧收分。建筑有两层，立面上楼板的位置露出白色混凝土的腰线以起结构作用。屋顶是平顶，低于中厅之下，凸显了后者的地位。

建筑用青砖砌筑，确定了一个稳重含蓄的基调，但它并不沉闷，因为在青灰色的砖墙上点缀着白色的勒脚、墩脚、腰线、窗台，体现了结构和构造所需。另外，建筑采用了红色的彩钢瓦屋顶，它自重小，施工要求低，对教堂这类大跨度建筑来说是合适的。虽然不能防寒隔热，但内部吊顶弥补了这个缺陷。室内全是白色抹灰，未用青砖清水砌筑，一是为了更加清洁、明亮，二是为了凸显彩色玻璃窗的华美。玻璃红蓝黄绿四色相杂，打破了青砖外墙的单调。建筑砖砌，它的构造是工匠体现技艺的地方。门窗洞口不用过梁，只用砖券。这点和乡村的传统民居风格一致。据统计，这里的砖券有椭圆券、半圆券、斜券、平券这几种。另外，在檐下，也使用了民居中常用的砖挑叠涩和菱角牙。教堂的布局是西方的，但砖构构造上却体现了当地特点。

三、基于地域技术的建筑形式表达

徐州宿迁地区的建筑技术与太湖流域差别极大，和宁镇、淮扬地区略有接近，其特点在于墙体采用里生外熟清水砌筑，屋顶用双梁抬架、三角形屋架等形式。

这些地域性技术充分体现在户部山民居中。户部山是一座直径约150米左右的小山，高出周边地块约30米。历史上，从山顶到山脚曾依次分布着戏马台、三义庙、东坡祠、官邸公馆、小康人家以及贸易店面，可以说这种垂直的分布非常符合中国人的传统礼制。目前三义庙、东坡祠已经消失，大多数店铺和小康人家已经不存在，只有官邸公馆的七个大院还在。为了符合这种垂直分区的体制，住宅的布局也是按照垂直等高线来进行。每家占据一个小扇形，从低到高逐级上升。这种布局还可以较充分地利用沿街面，通过内部流线来消解地势。

由于是削山建房，平地难得，因此建筑规模较小，单体建筑大多数三开间，通过正房、厢房和倒座组成院落。为了降低土方量，户部山民居利用落差将山地巧妙地组织到空间中。一种做法是将台地做成正房的台基，既减小了开挖，又营造了气势。另一种是将台阶隐藏在正房侧面的狭窄过道中，人行其中逐步高升，到达上院时豁然开朗，感觉非常自然，这里的台阶并没有占据空间而碍事。还有的建筑做成两层楼，下层是前部合院的正房，上层是后院的倒座，一楼两用。

地处山地，石材易得，本地民居用石材作为墙基、勒脚、地面和石阶（图5-2-7）。墙体的上部则用青砖构筑

图5-2-7　户部山民居

外层，土坯砌筑内层，形成下石上砖、里生外熟的构造。屋顶是双梁抬架、墙上搁檩的制式。因为徐州两汉文化渊源深厚，汉代遗风在建筑中也有体现。如建筑屋脊起翘刚劲，窗棂用直棂，油漆用黑红两色，等等。

在户部山民居中保存较好的有徐州民俗博物馆（图5-2-8），它是由余家大院和翟家大院组合而成，其中余家大院位于户部山的东南角。翟家大院紧贴在它的北部，处在户部山的东坡的正中位置，北与郑家大院相邻。

余家大院建于清代。建筑处于户部山南坡，房屋由东、中、西三路院子组成。中路院子前后三进四座落。大门七开间，明间设门。第一进庭院的北部正房三开间，体型比倒座要小。这是因为倒座位于山脚，外墙要起到城墙的作用，故面阔较长。庭院中，左右厢房并不对称，东侧进深较大，面阔较宽。大概因为东侧用地稍稍陷落，要以宽大的体量来弥补地势的不足，强调轴线居中的势态。厢房的山墙与倒座之间设通道，东手入东院，西手入西院。厢房和正房之间也相隔一定距离，向后的台阶安排在这里，不占庭院面积。

从中门进第二个院子，北部为大厅，这是整个建筑中最为宏伟的地方。前设檐廊，为了与此相应，门前的院落也比第一进开敞。院子的左右继设厢房。大厅的侧面也设有耳房。西侧，厢房和第一进的厢房之间略有间隔，留出通道入西院。因一进院的东厢较长，二进院的厢房山墙就与此相连了。为了进入东院，故将耳房做小，留出与二进院东厢的间隙，由此入东院。东侧地势稍低，为了加大二进院东部的整体性和分量感，故在东厢的前檐设有院墙，将它从二进院中隔离开来。此举也为中路的院子赢得了一条前后通道，类似扬州的备弄。

大门之后为一条东西向狭长的通道。道北紧接院墙，墙中设门。门后是一个三合院。此合院的轴线稍稍向西偏移，院子中正房居中，附设耳房，厢房分居两侧，是中路庭院的最后部分。除了前部入口外，在西北角耳房西侧，有一条通道可达书楼。此处是内眷所居，为了区别内外，前方设有院墙，并将入口做成塞口门的形式，依靠门后的影壁遮挡视线。

中路院子前后三进四落，东侧界面平齐，西侧却是逐级向山上突入，有步步高升的寓意。

东路的院子前后两进。第一进南与中路倒座平齐，并在倒座山墙和厢房处设朝东的戏台。过北部院墙的中门可达第二进，北面有正房三间，两侧附耳房一间，别无他物。在东路的后方还有一组三合院，它与前面的花园部分并不联通。只能从中路的第三进院门口而来。此处的倒座六开间，西侧第三间设大门，微微偏于中路便于交通。其后的院子依然是一个对称的形制，北部正房五间，两侧厢房三间。这组三合院西北角也有通道连接书楼，进而和中路的院子相通。从功能上推测，这里也是内眷所居。

西路院子共有四个小院。入口倒座四开间，与中路七开间倒座、东路的院墙平齐，形成一个高大而坚不可摧的屏障。为了方便与中路连接，大门开在东侧的尽间，门后的

图5-2-8 徐州民俗博物馆

庭院刚好承接中路来的通道。这个大门屋顶并不升高，以其低调来烘托中路的入口。第一进院子不设厢房。对面正房依然是四开间，东侧尽间是门堂。过门堂，正对第二进院子东厢房的山墙，由此向东可达中路，向西则到第二进院子的大门。大门居中，后面是一个三合院，正房、两厢都是五开间。因为用地的限制，厢房位于正房尽间的南侧，院子为南北狭长形。一进、二进院子的西侧设有小亭和花厅，乃是花园所在。

总体看来，这三路院子各有特色，因地制宜。中路占据较好的地势，是接待、居家的主要场所，院落形态规则，空间步步高升。为了稍微弥补地势，东侧的厢房等建筑要大于西侧。东路的院子位于山的东南角，位置较低，地形侧倾，因此布置了花园、戏台等。西路因为用地狭小，所以院落的规模不大，为狭长状，其主要交通偏于东侧，形成对中路的拱卫。

翟家大院位于余家大院的北部，郑家大院的南部，其用地不规则，约为东西长条形（图5-2-9），由东到西逐渐升高。这也反映了翟家大院的建造年代要晚于余家和郑家。主入口偏北，朝东，过门后是入口小院，空间封闭，只在南部另有一门，流线南拐入前院。前院空间稍大，房间四合，西部有正房五开间，轴线此时转为西向。从明间穿堂进入，则是后院。后院形制较为规范，西侧有正房三间，北侧厢房三间，南侧厢房的东部另有一间过堂，由此可以进入南院。由于用地紧张，小院不规则，从后院的西北角可以进入西部高地的后花园。翟家大院由于用地边界不规则，所以院落规模较小，它通过频繁的轴线转换将用地中的院子串联起来。因西部用地较陡，只设花园。

从以上两个大宅的分析可以看出，余家大院用地宽大，建筑多路布置，数条流线纵深发展，中路轴线左支右突，三路院落连在一起。翟家大院用地局促，建筑左右腾挪，因而只设单根流线，以其转折多变沟通彼此。它们都反映了户部山民居对山地环境的一种适应。

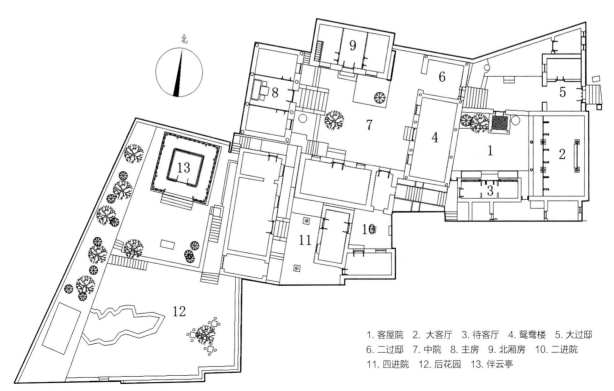

1. 客屋院　2. 大客厅　3. 待客厅　4. 鸳鸯楼　5. 大过邸
6. 二过邸　7. 中院　8. 主房　9. 北厢房　10. 二进院
11. 四进院　12. 后花园　13. 伴云亭

图5-2-9　翟家大院平面图（来源：常江 提供）

第三节 传统建筑的结构、构造与细部特征

一、结构

徐宿地区的传统建筑采用的是木构外包砖墙的形式。木结构的穿斗、抬梁都比较少见，常见的有以下几种形式：

其一，墙体双梁抬架（图5-3-1）。这种结构也叫重梁起架，或称金字梁。它是指在一个三角形的屋架中填充抬梁式结构，或是在抬梁结构的外侧加上通长的斜梁。这个斜梁可以看作是古代大叉手的衍生。大叉手结构由斜梁、大梁、小梁以及童柱组成，其特点是结构整体化，具有较大的跨度，对材料的要求以及加工程度都比较小，施工简易。屋架升起以后，依靠两头埋入墙体以及上面的檩条拉结而得到侧向稳定。

第二种结构是三角形屋架形式（图5-3-2）。其斜梁、大梁与大叉手一致，但内部并不填充抬梁结构，而是布置了竖杆和斜杆，形成了三角形的屋架。在徐州经济条件较好的房屋中，屋架使用规则的木梁，在较为贫困的乡间，大多用原木。宿迁地区为了加强节点间的连接，除了榫卯之外，还用铁钩相连（图5-3-3）。屋架两端直接放入前后檐墙。这种结构一般在明间正贴使用，边贴往往采用墙上搁檩结构。

第三种结构是墙上搁檩结构（图5-3-4）。这是指利用山墙或者内部隔墙搁置檩条的做法，一般常见于木材稀缺的地方，其特点是结构简单，节省木材，缺点是内部有隔墙，难以形成大空间。檩条有的采用木构，有的则采用混凝土预制小梁。檩条以上的做法各种各样。有的采用不规则的木板

图5-3-1 大双梁抬架结构

图5-3-2 三角形屋架

图5-3-3 带铁件的三角形屋架

图5-3-4 墙上搁檩结构

作为望板，然后铺油毡，挂瓦。有的则先用编好的芦席满铺，然后敷石灰，挂瓦。还有的则将一束束秸秆架设在檩条上，然后再做屋面。

这里的三角形屋架、檩条以及芦苇、秸秆、望板等，都是粗加工的原料，并不求其规整，反映出经济条件落后下的一种粗犷韵味。

二、构造与细部特征

徐州宿迁地区的传统建筑根据建设年代的不同，所用的材料有所区别。其墙体有以下做法。

（一）墙体

土墙是只用土砌筑的墙体（图5-3-5）。为了防潮、提高强度，勒脚部分会先铺几皮红砖，然后开始向上夯筑土墙。前后檐墙一般夯筑到顶，山墙夯筑的高度与之相同。此时用红砖走一圈找平，在前后檐则出挑叠涩承托屋面，形成夯筑土墙。山墙部位在红砖之上垒砌土坯，不再夯筑。这是因为此处夯筑不易，砌筑土坯更加方便。

还有一种土草墙的做法（图5-3-6）。墙体的勒脚一般用砖砌筑几皮，然后在其上夯筑土墙。土墙每夯筑到一定的高度，就铺草一层。然后将它们垂悬在外墙，形成一层草帘后继续夯筑。由于草并不很厚，也不满铺墙体，因此上下夯筑的土墙能较好地相连。当整片墙夯筑完毕之后，墙上的草帘就一层压着一层，像给土墙穿了一件蓑衣。也有的地区是在土墙夯筑完毕之后，用泥巴将草一层层的黏在土墙上。由于建筑的山墙较高，且不宜夯筑，这里常用土坯砌筑。为了防止常见的东风雨，常用更为耐久的芦苇秆作为防雨的外表。出于节约，它们只在山尖铺设，其做法是将芦苇编好用泥巴直接涂抹在山墙上。在山墙的檐口下面，芦苇顺着再走一道。

第三种为下砖上土的做法（图5-3-7）。这是指在墙体的下部砌筑青砖、上部夯土的形式。砖墙用青砖眠砌，在接近窗台的高度，使用夯土墙。此处的夯土墙内部混杂着秸秆，具有较大的拉结强度。在建筑接近檐口的部分，用青砖砌筑，封住内部的木构，并施菱角牙、拔砖等砌筑优美的纹样。由于是青砖出挑，檐口伸出不大，正好与下部的青砖勒脚相配。山墙的土墙直到檐墙的位置就停止了，上面的山尖

图5-3-5　土墙

图5-3-6　土草墙

图5-3-7　下砖上土墙

较难夯筑，常用青砖砌筑。在屋脊的下方，喜用白灰粉出菱形指代悬鱼，图案下方设一个通风券洞。它位置较高，常常为目光所及，自然成为整个山墙的装饰重点。工匠往往在发券的砖雕上施雕刻。因为屋檐几乎没有什么出挑，土墙会受到雨水的侵凌。在外墙面，受到侵蚀的程度从檐口到勒脚逐渐加重。立面上门窗的洞口较小。明间设双开板门，次间是小窗户。山墙只有小气窗，后檐墙没有窗户，建筑外观比较封闭。

在徐州，还有一种墙体是红砖墙，其建筑的外墙全是红砖砌筑（图5-3-8）。这类建筑一般在20世纪80年代以后建成。建筑依然采用了小封檐的形式，前后檐墙出挑通过三层砖构逐步解决。其下层是立砖，中部是丁砖，上部为眠砖，层层挑出，结构清晰，构造简易，望之如同斗拱。有的建筑还在这些砖构间抹灰，斗拱显得更加醒目。山墙因为并无门窗，出挑的要求低，因此只用眠砖叠涩两层。

由于气候比徐州暖湿，宿迁地区的红砖墙墙体较薄。其正房用红砖眠砌，厚度240毫米。次要用房则为180毫米的厚度，即用红砖立砌、横砌交错而上。房屋小封檐，前后檐口砖挑两层叠涩，山檐只使用大瓦出挑。

在徐州的户部山地区，当地民居盛行一种里生外熟、上砖下石的做法（图5-3-9）。户部山是徐州城南部的一座小山，地势较高，能避开洪涝，很多大户在此造屋。因为要平整山地的原因，工匠们利用开采出来的石料建房。他们将这些石料作为墙体的基础、勒脚砌筑，在其上部则外用青砖、内用土墙。石块坚固耐久、防水防潮；青砖整齐漂亮，颇耐风雨；土墙价廉物美，蓄热性好；这三者共居一墙，各司其职，相得益彰。

（二）券洞

宿迁一带，大型木料较为少见，建筑中大的门洞尽量采用了砖券的形式。如在刘集镇政府中，一个长条状的政府办公楼中间就有一个大大的砖券。由于整个建筑外表封闭、朴素，较为活跃的气氛往往通过山尖的气窗来表达。如有的气窗就采用了砖砌拱券镶嵌窗花的形式（图5-3-10）。窗花

图5-3-9 里生外熟、上砖下石墙

图5-3-8 红砖墙

图5-3-10 通风窗

由混凝土预制而成,内含五角星、和平鸽以及放射状光芒的图案。它虽然用红砖砌筑,但其砖缝采用白灰,所以依然很耀眼。

建筑的屋脊一般也采用混凝土预制构件,如在皂河镇一带,建筑的鸱尾上塑一只很写实的鸽子(图5-3-11)。

图5-3-11 皂河民居的鸱尾装饰

第六章　通盐连沿海地区的传统建筑及其总体审美特征

江苏的南通、盐城和连云港三城市都位于江苏的沿海地区，历史上曾归属吴越和楚，行政建置等级不高，处于中心城市徐州、淮安、扬州、苏州的边缘。这里范公堤以东的土地多是唐宋以后才在黄海中淤积生成。地区内以南通历史上建置较高，历路、州、直隶厅、军、监、县几种地方行政单位。自后周显德五年（公元958年）筑城，海路北上可达齐燕辽东，南下可抵闽越，沿江南可至三吴，西可到楚蜀，四通八达，因名之为通州。

沿海地区由于城镇建置晚，移民多，建筑文化发展相对滞后，建筑形式受周边地区的影响和传播程度大，连云港古海州地可以归入徐海文化区，中部的盐城地区受扬泰地区影响大，而南通地区则汇集了扬泰和苏州的影响，并且由于江苏沿海地区南北纬度相差3度多，这里的传统建筑也体现了全江苏的南北差异性。但是由于海洋及相关因素的影响，还是形成了若干共同的审美特征，主要体现在：布局疏朗，形态简朴而粗略；古制浓郁，风格古朴平实。

具体而言，之所以布局疏朗是因为这里成陆较晚，开发较晚，人口无其他地区那样密集，用地宽敞，因此建筑间院落尺度大，建筑多平房，少楼房，院落疏旷。简朴粗略是由于抵抗海风和保暖的需求，建筑往往较为低矮，只在南面设门窗，北侧多为实墙，少出檐。由于经济不够发达，民居首先就地取材，如北侧连云港地区对石材的使用，发展出较高水平的石雕工艺，而盐场左近的荡草，不仅提供了煮海为盐的燃料，其编制的柴栈大量被用于屋面防水层甚至结构。南通地区的瓦房为了防风，建筑体量较实，屋面坡度小，檐口低矮，建筑体量与精细程度均不及苏州地区。

古制浓郁是因为该区域地处文化圈层的边缘，是主流建筑文化传播的末梢和传播滞后之地，别处已经过去的时尚，在这里则刚刚兴起。北侧的连云港地区为古海州所在，是传统徐海地区的一部分，建筑文化如同徐州地区一样保留了古制的部分形态，譬如双梁抬架（金字梁架）系统依然是地区民居的主要结构构架作法，插栱也颇为常见。而南部的南通周边直至清末依然大量使用木质柱础，而这在苏州地区只能在少量的明式建筑上保存，扁作的月梁做法，类似举折的较缓的屋面坡度做法。同时由于地区相对偏远，建筑装饰少而集中，配合古风犹存的构件，显现出朴实的形态特征。

第一节　传统聚落的选址与格局

一、聚落选址与山水环境

这一地区的地理空间变化可谓沧海桑田，海岸线的变迁带来了地理空间脉络的剧烈演变，沿海地区北部主要与黄淮入海有关，南部地区与长江入海有关。

南宋时大海在盐城县东半公里。北宋以前黄河长期在渤海湾入海，淮河的来沙不多，淮河口潮波可至盱眙以上。8世纪时（唐大历年间）在淮安、扬州间修筑了一条捍海堰，又名常丰堰，不久废圮。11世纪在范仲淹的主持下，重修捍海堰，即今范公堤。堤北起阜宁，南至吕四镇，全长300公里，这是一条重要的地貌界线，标志了全新世内相当长时期的古海岸线所在。可见自西汉至北宋，苏北海岸线长期稳定在范公堤以东不远处。

自宋时黄河南侵，以后的七百余年，黄河均夺淮入海，大量泥沙堆积在河口，海岸不断向外延伸。苏北海岸可以盐城县为例，唐宋时大海在城东不到1公里，15世纪在城东15公里，17世纪初在城东25公里，19世纪中叶在城东50公里。

南通成陆晚于盐城，是长江和黄海长期相互作用下的产物。公元前1世纪长江三角湾北侧沙嘴的南缘，约在扬州、泰兴以南江岸，沙嘴前端在如皋以东。六朝时期北侧岸线大致在今泰兴、如皋以南至白蒲以东一线上，沙嘴前端推至如东（掘港），称廖（料）角嘴，此时南通尚在大海之中。其后在今南通与海门间涨出胡逗洲，唐末胡逗洲并岸，沙嘴推展至今余西附近。北宋前期东布洲并岸，沙嘴延伸至吕四。其后，由于长江主流移向北泓，海门县（今启东县北）境土地大片坍没。清雍正以后又开始沉积，形成海门群沙，至乾隆年间海门群沙靠岸，形成今海门县。光绪年间启东群沙并岸，形成现今的南通地貌。

海岸线变迁和海潮风浪侵袭影响到沿海地区建筑文化的形成和积淀。海岸线的大幅度变迁说明沿海地区成陆的历史较短，建筑遗存的年代在唐宋之后，在江苏境内是相对边缘和年轻的区域，没有太多的历史传承，也因此体现出更为开放和多元的形态。范公堤建成前，海潮、海风的侵袭毁坏了很多沿海历史建筑，建筑的寿命相对较短，尤其是大量的建筑在建造之初，就体现了很多临时性的特征，建筑不得不考虑防海风和盐碱的影响，而黄淮水患更使黄淮地区明清前的建筑遗存难觅。丰富的水资源和滩涂、水生植物提供了建筑材料，在连云港沿海一带的海草屋，就是用海草作为耐腐蚀的屋面材料，更多的草顶建筑则选用地产的茅草，形成独特的民居聚落风貌。而南方的南通地区，由于码头口岸的人员流动，促进建筑文化交流，开放多元成为主流，建筑受江南地区影响巨大，同时也保有更古老一些的传统。

这一区域内地貌形状、水系河网和居民点分布，都反映了淤涨成陆和人为围垦的过程。当地生产生活离不开水，逐水而居，交通和物资的运输也主要依赖水道。尤其是里下河地区，古盐场所在的范公堤一线，属长三角冲积平原中的海积平原。海积平原地势平坦，地貌单调，平原近海部分直接与潮间浅滩相接，内侧多与洪积冲积平原相接，土地地表盐渍化严重，不利耕作，但区域内地区水网发达，连云港至盐城一带，河网纵横，如连云港的灌河、沭河、新沂河，盐城射阳河、串场河、蟒蛇河、运粮河，而作为淮河入海道的苏北灌溉总渠更是区域内的重要河道，成为灌溉和排水的主要通道。水系的分布与形态，影响到聚落的形成和布局。这一地区主要的聚落选址与水环境密切相关，尤其是与盐场相关。聚落的分布往往与河道相关，取运输之便利，此类聚落通常会择址在近水的冈地上，内部并无水系贯穿。区域内南侧的南通一带，成陆较晚，由于地形变化剧烈，境内没有自然河流，均为人工河渠，但聚落依然近水分布。

通盐连地区，整体地势从南到北沿黄海排开，北高南低，山虽不多，但在低海拔的沿海地带，山形山势更易成为地区的标识。北部的连云港地势自西北向东南倾斜，境内多山。中部盐城一带则全为湿地、低地，南通局部有小山丘，尤其南郊五山（狼山、军山、剑山、马鞍山、黄泥山）紧邻长江，成弧形排列，高低错落有致，成为地区重要的景观和名胜要素。北部多山，为建造提供了丰富石料。连云港一带近山地区多全石建筑，也更适应沿海的气候条件，石料的使用逐渐形成成熟的石刻建筑技艺与文化。而城市和建筑选址建造考虑与山的不同关系，形成不同的城市布局方式。

二、聚落选址的地理空间脉络

煮海为盐的盐场体系形成这一区域的主要聚落布局脉络。《史记》记载，春秋时期吴楚"东煮海水为盐"，"国富民众"。西汉时已在此设盐渎县（盐城前身）。晋时盐渎始名盐城，清乾隆十二年的《盐城县志》记载："为民生利，乃城海上，环城皆盐场，故名盐城。"[1]在清以前，此地制盐以煎盐为法，煮海为盐，因此，海水、盐灶和草荡成为盐业的基本条件，由于盐业自古官营，灶、荡均为官地，统一管辖，形成自上而下的布局体系，而聚落丁众，多为流人，煮盐为业。

至清末，由于海水东退，沙洲并陆，淮南的盐业逐渐萧条，而长时间的草荡生长和海水消退，土壤逐步自然脱盐，盐土生潮土，土壤逐步适合农耕需求，私耕不绝于史。近代以来，张謇在南通大力发展纺织业，在区域内引种棉花，废灶兴垦，以盐场为核心的空间组织模式逐步被以棉耕聚落和纺织业相关产业交易格局所代替，如余西、草堰等传统聚落都是如此。随着社会形态中的人口从流人盐民向农人商贾的变迁，原有的城镇体系模式也从行政组织模式向经济组织模式变化。在这一转型过程中，区位和产业成为决定城镇地位的重要因素。通州为核心的城镇体系结构建立在盐业基础上，是以扬州为中心发展而来的。故而，通吕水脊上，沿运盐河分布的盐场，因有与扬州或通州的交通便捷性，而具有优势经济区位。棉纺业兴起以后，经济中心从西向的扬州，转为南方的松江府。在南北向上具有优势交通区位的城镇，在同等产业背景条件下，较之东西向交通优势的城镇，具有更强的区位优势。南通近代"一城三镇"结构中，长江边的天生港港口就是交通区位的重要依托。而运河交汇处的各集镇与海门、启东的交通联系，成为城镇体系结构调整的关键因素。自此，南通的城镇体系从以官营盐业为依托的城镇体系转型为以棉纺贸易为中心的交通枢纽型城镇布局模式。

三、聚落的典型格局形态

（一）山水相依

这一地区，水系依然是聚落形态格局的骨架。南通就体现出"山水相依"、"城河相拥"的独特山水城市景观格局。1895年以前的南通城虽然滨江，但城市格局依然表现为典型的濒临河道的一般州府城市格局，城为长方形，周6里70步，城外有宽阔的护城河，最宽处达200米。城内干道与三个城门直通，呈"丁"字形。明中叶后，由于日本海盗曾屡次侵扰，又在城南加筑城墙一圈，称"新城"，使中轴线延长。以致南门楼位于长江边上，称"海山楼"。"丁"字街口的北面为府州衙门，城东北沿东大街为文庙、学宫、试院等，为文教中心，东西大街以南为居住区。集市集中在河道与城门周边，如平政桥的鱼市，北河稍米市，西门果市、菜市、木市、砖瓦市等。尤其是西门近通扬运河，为商品和人流集聚的中心，在清代成为城市中最重要的商业中心，民间因此有"穷东门、富西门，叫花子住南门"的说法。

（二）近水择地，周水环绕

而滨海区域内，以水为脉络骨架的聚落形态，与水的关系在两方面体现出更重要的关系。一方面来自行洪排水的需求，一方面来自盐业产业运输物资的需要。盐城地区河网纵横，因城池西狭东阔，状如葫芦，取"瓢浮于水,不被淹没"之意，故盐城又名"瓢城"，古瓢城因河成形，形成与自然相融的城市格局。百河绕城、一河串场,串场河始挖于唐大历元年，直至清乾隆三年全线挖通，全长180公里。串场河沿线是苏北最早"煮海为盐"的地带，串通着以盐城市区为中

---

[1] （清）黄垣修，沈严纂. 盐城县志（乾隆刻本）[M]. 扬州：扬州古旧书店1960年油印, 扬州古旧书店复印稀见方志之三.

心的近20个古老盐场和盐仓。明人杨瑞云描述的"盐渎不堪问，萧萧风苇间。绕城惟见水，临海故无山"就是盐城周边面貌的精确写照。

盐城左近的下河地区，是中部洪泽湖行洪入海的重要通道，清代归海五坝的建设完成，确定了此区域内的空间水系格局，河、闸体系以能够便利地以导水入海为要务，城镇的格局必然受此影响。以草堰村为例，区内设五闸，形成排水泄洪体系，聚落集中所在，西侧的串场河，既肩负排水也兼具盐业和荡草运输的功能，也是村落与外界联通的主要交通渠道。聚落选址在河东，周边为环形的玉带河，也是很重要的泄洪排水的沟渠。最繁华的商业区域因为对外交通的方便，集中在玉带河的西段，也就是串场河的一段。南通的余西村也具有类似的空间格局，只是主要的河道运盐河在南侧，周边水系环绕。同时由于水系的限制，街道形态相对单一，草堰聚落在内部街巷呈"丁"字形，主要街道为东西向的中街，而余西村也相类似，重要街道为南北向的龙街。

（三）井成为聚落的中心

这一地区聚落形态中的典型特征是水井分布密集，成为街巷格局的重要组成部分。宋代以前的草堰紧邻海滨，河水通海难以引用，故饮用水主要靠地下深处的井水，设有供无井居民公用的"义井"。草堰村内至今保留着一口宋代义井。明代以后，草堰村内水井数量大增，呈星罗棋布之态，1985年《草堰乡志》编纂时调查草堰和丁溪仍有108口古井，其中60口当时仍可饮用。余西村中龙街北端东西两侧的明代古井，更被本地人视为"龙眼"，和"龙身"龙街一起，附会出余西"龙城"之说。

（四）多姓杂居的聚落形态

盐场流民和大量的外来人口，使得聚落中单姓聚族而居的形态较少，一般村落中，诸姓混杂。如《草堰村落据》记载，在明代就有五姓宗祠，清代又增加十一姓宗祠，充分反映了众姓杂居的形态。同样，不同的人群带来宗教信仰的繁杂，道教祠庙、城隍土地信仰、佛教寺庙错综繁杂，星罗棋布。

第二节 传统建筑的视觉特征与风格

一、基于地域自然的建筑形式表达

（一）基于自然气候的建筑布局方式

江苏沿海地区建筑气候区划南北不同，北部属寒冷地区，盐城以南属于夏热冬冷区。总体来说，沿海地区四季分明，冬冷夏热，降水充裕，自然环境的特点和变迁对人物风土和建筑文化的形成有很大影响。从山到水、陆到海、亚热带到暖温带，都是沿海地区成为建筑文化过渡融合地带的自然基础。温暖湿润的海洋性季风气候，使沿海地区的建筑要兼顾夏季通风和冬季保暖，冬季保暖获得阳光更显重要。因此，民居兼具北方建筑的端庄和简洁，南方建筑的轻盈和繁复，庭院宽大而进深小。北部相对少雨，建筑冬季采暖，多纳阳光便成为重要的功能需求，建筑布局疏朗，院落形态开敞，尺度较大，民居院落多用三合院。南通民居因为区域临江近海，春夏多东南风，秋冬多西北风，从本地气候变化的实际出发，民居以正南偏东15度为最佳方位。连云港地区则多石构，南城的主要街道为南北向，民居多从东西进入，多进院落横向展开，普通宅院均为石构，富裕人家有青砖雕刻的门脸。

（二）基于自然气候的单体形态和细部处理

沿海地区建筑单体的营造也体现冬冷夏热的地区特点，建筑对北侧封闭，对南侧相对开敞，门窗多设于南面，出檐在南侧较大，用木构椽出挑，北侧往往为实墙，用砖叠涩承檐口，屋面出挑小。再者，由于海风大且含盐分多，沿海建筑多低矮，屋面相较于环太湖流域，更为平缓，建筑上少用金属件，多用石材。

适应气候的建筑处理也体现在细部上。砖封檐是前后檐墙和屋面相交接的部位用望砖或青砖层层出挑形成檐部端头（图6-2-1）。虽然在其他地区也多有使用，但因其可以有效地保护屋面木构，沿海地区更为喜用，使用广泛。简单的仅用2～3层普通青砖叠涩出挑，略复杂的在上下出挑的青砖间增加1~2层方椽砖或45度斜置的菱角椽砖，以增加檐下装饰效果。（图6-2-2）出挑檐砖的层数根据建筑规格高低各不相同，一般为3~9层，南通等地讲究必须为单数。如海安地区考究的封檐墙做法根据层数的不同，有五砖四出、六砖五出等做法。

（三）基于自然地理环境的材料使用

在材料上，对地域材料的使用也使得建筑表现出明确的地域特征，建筑材料也从北部多石过渡到南部多砖以及与夯土芦苇稻草秸秆海草结合的多种形态。

沿海传统民居中使用石砌墙体的地区为北部连云港一线，这是传统民居建筑顺应地理环境和气候条件作出的选择。连云港地区多山，山地多石，所以该地区就地取材，发展石筑墙的建造技艺（图6-2-3）。石材墙体遮风避雨，因其厚重而不易被海风侵蚀，成为建筑适应气候的最佳选择。在现存的建筑中，完全使用石材筑墙的案例较少，大量是与砖混用（图6-2-4）。石墙的砌筑工艺也借鉴了砖砌空斗墙的做法，石材往往分成内外两层分别砌筑，中间仍然填充以灰土和碎砖石填料。

即便如此，石材依然是对砖的补充。对除整块石墙以外的其他以石砌墙体而言，用砖越多规格就越高。混砌墙体中，墙体一般下石上砖，绝大多数建筑基础和墙下勒脚多用块石、毛石垒砌，或一层用石而二层用砖。除了上述整片的石墙之外，徐州、连云港地区还习惯在梁下、转角、山面梁檩下等处砌筑与墙体同宽的石板以增加局部强度，同时起到拉结内外墙皮的作用。石材的使用造成立面墙体丰富的形

图6-2-1　连云港板浦汪家大院门头（来源：白颖 提供）

图6-2-2　连云港灌南县新安镇刘元村某宅门头（来源：白颖 提供）

图6-2-3　连云港南城镇侯府门屋片石墙（来源：白颖 提供）

式变化和装饰效果，通过砖石的组合砌筑，沿开间和进深方向横向划分砖石的材质变化，构成了独特的立面效果（图6-2-5）。

图6-2-4 连云港建国路某宅毛块石墙（来源：白颖 提供）

图6-2-5 连云港碧霞宫三圣殿山墙（来源：李新建 提供）

二、基于地域人文的建筑形式表达

江苏沿海地区，虽然相对其他地区经济文化发展滞后，但仍然有相当多的文化交流的积淀。秦方士徐福出海东渡，影响朝鲜日本等地；盐城在唐代还是我国主要出海口之一，高丽僧人封大圣、新罗国王子金士信、日本国使者粟田真人、小野石根以及阿倍仲麻吕，都是经盐城登陆转赴长安或出海的；而唐宋时南通也已是主要的航运港口，唐开成三年（838年），日本和尚圆仁随遣唐使入唐求法，途经掘港拜谒国清寺，回国后著有《入唐求法巡礼行记》，马可·波罗在《马可·波罗行记》中也记述了元朝通州繁华富庶的景象。清末民初，与外部世界交往更为频繁，促进了沿海地区的文化发展，也促进了建筑的开放性。《西游记》中描述的花果山就是吴承恩在游览了连云港的云台山后联想起来的。《镜花缘》的作者李汝珍就是海州人。陶渊明、李白、苏东坡、石曼卿、沈括、李清照、吴敬梓等文人也都曾在江苏沿海地区活动并留下各种诗文和传说。

（一）文化传播影响下的建筑形态

江苏沿海地区的移民使得这一地区的建筑和移民的原生地的建筑发生了较多的联系。明洪武年间朱元璋为了恢复沿海经济，从苏州、松江等地移民65万到盐城屯垦。因此使得这一地带传统建筑兼具淮吴之风。通州地区民众和江南联系众多，从语言到建筑与苏州地区相近，古风犹存，例如宋代的瓜棱柱做法在南通多处寺庙可以看到。由于宋金以淮为界南北对垒，淮河以北的连云港海州地区从语言到建筑都与西部的徐州和北部的鲁南地区相似。位于南通市区南关帝庙巷10号和11号，有东西并列的两组建筑，两院相通，东、西两宅各五进，第四进都完好地保存了明朝后期的梁架结构，皆为七架硬山建筑，面阔三间，进深七檩，前后有廊，月梁、斗栱、替木雕饰精细繁缛，与苏州地区的做法非常接近。

（二）古制犹存的地域特色

沿海地区在江苏建筑文化圈的边缘地区，文化传播的滞后性也形成了古制犹存的地域特色,大量的早期做法或者早期做法的变体在这一地区依然保存下来,也形成区域重要的建筑特色。

譬如柱础,栀形柱础和木材柱础的使用,在苏州地区是典型的明式做法的特征,清代以后多被鼓磴柱础所代替,因此在苏州地区往往被作为明式建筑年代的判定依据之一。但在南通地区,却可以在清末的建筑上依然看见大量的木栀柱础和木材柱础的使用(图6-2-6),以南通、海安、东台最为普遍,数量上占绝对优势并一直沿用到现在;木栀的断面上部呈内凹的曲线,但下为内收的斜线,和宋式的木栀的断面不同。此外少数地区也有类似鼓形的凸弧线断面的木栀。用木栀的地区大多为实心的真木栀,而鼓形的木栀往往是外包的假木栀(图6-2-7)。

再如檐口的瓦作,南通地区的勾头滴水的形式不同于江南地区,其檐口的勾头之上常有一块反翘向上的瓦件,南通称"花边",其正立面一般呈扁长扇面形,颇有宋式重唇板瓦的遗韵(图6-2-8)。

三、基于地域技术的建筑形式表达

江苏沿海地区历史上盐、渔、农业较为发达,是鱼米之乡,尤以产淮盐著名。从南通到连云港,沿海地区滩涂为主,渔业较发达,是海盐的主要产地。内河水网地区粮食生产发达,以稻米、麦子和玉米为主。物产和手工业对沿海建筑文化形成主要有以下几点影响,促进建造技术进步,建筑装饰发达,砖雕、石雕、木雕遗存众多。

江苏沿海地区的手工艺技术发达,技艺精巧,与居住环境相关的石雕石构、砖雕以及木雕木构的遗存充分证明了这一点。在艺术风格上,北部粗犷,南部精巧,中部含蓄细腻。遗存中,近年发现的东台富安等地明代古宅的砖雕艺术尤为突出。

手工业发达,由于芦苇、稻草、秸秆、海草的编织技术成熟,编织物用在屋顶墙身等。江苏沿海俗称的"红柴草",学名南荻,分布广泛,在河湖水陆交接地区,且适合

图6-2-6 大丰白驹镇某宅石栀柱础(来源:李新建 提供)

图6-2-7 余西民居中的木柱础(来源:宋剑青 提供)

图6-2-8 余西民居中的花边勾头(来源:宋剑青 提供)

在海滨滩涂的盐碱地生长，具有水土保持、固堤防洪、淡化盐碱的作用。由于秋季开紫红花穗且枯叶发红，又是煮盐、炊事的优质燃料，所以称为"红柴"。此外，南荻有类似竹节的外形，高大茂盛有一人多高，壁厚甚至实心，坚韧、耐久、纤维含量远高于芦苇和麦秆，现代大量用于造纸，古代则常常用作建筑材料。江苏沿海地区传统的茅草房屋面多用红柴，成束和编织的红柴可以分别取代椽子和望板，东台一带的瓦屋面也常常在盖瓦垅下用红柴束填塞，以减轻屋面苫背的荷载。

芦柴帐是一种用荻草的细秆编制的席子。一般明间用三块，次间各用两块，一共七块。盐城以北直到连云港一带所称的"望笆"也与此类似。望席的做法也大致如此，只是材料为竹篾或稻草，所以在各地农村都有使用。较考究的人家在芦苇帐或望笆下照样用椽子，普通人家则不用椽子而直接盖于檩条之上（图6-2-9）。

柴把望以连云港、盐城北部一带较为常见。柴把望也是用海柴为屋面材料，但做法和芦苇帐、望笆、望席不同，以海柴扎成直径50～60厘米的柴把，直接铺于檩上（图6-2-10）。有些甚至不捆扎，把荻草秆弄齐后就铺。捆扎过的柴把望比望笆等要牢固，但柴笆和望笆一样容易生虫、落灰，所以较考究的人家会在苇笆或柴把下用灰泥抹面以使室内清洁、明亮、美观，连云港称"糜望"。

第三节　传统建筑的结构、构造与细部特征

一、结构

一般乡村聚落中民居院落格局十分简单实用，不仅没有深宅大院，甚至没有完整的四合院，只有四种最为简单的院落类型：规模最大的是三合院，其次是前楼后厅、前辅房后正屋且不带厢房的"二"字形合院，再次是正房加一侧厢房的曲尺形院落，最后就是带院落或沿街巷不带院落的单栋建筑。

沿海地区的建造技术基本以徐州、淮安、扬州、苏州为准从西向东平行扩展，在北部石构技术比较发达，而南部砖木技术建造更普及，梁架有穿斗式和抬梁式木屋架，也有穿斗式和抬梁式相结合（插梁式）的模式。从南方的正交穿斗梁架技术过渡到北方正交抬梁技术。依循周边地域建筑特色，可以分为三个主要区域：通泰影响区、两淮影响区和徐海影响区。

通泰影响区包括南通、泰州和盐城南部地区。通泰区位于苏北东南部，与江淮方言通泰片的范围完全吻合，在文化分区主要受淮扬文化影响的苏东海洋文化区，区内地势低平，年平均气温和降雨量为苏北最高。通泰区传统建筑工艺特征亦较为统一，整体上区别于苏北其他地区。梁架形式上亦正交穿斗梁架为主，东部沿海喜用扁作中柱造穿斗

图6-2-9　连云港灌南县百禄镇某草顶房望席（来源：白颖 提供）

图6-2-10　连云港南城某宅柴笆（来源：白颖 提供）

屋架，没有三角梁架。屋面提栈用举折做法，柱础形式喜用木楯、石楯，覆盆柱础的遗存也多于其他地区。

南通城区民居较典型的格局有"一进三堂"、"一进五堂"之分。"三堂"即敞厅、穿堂、正屋（南通俗称"正埭"）；"五堂"则加上敞厅对面的朝北屋和正屋后面的后屋。房屋纵深有"五架梁"、"七架梁"和"九架梁"之别。

七架民居正房中"锁壳式"民居较为常见，其明间带前廊、平面呈形似锁壳的"凹"字形，和传统的老式铜锁的锁壳十分相似，故在盐城、海安、南通一带俗称为"锁壳式"房屋（图6-3-1）。次间卧室在室内开门通往明间堂屋，同时还在前廊侧面开门，可独立出入，保证了堂屋和卧室之间既相互独立，又联系方便，具有很强的适用性。在外立面上，明间屋面用封檐板，外立面为木格栅，次间为封檐墙上开方窗。山墙和后墙一般不开门窗，仅需要与后进穿行时，才在后墙开门，且前门、后门一般不能正对。

五架正房由于进深本身较小，明间无法设前廊，而用类似现代门连窗样式的木门窗加槛墙做法。明间中央为双扇大门，两侧用落地槛墙（又称"落童墙"）加格子槛窗，檐口用封檐板。次间仍用封檐墙加方窗的形式。七架正房有时为了节约空间，也经常采用这种明间做槛墙门窗的形式。

在梁架体系上，出于结构强化对抗海风的构造方式，一般民居明间梁架最常见的是中柱和檐柱落地的中柱造（图6-3-2），传统江南地区的明间五架梁四椽柱网类型只在等级较高的建筑中使用。

两淮影响区主要为盐城区域，盐城介于淮安、连云港、南通之间，传统工艺是这3个地区的融合。传统建筑工艺也富有多样性，表现出明显的介于徐、扬之间的过渡性。梁架以圆作正交抬梁做法为多见，少量的圆作正交穿斗梁架，扁作梁架极少，没有两柱架梁形式屋架做法。屋面为直屋面，没有提栈曲线。

徐海影响区以连云港为中心，辐射范围包括盐城北部地区。区域位于苏北的北端，是楚汉文化的影响深厚地区；方言以北方方言为主，东南部为江淮方言的扬淮片；总体上地势为

图6-3-1 余西"锁壳式"民居立面（来源：宋剑青 提供）

图6-3-2 南通中柱造明间梁架（来源：宋剑青 提供）

苏北最高；年降雨量和平均气温为苏北最低。徐海影响区传统建筑工艺的特征强烈，具有较高的一致性。在梁架形式上以两柱架梁方式为主，传统屋架喜用跨度很大的六界檐柱造；屋面为坡度较陡的直屋面，无提栈曲线；因区内多山故建筑材料多用石材，砖墙以满顺满丁的全扁砖砌法为主。

二、构造与细部特征

（一）墙体

由于地处沿海，树木少，建筑所需木材均需从外地采购，而大量的土壤和荡草资源使砖瓦材料获取便捷，因此青砖清水墙成为主流，砌筑方式上类似淮北地区做法，以扁砌为主，为防寒抗风，墙体较厚重。

（二）屋面处理

屋面沿横剖面方向的坡度，在南通、泰兴等地称"水线"，是屋面形象的首要因素。沿海地区北部古海州区和盐城北部，通常屋面没有举折处理，尤其是海州地区的金子梁架系统中，由于双梁架檩的结构形式，屋面无法进行坡度变化。而南部南通、海安、东台等地是按通进深先确定屋面总高，然后再进行举折，此种定屋面坡度的方法尚保存早期类似《营造法式》举折的痕迹。至于屋面总高的确定，南通通常按屋面总高相当于进深的1/3确定，近代的平瓦屋顶坡度略缓，而草顶的坡度较陡，约按1:2.5控制。屋面的具体坡度，在屋面总高确定后，自檐柱头至脊柱头做一直线，然后再从上到下进行跌架，也就是在金柱和步柱轴线上的檩条降低1~2寸，尤其是在金柱处下降较多，屋面坡度往往会在此形成明显的转折，形成脊部较陡的形态。

南通地区通常会同时采用"撑（工匠读若掌）山"、"撑檐"做法，使正脊和檐口都略呈弧线，具有类似宋式建筑"生起"的古意。所谓"撑山"是指山面的脊柱（当地称"山柱"）要比明间的脊柱高出12至15厘米。所谓"撑檐"是指山面的檐柱要高出明间檐柱3至5厘米，"撑山"、"撑檐"之后，屋脊和檐口均明显起翘成优美曲线，并且由于屋

图6-3-3　南通仁巷6号的屋面

脊的曲线较檐口更大，整个屋面成一个中央微凹的三维曲面（图6-3-3）。

南通北部一直到海安地区，依然有类似改变山面柱高形成屋面曲线的做法，但柱高生起较南通地区幅度小，且檐柱和脊柱的生起尺寸接近，因此屋面的观感上曲线小，檐口和屋脊起翘并不明显。但此类做法均保持了古意，是更早期屋面构造和形态做法的遗存，这一做法也表明这一地区在江苏建筑文化圈中的边缘地位。

第七章　江苏古代传统建筑的风格和审美定位

基于以上章节的讨论，在本章中，我们试图对江苏古代传统建筑的风格和审美定位作一次归纳和总结。其实，有时古人的诗句会给我们更大的想象空间。

例如，对于环太湖地区传统建筑的清雅精巧柔，唐代诗人杜荀鹤曾有"君到姑苏见，人家尽枕河。古宫闲地少，水港小桥多"的描述；

对于宁镇地区传统建筑的大局气势，北宋诗人王安石创作了一首七言绝句《泊船瓜洲》："京口瓜洲一水间，钟山只隔数重山。春风又绿江南岸，明月何时照我还"；

对于淮扬地区传统建筑的雄秀兼具，明代程春宇《士商类要·水驿捷要歌》曾明确记载："从此龙江大江下，龙潭送过仪真坝。广陵邵伯达盂城，界首安平近淮阴"；

对于徐宿淮北地区传统建筑的汉韵楚风，元代萨都剌在《彭城怀古》中这样咏叹："古徐州形胜，消磨尽，几英雄。想铁甲重瞳，乌骓汗血，玉帐连空，楚歌八千兵散，料梦魂应不到江东。空有黄河如带，乱山起伏如龙。汉家陵阙起秋风，禾黍满关中。更戏马台荒，画眉人远，燕子楼空。人生百年如寄，且开怀，一饮尽千钟。回首荒城斜日，倚栏目送飞鸿"；

至于通连盐沿海地区传统建筑的开放多元，狼山大观台山门前有这样的对联："长啸一声山鸣谷应，举头四顾海阔天空"。

第一节 江苏传统建筑文化的总体特征

通过上篇的剖析和阐释，江苏的建筑文化除了具有整个中华民族建筑文化传统的共性，例如以木构为主流，以简单单体构建丰富的群体关系等之外，还显示了它自己的区域文化特色。所有的江苏建筑文化都和美好的山水环境相依相存，浑然一体，特别是和江河湖海之水有着割舍不开的联系，它的南北气候等差异及大运河的存在使江苏的建筑文化呈现出从北到南特色梯度的急剧变化，使特有的南北中国的文化差异性及其交融性在江苏同时存在；江苏在近代和现代长期作为社会转型的率先行动之地，使得江苏地域内的砖混结构有了长足的发展，在传统建筑如何适应近现代社会需求上积累了丰富的经验，江苏的传统建筑既在古代建筑方面呈现了和主流文化的密切联系，又保有三吴、楚汉等特色鲜明、门类丰富的遗存，也包含着开放吸纳的精神。仅以空间向度划分，本书将江苏的建筑文化划作五个区：太湖周围的吴文化区，江苏西南部的宁镇一带的吴头楚尾区，江淮之间包括了扬州、泰州和淮安的淮扬地区，淮河以北的包括了徐州、宿迁一带的楚汉文化区，以及近代已然成形的包括了连云港、盐城、南通的沿海文化地区。

第二节 五个区系及其建筑文化的风格与审美定位

环太湖的吴文化区的传统建筑的特色是清、雅、精、巧、柔，是典型的江南的小桥流水、粉墙黛瓦的温柔之乡，这里作为江南文化的核心部分集中了大量的中国的精致文化和雅文化的各类产品。"吴酒一杯青竹叶，吴娃双舞醉芙蓉"便是人们陶醉于此处的意境。

宁镇一带的吴头楚尾区则是柔中寓刚，曲直相间，山渐高，水渐急，却古韵深埋，在似乎充满了现代建筑的环境中，随便哪儿挖一下都能和历史中的名人遗迹与逸事连起来，"石头城下，天低吴楚"，"昔日王谢堂前燕，飞入寻常百姓家"，"吴宫花草埋幽径，晋代衣冠成古丘"正是此地的写照。

淮扬地区的淮扬文化则又有所不同，从吴王阖闾开挖邗沟到乾隆御驾南巡，再到漕运的衰落，扬州就一直与众不同并带动周边和沿运地区的发展和衰败。品一下淮扬菜就知道淮扬地区的建筑同样自成一格且不同凡响，看一下瘦西湖平山堂就知道何以当年苏州园林也让它三分。同样是翼角发戗，端部却被齐齐截断，形成一缕方正之气；同样是屋脊悉作清水，粉墙被大片的砖细和清水砖墙取代，似乎虽曾纸醉金迷却并不沉溺于脂粉之气。何况还有那样多的艺术门类和工艺门类都是以扬州为品牌，从广陵散到扬州玉雕、漆雕、木版印刷，连海外的炒饭都要借用它的品牌。"烟花三月"、"孤帆远影"、"二十四桥明月夜"、"玉人何处教吹箫"构成了对扬州的永远回忆。

苏北地区的徐州宿迁一带地处淮河之北，又曾经是黄河屡次泛滥和多次战争的受害之地，无论气候、语言、风俗以至建筑体系本身都是属于北方的，但一直是"龙吟虎啸帝王州，旧是东南最上游"。由于自然灾害、战争频仍，大量质量较好的传统建筑被毁，民居窗小、屋面陡峻、出檐小，但即使残存的清代以后的遗存仍然泄露出古老的文化信息，包括双梁抬架和插栱里蕴藏的与汉代联系的历史信息，包括古城墙、戏马台、黄楼、户部山等古迹名胜地带的遗迹，更不用说保存在地下的大量的精彩的汉墓和流传着古老故事的山峦河川。汉风楚韵被用来描绘它们的风度，元代诗人萨都剌词句中"古徐州形胜，消磨尽，几英雄。想铁甲重瞳，乌骓汗血，玉帐连空，楚歌八千兵散，料梦魂应不到江东。空有黄河如带，乱山起伏如龙"表达了古代几多士人眼中的徐州景色。实际上今日的徐州早已走出了战乱和水患的阴影，豪迈之情再次展现在今日欣欣向荣的现代城市中。徐州的众多现代文化建筑都展示了古代文化在今天的风采。

东部海滨地区在宋代之前，除了北部连云港和南部南通的几处海岛和高地之外，中间几百公里地带的范公堤以东部分当时还大多是黄海的一部分。宋代以后，范公堤以西获得了发展，而堤东部逐渐淤成滩涂，淮南沿海先为盐场，清末后渐渐垦为棉田，其房屋靠近海岸线者屋顶较平缓，前檐木椽出挑略大而后檐皆为砖叠涩，室内净空较低且柱梁用料皆小，与他区相比，等级低而形制简，整个地区建筑少而土地多，大丰市小海镇当年八景诗中的一首刻画了环境的特征："野外孤寺树作邻，白云晶晶覆垣堭。东风时送钟声晓，惊醒渔樵梦里人"，一派萧疏的旷野气氛。但是随着城镇化的推进，江苏滨海地区不断发展，不仅那些古代的建筑遗存中的地域文化特色需要保护，新的大量建筑中滨海地区人民的胸怀开阔、坚韧奋斗、敢于创新的精神也必然需要表达。

　　本书以江苏省作为分析中国黄海之滨、江淮入海口和三角洲这一地理地带建筑文化特色和风格探讨的区域边界，并不意味着本书中的几类地域文化行到省界就戛然而止，文化的边界多数情况下不那么清晰且多呈渐变趋势，但文化的边缘地带却又比行政边界更为稳定，因为文化的差异是建立在这些地域的气候、地理环境和人文条件上的，正是这种联系使得地域文化的传承显示其合理性的一面。可以说，"风格"会发生衍变，但地域文化的特色依然会顽强地存在下去。

下篇：当代江苏传统建筑文化之传承与发展

第八章　20世纪上半叶江苏社会环境变迁与先贤的思考

鸦片战争后，中国逐渐地打开了国门。随着与西方贸易的增加，一些早期开埠的城市中租界也慢慢形成，殖民地风格的建筑文化由此进入国内。20世纪上半叶的中国建筑，呈现出一种多元混杂的局面，一方面，中国传统建筑文化仍然在大量性的民居和普通建筑中得以延续，另一方面，一些新的公共建筑及新类型的建筑，如教堂、海关、工厂、电影院、饭店等，则明显受到西方建筑文化的冲击。1912年，中华民国政府定都南京，而作为中国乃至远东最大的商业城市的上海也业已形成。江苏在全国政治和商业中心的影响下，建筑风格也产生了极为明显的变化，逐步形成了后世称为"民国风格"的建筑形式，并由此扩大延伸到了其他地区。

另外一个极具影响的事件是，最初一批留洋学习建筑的留学生学成回国，1927年，在南京的国立中央大学创办了我国历史上最早的建筑系（现东南大学建筑学院），开创了国内建筑学的现代教育，并为新中国成立后的建设培养了大批的设计人才。从此建筑营建逐渐脱离了工匠间心口相传的传统方式，而具有了现代的设计、营造意义。

第一节 开埠城市与城市的开放型发展

近代开始，由于资讯与交通的发达，地方之间的交流变得频繁，地域之间的差异逐渐缩小。同时，随着发展节奏的加快，时代之间的差异越趋明显。所以，时代差异明显多过地域差异。建筑文化的演化也大致呈现出全国文化趋同的格局。西方文化的强势与西方技术的先进性使得我国在各个领域开始学习西方，西风东渐是当时文化传播的主要趋势，城市与建筑领域亦不例外。

一、近代城市规划对城市山水格局的探索与影响

近代的城市规划修正了传统城市发展的模型，奠定了近代江苏城市的转型，其中以南京的《首都计划》和苏州的《苏州工务计划设想》为代表。

1927年国民政府定都南京，促进了城市的全面规划与建设，形成了南京近现代发展中的一次高潮。这期间国民政府为首都南京的发展编制了"首都大计划"和"首都计划"。这些计划依据当时的条件分别对南京的城市和人口的规模作了阶段性的预测，为城市的功能分划、道路结构、市政设施以及行政、工业、居住、园林、商业等各分区的发展作出了详细的计划，其理论和方法可称为中国近现代城市规划发展进程中的代表。"计划"将首都划为6个区域，在城市历史上首次将紫金山纳入城市建设区，将中央政治区规划于中山门外紫金山南麓，并进行了一系列的建设。而为孙中山先生奉安大典新建的中山路，确定了南京城市新的路网格局，将下关码头、紫金山麓中山陵和行政区联系起来。

规划保留了人口稠密的城南明清风格的老区，也保留了原有的城市水系，将一系列新的功能区安置在旧城区的北侧，如市级行政区在傅厚岗地区，工业区在长江两岸及下关的港口区。主干道两侧地区和新街口、明故宫附近为商业区，文教区在鼓楼及五台山一带，住宅区分3个等级，在城北山西路一带又另设高级住宅区（图8-1-1）。

南京在这期间修建了中山路、子午路（今中央路）、热河路、太平路、朱雀路、白下路、玄武路、中华路、国府路（今长江路）、黄埔路、中央党部路（今湖南路）等道路，完备了城市路网体系，构成了南京现代城市的道路系统。完备的道路系统逐渐代替了水道的功能。当时建造了政府机关大楼、公共建筑、纪念性建筑、里弄住宅以及教堂、使馆等一大批建筑，其中大部分保留至今，构成了南京城市现实景观中的重要组成部分（图8-1-2）。

无论是当时的国民政府领导人，还是规划的主持者美国人墨菲，都着意于重塑新阶段的中国固有传统的形象，表征政权和时代对传统的继承性，南京的规划蓝图和实施的一系列项目，在全中国推动了所谓"中国固有形式"即"古典复兴"的热潮，将建筑文化传承专注于"风格"的探讨，其社会影响力迄今方兴未艾（图8-1-2）。

在江苏的其他城市，新的尝试也在进行。1927年的《苏州工务计划设想》是近代苏州第一个按照现代城市的功

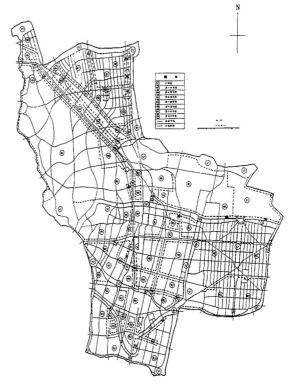

图8-1-1　首都计划首都城内分区图

能要求来整理市政设施的规划,借鉴了西方城市规划的理念、分区、道路水系规划、设施服务半径等概念出现。

此时苏州的工业已是形式多样,行业结构丰满,同时在新式工业发展过程中保持多层次的工业结构,使传统手工业与现代化工业具有共存互补的关系。城市现代工业的发展为文化事业的发展提供了物质基础,苏州的教育文化事业与工商事业得到了同步的发展,从而促进人的发展,推动了苏州城市发展。规划设想苏州分三大区域,分三期实施。第一期做城内文章。整理旧市区街道、河道、建筑物,建设公园、菜市场、公厕等设施。第二期西扩新区。沿古城西北向城外陆墓、虎丘、寒山寺和沿运河至横塘作半圆形扩展,以阊门、新阊门(今金门)为中心设放射式街道。这种路网结构就比较接近西方城市建设的图式。第三期以古城区及新市区为核心,以波纹式向外建设扩展区,边界为北自陆墓、西至虎丘、寒山寺,沿运河南至横塘,南部绕辖租界的河道为分界,东部则根据原有市区之界限,形成约10公里直径的圆形(图8-1-3)。

规划中"保存老城,向西扩建新城"的设想,对保护古城起到了积极作用。规划依照机动车和人力车的交通特点与古城的健康标准(日照间距和空气流通),对上述道路进行统筹设计。

对于昔日河道,由于清末疏于治理,几成纳垢藏污之沟渠,规划对河道进行了整治疏通,填埋了少数支流末端。规划进一步提出,河道在当时起码要能解决饮水问题、消防问题、清洁问题和交通问题,因此要求在全面调查城内河道水系的基础上,尽快采取疏浚和开拓的办法,而对"细流分支其无关于河道之系统,而目前认为不能不处理者,事实所迫"也只能采取填实的途径,以利于城市交通和卫生整治。在这一时期,苏州河道被填埋了8段,长约6.67公里。另外还重视公园设置,认为"都市之有公园,犹人身之有肺腑"[1],进行大公园、中公园、小公园和公园道四种类型的公园建设。

虽然由于1930年吴县与苏州市合并,导致该规划中辍,该计划依然部分得以实施。《苏州工务计划设想》没有盲目照搬当时国外现代城市规划的手法和模式,而是因地制宜、因时制宜,立足于解决旧市区的衰败问题,从交通、卫生、绿化及市民生活等基本问题出发,深入调查,统筹规划,制定具体措施和章程,既注重近期的现实需要又兼顾远期的发展,较完善地解决了当时主要由现代交通和社会生活变迁所带来的城市发展问题,在当时的条件下为古城苏州步入工业文明时代开辟了一种路径。[2]

二、开埠城市的发展与滨江城市的形成

五口通商是近代城市发展中的重要事件,导致了一系列

图8-1-2 20世纪30年代南京国民党中央党史史料陈列馆入口仿官式牌坊

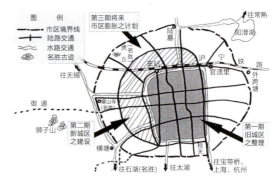

图8-1-3 苏州工务计划设想框架图

---

[1] 陈泳. 柳士英与苏州近代城建规划[J]. 新建筑, 2005(6).
[2] 同上。

港口城市的形成和发展。1858年中法《天津条约》将南京定为通商口岸，1898年下关正式对外开放为商埠港口，南京也由传统的内河城市逐渐转变为滨江城市。开埠之初只限于下关沿江一带，西方列强纷纷在下关设领事馆与商行，下关一带的商业和经济伴随江滨码头的蓬勃发展持续扩张，成为南京城市的副中心。由于下关码头地区的繁荣对南京城市形成了强大的吸引，城市的形态开始向西北方向偏移，京浦铁路的建设进一步强化了这种联系，而之后奉安大典建造的中山路最后奠定了现代南京城市的基本结构形态。

镇江同样走上了滨江发展的模式，1858年在《天津条约》中被辟为通商口岸，成为近代镇江工商业发展的起点。1892年大照电厂首先建立，以后自来水、火柴、面粉、造纸、机器修理等产业相继兴起。京杭大运河和长江航线的交汇，长江航运日渐兴盛，镇江成为省内外重要的商品集散地。因此历史上称镇江城市发展的这一时期为长江航运时期。镇江等江苏沿江和沿运河各大城市紧跟上海对外开放，促进了西方文明进入江苏，激发了江苏有识之士的思考，为中国传统建筑文化如何适应工业时代提供了理念思考和实践探索的舞台。

三、陇海铁路与滨海码头城市的发展

沿海近代城市规划的探索，与水运的衰落和港口、铁路与公路的兴起密切相关。在近代，沿海发展突出的城市主要是南通和连云港。

二十世纪初，陇海铁路的建设为连云港市迎来了发展机遇。这条最初由比利时铁路公司承建的铁路从兰州至海州，使当时交通闭塞的连云港市成为铁路大动脉的起始点。铁路和贸易的发展使连云港逐渐形成海州、新浦、连云组团式的发展布局。连云港的建设方案曾得到过孙中山先生的大力支持，他在制定《建国方略》中指出，"要把海州港纳入中国对外开放的二等大港、中央铁路的终端海港"。

四、张謇兴办实业过程中的城市规划新格局

近代南通城镇发展建设与张謇有密切的联系。南通自然资源不比扬州丰饶，沿海的土中含有盐沙，而且濒临大江大海，常受潮、水、风等灾害袭击。19世纪后期，南通依然"无泊舟巨港，潮水涨落变迁靡定"[①]，仍是个相对落后的江北农业县份；进入近代后，铁路也未能光顾南通。因此可以说南通现代化的资源背景不比扬州强，但是南通正确把握了区域工业体系的生长点和立足点，发挥了地方集团的经济规模优势，"建立了以主体工业为先导的配套工业体系，走上了工业化的成功之路"[②]。

1895年，张謇接受张之洞的正式委任"总理通海一带商务"，在通州筹办纱厂。从客观上看，张謇将纱厂选址于唐家闸，最终导致了一个工业区的形成，为南通"一城三镇"格局奠定了基础。纱厂办成后，在唐闸陆续创办起广生油厂、复兴面厂、内河小轮公司等，是大生纱厂发展中必然派生出的配套企业。工业区形成后，以运盐河为界，河西为工厂区，河东作行政、居住、公园及仓储区，构成以大桥联通的城镇布局。

张謇有意识的城市规划建设，肇始于1903年对日本的实地考察，而以他1906年在通州师范学校中特设测绘科为标志。在对待南通旧城区上，除却收买下旧城名园珠媚园的地办成女子师范学校外，其他几乎都没有惊扰。随后，城市空间变化最显著的地方，除了一大批新式建筑的出现外，还表现在城市中心的南移。"模范县"称号的传开，使南通引起了国内甚至国外的注意，人们开始把南通作为一处观光点陆续来一看究竟，从而出现南通城市史上从未有过的现象。张謇敏锐地注意到，供人观光这一新鲜的城市功能的出现，加紧城市建设的步伐，旧城南的南濠河成为新城市建设的核心。在南濠河北岸和南岸，密集地分布着通泰盐垦总管理处、上海银行、张謇的城南别业、博物苑、濠南别业等公共

---

① 刘宗永.北京旧志汇刊（嘉靖）通州志略[M].北京：中国书店出版社，2007.
② 陈鹏.近代扬州经济的衰退及其转型[J].现代企业文化，2011(30).

图8-1-4　南通狼山风景区远景

和居住建筑以及大量的商业街铺与市政设施以及新型的教育建筑，张謇在城市规划和建筑建造领域，具体体现了张之洞的"中学为体、西学为用"的思想，以拿来主义的态度主动推动了城市和社会的转型，使南通成为一批欧风与中西合璧的建筑的集中地。

南通另一个城市建设的中心则伴随航运的发展，选择了南郊的江边五山。五山的建设过程中，结合山与江景，张謇除将自己的别墅林溪精舍、东奥山庄和西山村庐选址与该处外，还在各山增建或修缮诸多景点设施。这些景点多结合传统的宗教信仰和佛教寺庙体系，比照佛法西来之意，有规律、成系列地配置寺庙。这一成体系的规划使得五山上上下下的景点，构成了一个整体的建筑群落，体现了他的传统的自然观依然在近代城市规划中发挥作用，也成为近代城市中结合自然环境的城市公园景观规划建设的表率（图8-1-4）。

五、转型期中江南和沿运河地区水网城市的新功能

（一）苏中运河文化圈的缓慢发展

苏中运河地带位处长江北岸，在近代史上属于未开埠城市。它的发展是由于外部冲击及示范促使其内部结构开始解体，从而导致城市性质发生现代化转型。然而由于种种原因，城市现代化的转型未能充分展开。渐进式发展，是本地区城市发展的一个较为明显的特征。

在传统的农业社会，贯穿南北的大运河一直是南北政治、经济文化联系的大动脉，在近代实行海运前是中国南北漕粮北上的唯一通道。为了保证漕运制度的正常运转，历代政府不惜代价保护运河畅通无阻。1853年，太平军连克南京、镇江、扬州，作为南北主要动脉的运河航线被切断，致使清政府漕运陷入瘫痪，尤为严重的是咸丰五年（1855）黄河在河南三阳铜瓦厢决口，从山东张秋穿运河东去，改道山东利津入海，一时黄水泛滥，千余年来一直沟通南北经济联系的大动脉和漕运的通道——运河的功能几乎完全丧失。运河体系的解体与崩溃，直接殃及其沿线的城市和市镇。这些城镇原本无一例外依托运河低廉的运输费用、便利的运输条件而兴旺繁荣，如今随着漕运体制的瓦解和运河功能的丧失，面临南北货物交流受阻，运河商品流通量急剧下降等局面，加之城镇商业、经济的单一性，其衰落之势无可挽回。

运河功能丧失，对苏中运河文化圈的城市发展产生了严重的威胁。但是真正造成扬州在长江下游区域地位的完全旁落是在作为近代工业之母的交通运输业——铁路兴起之后。民国元年（1912）贯穿江苏境内的津浦铁路全线通车，这条铁路的建成通车，极大提高了华北区域与长江下游区域的货物流通量和流通速度，南北经济联系加强，津浦铁路所经过的城市发展加快。与此相反，传统的交通要道——运河的功能严重削弱，本来已衰落的沿线城市与外界经济联系的纽带变得更为脆弱，城市的发展因而受到极大限制。

以扬州为例，在近代经济转型极为缓慢，以商业为主体，实行单向型经济结构的现代化建设，工业发展十分孱弱。在1911年统计的长江下游各城市64个民营企业中，扬州只有一个设厂时间较晚的面粉厂；按1937年12月江苏省政府公布的《工厂登记规则》记载，截止1936年6月底，扬州合乎"工厂法"的工厂只有两个，而且资金规模小，工人人数少，在江苏各城市中完全处于末势。虽然由于历史的积

淀，商业有着丰厚的底蕴，但社会资金向工业的转移零星而且迟缓。城市功能、城市建设、城市生活方面的现代化变迁不甚明显。这种近代经济成分发展极不充分的状况，大大延缓了整个城市现代化转型的速度。

扬州等淮扬运河城市的近代衰落至少证明，经济始终是城市文化及其传承的基础，离开了这个基础，抽象和片面地谈建筑文化总是无法持续下去的。

（二）江南运河工商业带的兴盛

近代工业沿着运河廊道（运输便利）发展。在西方先进科技示范的影响下，国人试图"师夷之技以制夷"，苏南也是先行一步。吴县人冯桂芬主张"采西学，制洋器"，发展生产，工业强国。光绪二十一年（1895年），经两江总督张之洞、刘坤一筹划，创建苏经丝厂和苏纶纱厂两家近代工厂。光绪三十二年（1906年）生生电灯公司也成立了。[1] 苏州是较早兴办近代工业的城市，然而发展并不突出，未出现民族工商业资本驱动城市发展的明显迹象。

无锡则是中国最早出现近代民族工商业的城市之一，众多的民办机器缫丝厂、面粉厂出现。它的历史不如苏州那样辉煌，但是近代商埠开放给了无锡发展的机遇，自此无锡就以兴办实业而立足。到抗战前夕，无锡民族资本工业形成了以棉纺织业、缫丝业和面粉业为三大骨干的六大系统，各个集团分头并进，各自尽其财力智力，采取开放式经济活动，使无锡很快成为一座近代的工业城市。无锡荣氏家族企业就是其中的代表，依靠面粉加工与纺织业，成为上海也是苏南最有实力的企业。近代的这些积累，为日后的"苏南模式"奠定了基础。无锡的猛烈的发展势头使无锡的城市面貌不像南通那样有序，在打破传统格局的基础上各类风貌杂陈。

清朝初年的府中心和运河的转运功能，曾使常州取得区域中心的地位，由此带动了以封建商业为主的经济发展；到清中期，随着政治形势的改变和交通状况的恶化，旧有的主要功能被削弱。在这种转型关口，常州的绅商却在传统的土布手工业基础上变商为工，选择纺织为投资重点，利用本地熟练工人，从工厂手工业发展到现代化机器工业，最后定型，以轻纺工业为核心带动工商各业的运转，实现了地区功能的转化。常州作为非条约城市，在抗战前没有外国人入侵过，没有外国人投资设厂，它的转型是通过自我力量、自我设计并逐步实施完成的。与无锡的城市风貌类似，它的历史积淀都被近代的沿街高大建筑掩盖起来。

第二节 20世纪上半叶江苏的探索和先贤的思考

一、新结构、新技术、新建筑类型的引进与传统延续并存的转型期

在建筑业的西风东渐的过程中，新的结构、新的施工技术和新的建筑类型进入了我国。砖（石）木混合结构在我国已有的基础上普及各地，接着砖石钢骨混凝土结构和砖石钢筋混凝土结构于19世纪末和20世纪初在各开放城市引进和使用，机制砖的生产在各主要省会城市都兴办起来，水泥工业从19世纪末开始在中国建立，钢铁业则一直发展缓慢，建筑用钢主要靠进口，其他如玻璃、陶瓷等新型建材在上海等地兴办工厂。但总的来说，进口仍是新式建筑用的新型建材的主要来源。由于材料及造价的限制，广大乡镇地区只能主要依靠地方材料和点缀少量进口材料追求时尚。传统建筑在乡村仍然是主要的建筑形态。

工业建筑是最能体现功能理性的建筑类型，无多余装饰，讲求效率。这正是早期现代建筑的标尺。在工业建筑之后紧接着的是教堂、学堂、银行、医院等一批新的建筑类型，他们带来了审美的新因素，带来了拱券、柱式、铸铁装饰、彩色玻璃、不同于苏南砖细做法的欧式清水砖墙，并提供了西风东渐的主要建筑形式。

---

[1] 苏州市志编辑部.苏州市志[M]. 南京：江苏人民出版社,1995.

金陵机器制造局是南京乃至中国近代工业建筑的典范，始创于1865年。晚清时期，金陵机器制造局是我国19世纪60年代洋务运动期间创办的四大兵工企业之一。现晨光集团有限责任公司内尚存一批清朝和民国时期的建筑，早期的机器正厂、机器右厂和机器左厂虽已拆迁，但建厂标牌仍保存在拆迁后的厂房门额上，这些标牌上分别注明同治五年（1866年）建机器正厂、同治十二年（1879年）建机器右厂、光绪四年（1878年）建机器左厂。现存原建筑有：光绪七年（1881年）建的炎铜厂、卷铜厂，光绪九年（1883年）和光绪十一年（1885年）五月建的熔铜房，光绪十二年（1886年）建的木厂大楼和机器大厂等。每厂建筑少则一间，多则十余间。这些厂房具有西洋风格，"人"字形屋顶，三角桁架，门窗上部青砖发券，坚固宽敞。除清朝时期遗留下的厂房建筑外，还有民国时期的厂房及办公用房三十多座（间），至今仍在使用着。这批活的历史文物，使南京晨光集团公司成为名副其实的近代中国工业建筑的陈列馆（图8-2-1、图8-2-2）。

民间的工商业发展同样快速，1898年建成的南通大生纱厂，主体厂房面积达到18000余平方米，采用砖木混合式结构。

从无锡的近代厂房建筑看，它们与同时期民用建筑相比，更接近现代建筑，几乎少有装饰，如茂新面粉厂、裕昌缫丝厂，前者几乎符合了西方现代建筑的所有特征。业勤面粉厂还有类似挂落的简化装饰符号。但是主流上看，工业建筑创作要追求的目标不是回应地方文化，而是功能理性。这是现代建筑在中国传播时埋下的最初的种子。

在工业建筑发展的同时，西方的建筑营造和形式也伴随着西风东渐的进程迅速成为时尚，即使在传统的住宅和园林的营造中也反映出巨大的影响，产生了大量的中国传统建筑营造上采用西式元素进行装饰或者整体西式风格、只保留少量中式元素的混合形态建筑，成为18世纪末到19世纪初的潮流。

镇江原英国领事馆（现为文物保护单位英国领事馆旧址）是座19世纪后半叶西风东渐时期的标杆性建筑，它的拱券外廊式建筑形象突出，系欧洲古典建筑的变形，也称东印度式建筑，是和英国在南亚殖民地的行政建筑一脉相承的。这是一组由五幢房子组成的建筑群。整个建筑为砖木结构，主体二层，局部三层，墙壁用青砖夹红砖叠砌而成，勾白色灯草缝，钢质黑色瓦楞屋面。办公楼东立面的二三层有券廊，每层五个拱券，顶端中央的横额上刻有"1890"字样。领事馆的其他四幢建筑分别是当时的工部局巡捕房、正副领事和职工宿舍以及各种服务设施。领事住宅由东、西两楼组合而成。西楼三层，东楼地上两层地下一层。两楼檐高9米，用通道连接，屋面铺钢质黑色大波瓦，上面设有老虎

图8-2-1 金陵机器制造局正门

图8-2-2 金陵机器制造局锻铜车间

窗。青砖墙壁，勾白色灯草缝，外面的门窗上下用红砖做装饰腰线，正面大跨度门窗上有弧形红砖拱券，在拱角处设两根圆形石立柱，起支撑和装饰作用。整个建筑显得端庄而典雅（图8-2-3）。

民国年间的扬州名宅中已显现出这种西化倾向，同治年间何园里就有了前后两栋西式的玉绣楼。张謇在南通的住宅、博物院、学校、职工宿舍则更为典型，建筑大量采用引进西式风格，但由于是孙支厦设计，也更多地考虑到地方材料和业主的需求。尤其以濠南别业为代表，尝试模仿豪氏屋架，成为近代中国吸收西方建筑艺术、运用新型建筑材料的成功范例。

濠南别业建于1914年，位于濠南路3号，是张謇在南通城居住和办公的地方（图8-2-4）。它由近代著名本土建筑师孙支厦设计，形式仿北京农事试验场内供慈禧太后休息的畅观楼，三层（局部四层）砖木结构，为典型的英国式别墅。底层为储藏室，北入口直上一层，二、三层为办公、居住用房，中部的四层为阁楼。红色铁皮屋顶上设有气窗。外墙以青砖、红砖砌成转角处的隅石形，红砖发券，磨砖砌筑，勾出线脚，拱心石及柱头均精心雕刻，柱口花饰为砖质整块预制。南入口阳台、栏杆、台阶、柱头均系水泥浇制。外墙砖块系用糯米饭和石灰加砒霜一并春烂成粥状代替砂浆砌筑。

相较于形式和风格的快速转变，结构体系的转换相对较慢，还有因为不懂结构而模仿的豪氏屋架；同样的屋架形式在无锡荣巷小学的风雨操场也可以看见，操场占地约400平方米，呈"凹"字形。操场为独特的两层钢筋混凝土建筑，上层为操场，底层为礼堂。上部的屋架系统为了形成无柱的大型活动空间而使用大跨度的木构屋架，已经有了仿造的豪式屋架。

在新的功能性建筑上，为了标明建筑的时代性，西式风格往往成为入口和主要立面的选择。如连云港的东亚旅社（图8-2-5），位于新浦区新市路35号，1919年由地方军阀白宝山集资建成，故又名"白公馆"，占地面积约750平方米，为四合院式连体建筑。两层40余间、高约9米、砖木结构，但门厅为欧式风格，置阳台、穿堂，东西两侧各砌圆柱形门柱，柱头为砖雕，雕以卷叶堆纹浮雕图案。院落内廊柱、廊沿、楼梯、扶手等，或雕刻或彩绘。楼梯设于西南、东北两角。南立面为西式门窗，院内为中式格扇门窗。常州的19世纪20年代的大陆饭店也同样如此，前部为西式的混凝土结构，平屋顶，但后部却使用了两层和三层结合的传统合院，建筑也是木构架的传统营造方式。

适合功能的形式也成为建筑形态的重要决定因素。连云港火车站位于连云区连云镇中山北路下侧。始建于1933年，建成于1935年，为西洋式平顶建筑，钟楼设于东端，

图8-2-3 镇江英国领事馆外观

图8-2-4 濠南别业正立面

远视如船形。办公楼四层,钟楼十层(含地下室),钢筋混凝土结构。建筑占地1170平方米,实用面积3000多平方米。该楼原为连云港港口和车站的共用办公楼,由原国民政府陇海铁路管理局承包给南京复兴公司下设的方纪公司负责施工建造。该楼一直是连云港的标志性建筑,为连云港建港初期建筑之一(图8-2-6)。

二、教会类建筑中对传统建筑形式的探讨

在外来文化和本土文化碰撞的过程中,基督教建筑是一个重要的场域。基督教在发展的过程中,无论是初期为了显示贴近下层的姿态,还是后期强调中国人办教会的趋势,都在教会经营的各类建筑上显示了不同程度的中西合璧的特点,有时为了显示其宗教或文化源头正宗的特点,又使用欧美原型建筑的样式。

原金陵大学即今日南京大学校园建筑为美国教会创办,为了亲近中国信众和百姓,校内建筑在采用美国大学布局的同时,单体建筑形象均采用中国传统的建筑样式,包括造型和装饰。许多建筑材料由国外进口,功能更是现代的大学教学,但将民族样式与西方先进的建筑技术与现代功能相结合,建造了首批融入西方文化的中国民族样式建筑。建于1916至1937年的原金陵大学建筑群,以清代官式建筑为外部特征,以塔楼为中心,不完全对称布局,由美国建筑师和留美、游欧归来的中国建筑师分别设计建造。这些建筑由北向南、顺坡而下,与周围环境融为一体。这种充分利用自然地势的起落而建的建筑物,既抱为一体,又错落有致,有朴素浑然之美。整个建筑群采用灰色筒瓦,青砖厚墙,无雕梁画栋,平淡自然。虽然建筑形式是中国传统的,但规整宽阔的草坪、突兀的塔楼与群体建筑的不协调性,又体现出西方人的审美情趣。北大楼是南京大学的标志性建筑。它建于1919年,由美国建筑师司迈尔设计。屋顶为中国建筑常用的歇山顶,灰色筒瓦,青砖厚墙,高耸突兀。塔楼为十字脊顶,顶脊饰有小兽。这是中国传统建筑甚为复杂的屋顶样式。这幢楼造型独特,融合了东西方的建筑风格,虽不高大却雄伟壮观(图8-2-7)。

东吴大学(现苏州大学)是美国基督教会在中国建立的最早的教会大学之一,早在晚清就建校了,辛亥革命后改称东吴大学。校园里的"林堂"、"孙堂"、"司马堂"、"葛堂"、"维格堂"和"子实堂"等都是晚清民初遗留的建筑。建筑都是西式风格,造型端庄对称,外立面材料主要采用了红砖和青砖,其中标志性的建筑是1903年落成的钟楼"林堂",现在是苏州大学校部办公楼(图8-2-8)。林堂的钟楼上以及南侧墙壁都有教堂式的圆形窗棂,表明了学校的宗教渊源。

图8-2-5 东亚旅社外观为西式风格

图8-2-6 连云港火车站钟楼成为建筑的标识

三、里弄住宅设计中对新型家庭结构的适应

社会的转型与城市发展吸引了乡村和内地各阶层人力资源的进入，城市地价迅速升温，城镇居民的居住形态在近代发生了重要的变化，大家庭迅速减少，豪绅的多进多路的院落式住宅被新的西式风格的独院式住宅或者中西合璧的既有院落也有洋房的族群取代，中产阶级需求的小面积、高密度、配有现代设施的各类住宅应运而生，在无锡、常州等地类似于上海里弄式的住宅兴起。

如南京的颐和路公馆区，按照国民政府的规划要求，南京市政当局将山西路以西、西康路以东、草场门以内辟为新住宅区。因为里面住户大都是达官贵人，百姓就称之为公馆区。到南京解放为止，这个公馆区内建有花园洋房9265幢，宫殿式官邸25幢。为表现公馆区的文化品位，道路命名选择我国各地名胜，主干道叫"颐和"，两侧有"珞珈"、"灵隐"、"普陀"、"赤壁"、"天竺"、"莫干"、"牯岭"、"琅琊"诸路。在成片的西式建筑风格的官僚住宅中，有仿美的，有仿法的，还有西班牙式的，日本式的，形状各异，几乎找不到一座式样重复的，这里几乎成了各国住宅的展览馆。花园洋房每户平均占地400平方米，室内水电卫生冷暖设施齐全。

荣巷五间头为民国时期同时建造的五间并排式里弄住宅（图8-2-9）。三进两层，硬山顶，为六兄弟中的老六在上海商界小有成就后回家乡出资为四个哥哥（除了二哥）建造。因为用地限制，只能建五间，兄弟抽签分配。五兄弟共同居住，使得传统里弄住宅又发生了针对性的空间设计，空间共用，可分可合。除了最东边的37号住家外，38号、39号和40号、41号平面都分别对称，且两家共用一个天井，天井中有一口水井和厨房的烟囱。小天井成为私密的交流空间，同时使两房的中间向阳面积相对增加，解决了狭长空间的采光问题，并且使得各房相对节约了建筑面积。当举行大型聚会时，天井又使共用大厨房成为可能。并且五间头各家的堂屋空间其实是一个大空间用木隔断分隔而成的，铺地相连。木隔断平时封起，当有红白喜事，将木隔断卸下，五家的堂屋就连成一个长达二十几米的大厅。空间上，各户的平

图8-2-7 南京大学北大楼

图8-2-8 东吴大学（现苏州大学）"林堂"，正立面及钟楼上可见宗教符号化的圆形玫瑰窗

图8-2-9 荣巷五间头的传统外观体现出近代并列联排住宅的特征

面布局均极为狭长，进深长、面阔窄，进深长达30米，宽却只有约3.5米，为集合住宅的典型布局方式，是设计师吸取传统住宅形态和上海里弄住宅的布局特点后设计的，但功能分区明确，除了大门与堂屋门开在中央外，其余功能房间的门都沿墙开在同一侧，形成一个狭长的走道。由大门进入各家的院子，然后是接待客人的堂屋，堂屋后有一个缓冲空间，并由一道连廊与后面的私密空间相联系，从连廊可以进入两户人家共用的天井，天井内设水井，两户共用。连廊的尽头为厨房。装饰上也中西合璧，在轴线上和有仪礼需求的空间采用中式装修，包括第一进天井的中式砖雕石库门和正房的长窗，而功能空间采用简化的民国风格装修，包括第二进共用天井的门窗和二层居住空间门窗（图8-2-9）。

近代新式住宅的影响伴随工匠很快便传入周边乡镇。焦溪强家弄一带现存多栋民国时期的独栋住宅，其相互间布局模式不同于江南地区的传统院落民居，内部空间布局紧凑，建筑相互独立，内部空间模式接近新式住宅。但其结构体系依然是传统的七架椽屋系统，体现了近代集镇住宅由传统形态向里弄住宅的变化过渡。典型如强家弄是宅、奚宅，建筑三间两层硬山，无屏山墙。空间布局紧凑，面南一层明间为入口，入为堂屋，后金柱设屏门，后藏楼梯，二层为居住空间，灶位于次间后部，于外墙设烟口。建筑外墙为黄石半墙，砖石混砌，外观敦实，除南侧二层为连续槛窗外，墙体开窗均为窗洞形式，防卫性强。南侧一二层之间设木挑檐，入口位于明间，八字内凹，类似石库门做法，门扇设于檐柱（图8-2-10）。

位于连云区连云港镇的果城里建筑群为中西合璧建筑。共有楼房四幢，朝向西南，全石结构，外观为西式，每幢楼房为独立单元，各建有石制门框作为出入口。占地面积约1300平方米，每幢建筑面阔20.2米，上下各六间。该建筑为二十世纪三十年代兴建，原为建港初期的政府要员及高级职员居住，至今保存完好（图8-2-11）。

建筑师也在此基础上进行了进一步探讨，不再纠结于西方的典型住宅样式或者中国的传统样式，而是从住宅本体的功能需求和材料地域表达上进行处理。譬如宋子文公馆堪为其中的代表。公馆位于北极阁1号，始建于1933年（宋子文任国民政府财政部长期间），抗战胜利后重建，由基泰工程公司杨廷宝设计，陶馥记营造厂承建。建筑面积720平方米，公馆高三层，钢筋混凝土结构，平面呈曲尺形，依山而建，错落有致。宋公馆底层用毛石砌造，显得极为坚固，上面两层用砖砌，表面采用弹涂工艺粉刷而成，立体感极强。公馆最为特别之处是其屋顶，颇有农舍风味，远望上去仿佛是用茅草盖成，所以俗称其为"茅草屋"。其实，宋公馆的屋顶根本不是用茅草盖成，而是用进口白水泥拌黄沙铺在荻栈上盖成，上下共有三层，每层厚约二厘米，最上面一层做成蜂窝状，所以给人形成了茅草屋的错觉。这种特殊的屋顶处理方法，具有隔热、保温、防火、防雨水渗漏等功效，而且能够保持室内冬暖夏凉。更用水泥模仿木构，公馆室内顶部采用喷灯工艺，一道道横梁看似木头，实是用水泥精雕细琢而成（图8-2-12）。

图8-2-10 焦溪强家弄是宅为近代时期江苏农村独立式住宅的典型

图8-2-11 果城里民国住宅西式立面

四、公共建筑设计中对民族风格的不断探索和讨论

近代中国公共建筑类型的形成，一种是在传统就有类型的基础上沿用、改造，另一种便是从国外同类型建筑引进、借鉴、发展。

建于1912年的无锡县立图书馆，也是这一创作手法的典型表现。主体建筑老钟楼为当时无锡境内最高的建筑，建成后相当长时间内一直是无锡的地标。图书馆院落占地三亩六分多，主楼建筑面积1300平方米。底层为阅览室，二楼为书库，三楼为保藏室，四楼设钟室，钟室楼上还有一个观光台。建筑风格中西合璧，主体风格偏西式，但观光台头上却有一个类似北京天坛祈年殿的中式圆顶，意图融合中西风格（图8-2-13）。

在民间不断探讨中国传统形式和引进的功能和形式的兼蓄过程中，为了表达民族复兴的社会需求，建筑形式成为中国化表达的重要途径。《首都计划》对建筑形式作了明确规定：要以"中国固有之形式"，提出"本诸欧美科学之原则"、"吾国美术之优点"的原则，宏观规划鉴于欧美，微观建筑形式采用中国传统建筑。规定中央政治区建筑当突出古代宫殿优点，商业建筑也要具备中国特色。

因此虽然也有直接延续西方的整体建造与形式的作品，如东南大学礼堂，是原民国国民大会堂。礼堂位于东南大学四牌楼校区的中轴线的尽端，由英国公和洋行设计，新金记康号营造厂承包建造。建筑物占地面积2026平方米，建筑面积4320平方米，钢筋混凝土结构，共三层，属欧洲文艺复兴时期的古典式建筑风格。正门朝南，门厅立面上部为四根爱奥尼亚式列柱。大礼堂顶部为混凝土结构穹隆顶，高34米，外部如球体状，用青铜薄板覆盖，自然锈蚀的铜绿形成一层保护膜，在灰白色的建筑主体映衬下，显得分外耀眼。球体顶部建有八边形采光窗。大礼堂内设有观众席三层，2300座席；观众厅南面为宽大的门厅，北部为巨型讲台，既合理地解决了功能需求，也成功地塑造了轴线的对景与控制（图8-2-14）。

但更成为官方主流的是对民族风格的再创造。一批中国建筑师投入民族形式的创作活动，由于所处的特定历史时期，南京民国建筑展示了中国传统建筑向现代建筑的演变，展示了中国建筑师在借鉴西方现代建筑技术的同时努力汲取传统建筑的精髓、创造民族建筑新风格的不懈探索，具有极其重要的建筑

图8-2-12　宋子文公馆，可以清晰看见屋顶仿草顶做法

图8-2-13　无锡县立图书馆中西合璧式的正立面

图8-2-14　东南大学大礼堂

价值。在这其中，南京近代官式建筑更是一枝独秀，这类建筑设计施工精良、建筑雄伟、中西合璧，体现了南方官式建筑所具有的大局气势和江南建筑特有的细致精美。

中山陵的设计是中国近代建筑史上探讨通过传统的传承又吸纳西方文化的精彩作品。实施的方案是中国建筑师吕彦直的中标方案，其设计成功的关键是在对中国传统借鉴基础上的创新。整个建筑群依钟山山势而建，由南往北沿中轴线逐渐升高，主要建筑有博爱坊、墓道、陵门、石阶、碑亭、祭堂和墓室形成轴线，但却摒弃了传统陵墓院落的组织方式，以"自由钟"的概念更好地适应地形，同时也形成庄严简朴、开敞肃穆的陵园空间。"该设计顺应自然，也顺应了社会发展，摒弃了层层院落串联封闭的格局，而是敞开了胸怀，一展身姿，轴线前部碑亭等隔而不断，而这正是革命先行者与资产阶级革命家孙中山先生与封建帝王在国策、精神、心怀上的差异，祭堂的平面和功能也是帝王陵寝中没有的，吕彦直成功地摘取了传统的建筑符号，将中西文化的'体'与'用'连同陵园环境，有机地揉在了一起，这也正是历史上南京建筑文化最可贵的品性"①（图8-2-15）。

南京博物院仿辽大殿为竞标成果，徐敬直等设计，建筑主体采用钢筋混凝土结构模仿辽代木构建筑，外观凝重，气势浑厚。值得一提的是徐敬直的竞标图纸原是仿清式建筑的，后在梁思成、刘敦桢两位顾问的指导下，重新设计了建筑图纸，参考《营造法式》和梁思成调查的蓟县独乐寺的建筑形式要素，力图体现中国早期的建筑风格，并区别于中山东路上其他几幢模仿明清官式的仿古建筑，形成别具格局的建筑形式（图8-2-16）。

即使在非常功能化的建筑上，也可以看见对传统形式要素延续的努力。南京中央体育场是当时全国最大的田径赛场，整体布局形态依据功能而设置，平面呈椭圆形，南北走向，占地面积约77亩。周围是看台，中间是田径场。跑道南北端设有篮球场和网球场。跑道内侧设有标准足球场以及跳高、跳远、投掷等田径赛场；跑道两端设有网球、排球及篮球等田径赛场，以备各项运动决赛可以同时在运动场内举行。场地四周为看台，可容三万五千余名观众。大门位于赛场东西两侧，各筑门楼一座。但在形式处理上，东西门楼均为一座中国传统牌楼式建筑，面阔九间，高三层，上部装饰有八个云纹望柱头和七个小牌坊屋顶，有趣的是，在传统形式门楼的内侧，朝向赛场的一面却是非常功能化和现代形式的梁板式钢筋混凝土雨篷。形式和功能在这里形成两套语言，分别负责对应的文化表达与功能表达（图8-2-17）。

图8-2-15 中山陵立面上对民族形式进行了兼容和创造性的运用

图8-2-16 南京博物院大殿

图8-2-17 中央体育场入口采用传统牌坊的构图方式表达对传统的继承

---

① 引自潘谷西. 中国建筑史[M]. 北京：中国建筑工业出版社，2006.

第九章　社会主义阶段江苏建筑文化传承背景

新中国成立后的江苏建筑文化发展以改革开放为分界线，明显地分为了前后两个阶段。

在改革开放之前的三十年中，依照计划经济的框架，整个设计院系统纳入一元化的领导体系下，大量的任务是工业建筑设计，其次是配套的住宅以及城市发展后必不可少的行政项目和公共建筑设计。建筑设计同时也受政治思潮的影响，与全国同步地产生了复古主义、折中主义、装饰风格等不同的建筑设计作品。但相比较而言，由于南京工学院建筑系（现东南大学建筑学院）以杨廷宝为首的"学院派"影响，设计作品都较为严谨而工整。同时，南京工学院建筑系的刘敦桢先生率先在国内开始研究中国的传统民居和苏州古典园林，因此，民居和园林这两个关键词也成为了日后江苏建筑文化传承的基本立足点和表达方式。

在改革开放之后的三十多年，江苏作为全国经济最为发达的省份之一，建筑业的发展也极为迅猛，因此，也是在全国各省中最早体会到城镇化进程中的建筑文化问题、文化遗产保护和传承的社会性运动和城市特色的营造需求等问题，从而开始了对江苏地域传统建筑文化传承的探索。

第一节　20世纪50～80年代江苏城镇化进程和建筑传统传承

一、服从国家计划经济布局的江苏城市有限发展

1949年中华人民共和国成立以及接着开展的土地改革、合作化运动和工商业社会主义改造运动等揭开了中国近代史新的社会主义的一章。农村包围城市的历史阶段结束，城市领导农村的历史阶段开始，依靠变革生产关系所解放的生产力，依靠工农业生产的剪刀差，也依靠国家对土地所有权的逐步控制和对国家经济命脉的掌控，人民群众节衣缩食，举全国之力集中开展以工业特别是初始阶段以重工业为中心的经济建设，开始了新一轮艰难的城市化进程。在此后三十年中虽然有战争、政治运动和各种变故的影响，但中国社会从此进入了计划经济的阶段，直到改革开放重新确认市场经济的地位。

在计划经济的框架中，投资的最主要的渠道是国家性的、特别是中央财政的，其次是各级政府的，建筑设计的组织形式从事务所转变为各级设计院，设计人员领取固定工资，设计项目则是国家拨款，设计师以及整个设计院系统纳入一元化的领导体系下，大量的任务是工业建筑设计，其次是配套的住宅以及城市发展后必不可少的行政项目和公共建筑设计。根据国家的战略布局，"国防第一，工业第二，普通建设第三，一般修缮第四"[1]，前几个五年计划中重点工业都在中部和北部，20世纪60年代后国家将战略后方向西部继续转移，开展了以西部为重点的三线建设，因而地处沿海的江苏始终不是国家投资的目标。江苏有根基深厚的设计师队伍，他们为中西部地区的建设、为首都等重点工程的建设作出了突出的贡献，并为1950年代以后的建筑风格讨论提供了令人信服的案例和样板。

从1949年到1978年，受经济发展的起伏性影响，江苏的城市化率经历了先上升又下降的马鞍形过程，非农业人口占总人口的百分比从1949年的12.4%到1978年仍然只有13.73%[2]。在这样的发展格局中，建设量是有限的。在这个时期，江苏地域内对建筑文化和建筑风格的探讨主要是理论和研究性、实验性层面的。江苏建筑师在实践性层面的探讨主要体现在江苏以外的国家性工程中，如北京火车站、北京图书馆、北京和平饭店等。

二、"复古主义"、"现代主义"和政治运动潮涨潮落中的江苏建筑创作

建筑本体受制于物质、技术、资金等具体的物质等条件的制约，同时建筑的设计又必然受着观念形态的指引和限制。1949～1978这个历史时期是中国大陆在经历了一百多年充满了屈辱、战争、贫穷、割据等灾难后的第一次真正的统一和向着富强的新中国迈进的起始阶段，百废待兴，内外困难甚多，经济基础薄弱，建设基本依靠国家财政支出，因而除了特殊重点给予照顾之外，不允许奢华和浪费，党和政府制定的"经济、实用，在可能条件下注意美观"的建筑方针就是这一状况的反映。另一方面，"中国人民站起来了"所产生的民族自豪感和执政者承先启后延续中华民族历史新篇章的愿望以及基于当时国际形势需要划清和帝国主义国家界限的政治需求，都必然性地推动了批判资本主义建筑文化和寻找自身传续历史新定位的建筑表达。因而20世纪初到30年代被称为"中国固有形式"的古典风格建筑思潮在这样一种新的条件下再次被激发出来，并经梁思成出于对民族文化热爱的推崇而在若干重要的公共建筑上获得表现，却也因为造价太高违背当时的国情而很快受到批判。这样，如同现代主义的建筑风格被冠以"方盒子"加以批评一样，古典风格被冠以"大屋顶"而受到鞭挞。这两类批评在当时"政

---

[1] 见1952年政务院财政委关于国家建设的基本方针的规定。
[2] 见file:///Users/mac/Documents/江苏省城市化发展分析_百度文库.webarchive

治挂帅"的环境中都被上纲上线到政治立场和观念形态上，而从建筑发展规律本身的剖析却始终缺乏。这种批评在实际工作中促使大部分建筑师不求有功但求无过，从寻找创新转向了寻找上级的批示，加剧了当时设计体制下的权力决策机制。然而推动建筑文化探索的基本动力始终存在且是崇高和触动心灵的，因此在这一时期，江苏有限的建筑实践中仍然可以找到这种探索的轨迹。

整体而言，20世纪二三十年代"中国固有形式"建筑文化的表达模式在这个阶段并未改变。第一类可以说是"宫殿式"的或曰复古主义的，即较为重视模仿古代建筑造型和做法。例如1950年后重新复工的南京博物院主体建筑未完成的屋顶、月台和附属建筑。该建筑在20世纪30年代通过设计竞赛确定下来，是一栋钢筋混凝土结构模仿大同辽代华严寺风格的殿阁式建筑。参与其事的人士20世纪50年代依然都活跃在建筑界，设计单位属于华东建筑设计院，图纸尚在，故也就依然按照那个辽代建筑的风格完成主体屋盖的施工，同时也完成两翼的办公用房和主体前的月台部分。然而经费不足却是现实问题，因此原设计中的斗拱和室内的彩画、粉饰等都被从简处理。这一博览建筑的辽代风格特色直到2010年后才在新的社会需求和新的财力的支持下，在南京博物院新一轮的扩建中得以完成。类似的新建宫殿式的建筑有1955年建成的无锡太湖工人疗养院（图9-1-1）。

另一个模仿古代建筑基本特征的案例是扬州的鉴真纪念堂（图9-1-2，图9-1-3），该建筑的方案早在"文化大革命"前就由梁思成先生勾勒出来，它模仿日本的唐招提寺金堂形象并刻意体现浓郁的唐风以表达对东渡日本的鉴真大和尚的纪念。20世纪70年代后期，梁思成先生已经去世，该建筑的施工图由下放到扬州设计院担任院长的南京工学院建筑系主任张致中教授和他的同事承担，杨廷宝和童寯先生这两位梁思成先生在宾夕法尼亚州立大学的同窗和校友为完成这一任务倾注了大量心血。鉴真纪念堂坐落在当年鉴真所在的大明寺旁，环境山明水秀，纪念堂为一廊院，由门屋、回廊和大殿组成，和南京博物院主体建筑相类似，强调在可

图9-1-2　扬州鉴真纪念堂廊院（来源：赖自力 摄）

图9-1-1　无锡太湖工人疗养院（来源：赖自力 摄）

图9-1-3　扬州鉴真纪念堂大堂（来源：赖自力 摄）

见的部分体现古代建筑原有的形制和特征，但这次采用了木结构，在天花以上和柱础以下则按照当代的建筑规范采用了现代的结构形态。

第二类可以说是"混合式"的或曰折中主义的，即围绕满足现代功能布置的建筑，只在重要部分模仿古代建筑的造型特别是屋顶。例如杨廷宝在20世纪50年代前后完成的华东航空学院某教学楼（现南京农业大学主楼）（图9-1-4）。该建筑功能完全按照现代学校的教学要求布置教室和辅助用房，只对楼梯间和门厅部分以古典构图重新组织并予以强调，体现了杨廷宝处理功能和形式的娴熟技巧，展示了他既重视建筑的合理性、经济性，也对人们期待的建筑文化表达付出了智慧和心血。他的这一技术路线后来在北京的国庆十大建筑和其他各地的若干重要的设计中都由他本人或其他建筑师加以延用和发挥，例如北京永定门火车站站屋，北京图书馆等。

第三类可以说是以装饰为特征的现代式。考虑到当时用现代材料和结构造大屋顶较为浪费，早在1930年代，华盖事务所就曾为当时南京的国民政府外交部设计过平顶的现代建筑，仅以简单的檐下和室内的天花装饰、门窗等来表达一定的风格特点，该方案后被采纳，此即为现在的江苏省人大常委会办公楼。实际20世纪江苏城镇中大多数普通地方的公共建筑都是根据所获得的材料、结构和技术手段来决定建筑的大致体量和造型的，钢和水泥在1970年代以前都是紧缺物资，因而大量采用的结构形态是混合结构，1950年代及以前清水砖墙为主要的立面形式，各类砖被选择用在立面上。1960年代以后，砖的生产提高了效率却也降低了强度和外形的整齐度，要通过外粉刷掩盖，混水墙大量出现，为遮掩砖的外立面的粉刷层提供了丰富类型的发展机会。为节省木材，楼板使用预制空心板，屋面做平顶，跨度大一些的公共建筑使用钢筋混凝土桁架，檐口少出檐，常常将女儿墙砌高一些，做成中式的牌楼或西式的山花，作为门面或者作为心中的寄托。只是由于水平和技巧的高下雅俗有差异，给人不同的感觉。随着新时代的到来，作为特征的装饰发生了形式的变化，1960年代的五角星、和平鸽，1960和1970年代的红旗、向日葵、《毛泽东选集》等都出现在建筑的装饰中，这类建筑的代表是1957年建成的常州工人文化宫（图9-1-5）。

1960年代建成的南京长江大桥是继武汉长江大桥后的第二座跨越天堑长江的铁路桥梁，是表达当时国家性建设成就的重要标志。长江大桥桥头堡设计通过竞赛选中了钟训正教授的以雕塑为表现主题和主要载体的方案，区别于原来武汉大桥上的中式亭子的造型，为歌颂当时的"三面红旗"

图9-1-4 南京农业大学教学楼（来源：赖自力 摄）

图9-1-5 常州工人文化宫（来源：赖自力 摄）

和中国人民艰苦奋斗自力更生的精神创造了条件，与此配套的南京火车站也是适应铁路交通功能性需求的现代建筑，因"文化大革命"中"破四旧"产生的对传统装饰的忌讳及集体创作的工作模式选择了几乎没有装饰的现代式，唯一进行了重点装饰的就是大跨候车厅屋盖上表达政治内容的小塔，对于建筑师来说违背了合理性，但对于决策者来说则是必须做到的政治考虑（图9-1-6），由于赶工期、不注意施工质量等原因，集中荷载加重了屋顶的变形和漏水，后来终于被拆除。与此类似在大空间上放上集中荷载的例子，还有后来1977年的长沙火车站上的火炬和1996年北京西客站上为了表现门户立意和古城风貌的古典攒尖顶式建筑，都属于合理性不足但决策者需要的案例。

因而，将这类建筑归入现代主义建筑类型并不符合现代主义产生的初衷——立足于新的混凝土和钢材及机械化施工的物质条件，创造适应工业社会大批量生产的建筑产品，追求合理性和经济性，表达建筑技术载体本身而不诉诸于另外的装饰。但是，反过来也可以说中国的国情决定了不可能用削足适履的方法解决中国当代建筑创作和现代主义建筑概念的矛盾。但是毕竟建筑本体的内在规律指向了现代主义建筑的本质和精神，因而过滤掉那些出于政治正确或者审美无能导致的对"方盒子"的批评，探索立足于中国自身建筑技术条件的现代建筑始终是建筑师乐于探索的。江苏在1958年建起的南京曙光电影院就是一个成功的例子（图9-1-7）。这是当时国内仅有的几处宽银幕电影院之一，观众厅以较大的跨度提供了宽敞的空间，作为娱乐建筑，设计为群众呈现了一种较为轻快、简洁的外观和内部合理使用的梯形组合及空间关系，它在近半个世纪中为南京市民带来了无数的欢乐，留下了美好的记忆[①]。类似的项目还有1973年建成的南京大校场飞机场航站楼（图9-1-8）。

三、地域建筑文化的表达

对于中国这样一个大国来说，建筑文化地理的空间差异始终大于历史的时间差异，多个民族、多个地方文化的民

图9-1-7　南京曙光电影院（已拆除）（来源：童鹤龄 绘，摘自《建筑画选》）

图9-1-6　1970年代的南京火车站南立面和站前广场（来源：httpjinlinglq.blog.163.comblogstatic184916843201222811141063）

图9-1-8　南京大校场机场航站楼（来源：《杨廷宝建筑作品选》）

---

① 该电影院在2002年南京鼓楼地区城市环境改造中已被拆除。

族文化共性建立在地域文化差异性交融的基础上，离开了地域文化的记忆和认知，就会使民族文化成为无本之木和无源之水。江苏是南北文化兼有的省份，江苏大地的多种地理环境提供了探讨地域建筑文化的丰富的资源，太湖流域湖山特色和江南水乡特色地带，经过古人千百年的精耕细作，不仅山水秀美，其水乡民居更是极具地方特色。早在1950年代，上海华东建筑设计院委托南京工学院建筑系刘敦桢等教授承办中国建筑历史研究室时，就将研究江南民居及推动建筑创作列为该研究室的工作宗旨，该研究室后来又和建筑工程部建筑科学研究院联合将研究室扩大和升级，并在1950年代和1960年代初组织了新中国成立后第一次大规模的民居调查研究，完成了《浙江民居》、《福建民居》、《云南民居》、《河南民居》等书稿的基本材料①，在当时通过文章的发表就已经产生了重大的影响。当上海的建筑师陈植等人，在鲁迅公园设计中探讨了对江南建筑文化的表达时，南京的建筑师也在经受了关于复古主义的争论之后思考如何既避免浪费又能表达地域的文化特色。1960年代初期，短暂且略为宽松的政治环境为这一探讨提供了机会，时称南京工学院即后来东南大学建筑系的教师童寯、刘光华、钟训正等人在太湖之家的设计研究中，充分探讨了如何将江南水乡民居的特色运用到新时代的公共建筑设计中。从他们的方案设计来看，至少在如下几方面充分借鉴了江南水乡民居的设计理念和手法（图9-1-9，图9-1-10）：

其一，建筑和周围的山水环境相依相融，浑然一体，体量组织高低错落，院落空间有机灵活，避免出现不考虑功能关系的对称和轴线；其二，不使用歇山庑殿等官式建筑中的厚重屋盖，而改用民居中轻巧、微呈曲线的两坡悬山顶为主的民间建筑的屋盖做法，不使用装饰而是将檩条挑出，直接表现结构构件之美；其三，借鉴江南特别是太湖地区民居中庭院内外借得山景水景和注重庭院绿化的手法；其四，不使用浓色重彩的琉璃屋顶，而是借鉴江南民居粉墙黛瓦的淡雅的色彩关系。

这一成果迅速传播到当时的建筑院校中，曾经参加了民居调研的若干学者如尚廓等在后来他们自己有机会从事创作时都延续了这一向民间学习的思路，而该研究所的学术著述直接推动了各地建筑师的思考。不仅如此，这一思路的延续还诞生了1980年代和以后的齐康、赖聚奎等人的武夷山庄、钟训正的太湖饭店和正阳卿的同里湖度假村等一批清新

图9-1-9 钟训正先生1961年在太湖之家设计时画的方案草图（来源：《脚印》）

图9-1-10 钟训正先生1961年在太湖之家设计时画的方案草图（来源：《脚印》）

---

① 这批材料在1965年研究室奉命解散后由建工部历史研究所参与研究的同志带到了北京并在20世纪80年代后陆续整理出版。

感人的作品（图9-1-11）。

在建设量十分有限的条件下，江苏另一个作了具有重要探索意义的领域是园林。20世纪五六十年代，除了在苏州、无锡等城市中请传统工匠对经受了战乱破坏的传统江南园林进行了整理和修缮之外，江苏和南京的领导层还邀请南京工学院刘敦桢教授对瞻园的毁坏部分进行了包含再创作的修缮和部分复建。刘敦桢在营造学社朱启钤社长提出的"儒匠沟通"理念的基础上根据新的工作条件，发展出"干部、学者、工匠"三结合的新工作模式。刘敦桢根据自己对瞻园历史的考证和研究以及对中国叠山技艺的研究，结合现实环境，提出瞻园的修缮方案和具体的设计内容及要求，尤其是对于园中南侧假山遗迹的修复作了探讨。他一方面取得掌控资金和具有决策大权的领导官员的理解和支持，另一方面让具有较好叠山技艺，但不了解建设目的的工匠充分了解他的设计目标和立意，三方面共同多次在现场展开讨论和对话，从而较好地完成了中国1950年代以来最成功的叠山作品。该设计作品继承和拓展了清代叠山名家戈裕良在苏州环秀山庄中的技法，且洞壑曲折幽深、悬泉瀑布飞漱其间，正立面宛若天开，背立面转换自然，连同复建的水池、亭榭廊桥等令人信服的实例，为新时代的地方政府提供了一处极具艺术品位可接待贵宾和举办重要小型文化活动的园林环境（图9-1-12，图9-1-13）。

刘敦桢的实践与他在1957年学术报告会上作的"苏州古典园林"学术报告以及他领导的中国建筑历史研究室所作的苏州古典园林诸多案例的调查、研究、测绘成果共同构成了可以和20世纪五六十年代中国建筑领域和中国古代建筑史研究并肩比美的另一个里程碑式的成果[1]，为后来园林建筑的光大、发扬提供了学术根基。在刘敦桢、杨廷宝等学

图9-1-12 瞻园南假山（来源：赖自力 摄）

图9-1-11 1980年代无锡太湖饭店的方案（来源：钟训正 绘，摘自《脚印》）

图9-1-13 南京瞻园鸟瞰，下部水院即为1960年代建（来源：赖坤祺 摄）

---

[1] 刘敦桢逝世后，苏州古典园林的研究成果经刘敦桢的学生潘谷西、刘先觉等人的整理在1979年终于出版并获全国科学大会奖。

术先辈的指导和影响下，苏州、无锡、南京、扬州的传统园林和公园获得了可喜的进步，其中不少建筑和景点具有开拓意义，例如南京玄武湖公园的白苑（图9-1-14，图9-1-15）等项目。该设计应用了钢筋混凝土结构构筑新景点，既解决防火要求，也提供了当时的较大体量，并容纳了较多的人流，设计中应用悬山和十字相交的屋顶，表达对传统历史文脉的延续，又使用架空踏道和白色外观创造了较为轻快宜人的园林建筑的风格，这是一次继承地域文化传统又与时俱进的成功探索。类似的创作还有1957年建的苏州工人文化宫大门。

图9-1-14　南京玄武湖白苑（来源：赖自力 摄）

图9-1-15　南京玄武湖白苑的悬空楼梯（来源：赖自力 摄）

第二节　1979年以后的改革开放时期传统建筑文化传承的形势

一、城镇化进程与城市建筑文化探索的新格局

1978年党的十一届三中全会宣告了"文化大革命"的结束，以阶级斗争为纲的历史一页掀了过去，接着一系列以经济建设为中心的新政策出台，中国大陆进入了改革和开放的新历史时期。中国的建筑事业在崭新的格局中获得了史无前例的发展，也遭遇了未曾经历过的困难和挑战。

这一阶段建筑业和建筑创作与1949～1978年期间的发展相比，有以下几方面的巨大差别：其一，市场经济的规则被重新引入，出现了建筑设计市场，建筑设计走向了有偿的技术服务，中国的设计机构重新步入了企业化的进程；其二，房地产业重新回到了中国大陆，房地产业成为建筑业发展的直接驱动力。各个城市的政府公开明确经营城市的理念，通过政府掌控的土地资源的拍卖获得推动城市现代化建设的资金。地方政府新的重要角色就是调动手中的财政资源，组织城市建设特别是城市基础设施、重要公共建筑和标志性建筑的建设，官员的业绩或多或少与城市面貌改善的速度确立了相关性，由重要官员掌控和直接决定方案的"首长工程"出现在各城市的最新景观中，标榜与国际接轨或者几十年不落后或者具有强烈的视觉效应成为与业绩相关的"首长工程"的设计目标与要求；其三，为加入世界贸易组织，中国开始制定和实施与国际逐渐接轨的注册建筑师制度，中国的建筑设计市场向国际开放，中国的建筑师本身的资质成为取得设计权的基本依据，建筑师除了应对国内的竞争之外也开始置身于国外建筑师竞争的高端设计市场中；其四，由于国际形势的改善，东部沿海地区重新获得优先发展和建设的机遇，江苏成为除了特区之外发展迅速的省份之一。经过改革初期的磨合和探索，中国加入了经济全球化的进程，利用廉价的人力资源成为世界的加工厂。通过这一阶段资金的积累和建设的探索，中国在20世纪90年代后进入了城市化的快速发展期，城市化率由1978年的17.92%发展到2000年的36.22%，2011年达51.27%。[①] 江苏则从低于全国平均值的1978年的13.73%到2000年的高于平均值的42.3%，再到2011年的61.9%（图9-2-1、图9-2-2）。2015年江苏城市化率达到65.2%，高于全国平均水平10个百分点。[②] 各个城市都能看到忙碌的建筑工地。在建筑设计人才市场面前，中国办有建筑学专业的高校从1978年的8所发展到2015年的300余所就是在这样的格局下进行的。

改革开放后的城市建设大致可分为两大阶段，从1979年到1990年代中期是摸着石头过河的初期，是探索、争论、磨合、积累资金和经验、制定政策、法律法规、技术规程和取得初步城镇化经验的阶段；从1990年代中期到2013年十八大召开并提出新型城镇化口号是第二阶段，是急速的城镇化和城市粗放型建设的阶段。

二、文化遗产保护和传承的社会性运动和城市特色的营造需求

在经历了"文化大革命"十年浩劫和社会停滞之后，江苏人民、江苏的建筑界同全国一样看到了"文革"中那种"否定一切"的观念对社会发展带来的伤害，在此基础上，对长期与世界隔绝与历史切割的现象作了进一步的反思，神州大地充满了认识外部世界、回归历史正常发展的渴望。党的十一届三中全会制定的改革开放路线为国人重新获得外部信息和重温历史文化遗产开辟了道路。

取他山之石和善待自己之玉这两件事或者说与国际接轨和面对国情这两件事并不是永远并行不悖的，尤其是当大规模旧城改造提上日程，当"三年大变样，一年一个样"成为对各级官员的业绩考核要求时，"变样子"成了他们工作的第一要务。此时各城市特色的保存和发展就被置于脑后了。

然而第一阶段就兴起的文化热和旅游经济的繁荣激发

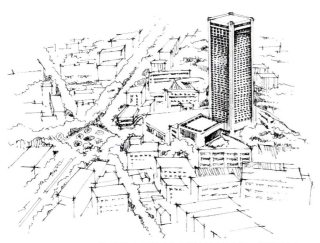

图9-2-1　1980年代的金陵饭店和周边地区（来源：郑珩 绘）

图9-2-2　2010年代的金陵饭店和周边地区（来源：赖坤祺 摄）

---

① 见百度文库"历年城镇化率".
② 见http://economy.jschina.com.cn/system/2015/04/11/024314736.shtml

了对名胜、古迹和风景区修缮、整理的热潮，也激发了传统建筑技艺的振兴。江苏作为江南文化发达的地区，如同在1950年代承担起苏州园林和营造法原的研究和整理工作一样，在国内率先开展了新时期文化遗产研究与传承的教育和科研工作。东南大学带头在1978年恢复了建筑历史研究生的招生工作，1970年代末开始承担起江南多处园林研究、苏州瑞光塔修缮设计研究、采石矶太白楼和采石风景区规划、绍兴沈园修缮和兰亭规划与工程设计等系列的建筑遗产的研究工作和保护工程实践，1980年代带头联合中国建筑科学研究院建筑历史研究所和清华大学承担起国家自然科学基金重点项目的《中国建筑历史 多卷集》的撰写工作，开办了第一个面向文物保护干部的学历教育计划——古建筑保护干部专修科，主持重新编写大学建筑学本科的中国建筑历史教科书，该校建筑历史学科在国内同学科中第一个获得我国国家级重点二级学科的称号，为此后我国民族建筑传统的可持续发展作出了人才培养的特殊贡献。1980年代开展起来的历史文化名城运动中，江苏的名城在第一批和第二批国家历史名城名单中占了10%，江苏的国家级历史名镇则占有更高的比例。苏州、扬州等历史名城规划和建设过程中动员了国内大量著名专家和高等学府的教授参与，共同"会诊"如何在旧城改造更新中整体保护名城的历史文化遗产，为我国的名城保护积累了重要的经验。至21世纪，苏州的历史城区已经成为国家名城保护的示范区。江苏的风景区建设成为早期我国风景区规划和建设的先行者。这些无疑为传统建筑文化遗产的传承和拓展提供了基础性的条件。

文化热还推动了建筑业本身观念的改变，1970年代以前建筑被看成是艺术和技术的综合，而1980年代以后，建筑观念获得调整，被看成了文化的载体。这样，不仅需要珍惜那些真实的物质载体，也需要揭示及弘扬它所承载的历史文化价值和信息。思想桎梏的解除和现实中旅游业的刺激使人们认识到，建筑遗产所承载的无形文化可能且应该向更大范围的地区辐射。人们极不满意前一历史时期大多数建筑中的低标准、无个性和灰头土脸的建筑形态，也不满足于新时期急急忙忙提高建设标准但依然无个性且日趋同质化的建筑风貌。置身经济全球化竞争中，每个城市的管理阶层都必须亮出自己城市的优势和骄傲，地域文化日趋获得重视。当每个城市的规模都在改革开放后膨胀了三倍以上之时，当惋惜过多地拆除掉原来低估了的历史建筑而无济于事之时，提高城市新区的地域文化含量就被提到了日程之上。采取的基本途径或方式有三：其一，围绕名胜古迹区兴建新的仿古建筑或环境小品，甚至新建起完整的古街以用作商业开发；其二，通过重要的标志性建筑、景观建筑或者重要的文化类公共建筑的形象，尽可能表达地域的历史文化特色；其三，对于大量性、普遍性的建筑，通过改善环境和设施，在原来既有材料、技术、空间组织和细部特征优化的基础上，为城市提供更适应地域气候、地理环境、植被、民俗、心理感受、历史记忆方面需求的建筑。在这三种方式中，第一种如果不涉及受保护的历史文化街区，这类被称为"假古董"的风情街并不违法，其问题一如红楼梦里那句话"假作真时真亦假"，用得多了会使真正的历史街区和古迹名胜也不被游客信任。第二种方式的应用范围毕竟有限，它可以形成标志，但不能形成整体风貌。而第三种则较容易和未来的节能低碳环保等目标结合，有可能形成城市的整体风貌和环境特色。

三、江苏地域传统建筑文化传承的探索态势

承担传统建筑技艺传承研究的是一组由政府主管部门、学者、文物保护专家、工程师、古建或园林工程公司管理者、匠师或技术工人组成的较小的专业人士队伍。虽然他们的工作赶不上城镇化对原有城市文化遗产拆除的速度，虽然年老的专家和工匠日益稀少，但仍然做了不少工作和取得了一定的成绩。例如苏州建立起的多个古建工程公司和其中的人才培养基地——香山坊和古建筑联盟，以及苏州园林局承担责任的联合国教科文亚太地区文化遗产培训中心；还有如东南大学等高校建筑历史学科几代学者和研究生的大量研究成果。

传统是一条河，它从远古流淌过来，不断吸纳汇聚与淘汰，流到了今天并将流向未来。传统不是简单的过去时，传统是现在进行式，一些部分失去了，又有一些部分被添加

进来。江苏传统民居在近代就适应社会生活、家庭构成、材料与结构等方面发生了巨大的变化；中西合璧的住宅、园林式住宅以及各种院落式住宅共同构成了江苏传统居住建筑遗产。当代对传统建筑技艺的继承同样发生了不少变化；由于防火需求，大量原来的木构做法被用钢筋混凝土模仿，传统工艺与传统材料的衰败与退化既造成了传统技艺的危机，也促成了模仿它们的新工艺诞生。如果不是修缮文物，则这种新工艺的诞生并非坏事，他们为高层、大跨和各类新式古风建筑的文化表达创造了条件。

承担起传统建筑文化在当代城市新建筑中的弘扬和光大任务涉及的部门和人员则更多、更广泛，就建筑设计而言，随着第三、四代建筑师的淡出，大量50后、60后、70后、80后的建筑师和学者逐渐成为承担这一任务的主力军。和他们的前辈不同，虽然他们多数并不熟悉传统木构建筑的具体做法，但有远比前辈建筑师更为丰富的设计实践机会。开放政策带来了外部世界的丰富信息与理念，包括20世纪80年代和90年代以来潮水般涌进的西方建筑的新古典主义、文脉主义、隐喻主义、批判的地域主义、解构主义以及符号学、行为学、类型学这些从现代主义到后现代主义的建筑流派与方法论的利器，加上新一代的国际舞台上的大师及其作品都如同走马灯似的在中国建筑设计市场和学术舞台上巡回演出。选择和转化才是真正的困难，对武器的批判转变成寻找批判的武器。在新时期建筑创作的新格局中，"政治紧箍咒"松套，将风格问题上纲到政治问题的做法在管理操作层面已经被转变为是否符合设计任务书或者招标文件或者甲方意图、是否有经济效益的问题。而业绩需求和市场需求驱动下的大量急功近利的甲方热衷于"眼睛一亮"、"三十年不落后"、"和国际接轨"，尤其是要求满足"深圳速度"带动起来的前无古人的高速度的设计与施工工期，因而设计方案是否被采纳决定了大量设计者的设计取向。因此新时期的关于设计中风格问题的讨论在多数设计者和学者间存在断裂，在实践和理想之间存在断裂。多数设计是按照最佳性价比模式赶任务、赶工期完成的，是和中国设计市场的生态状况相关联的，因而同质化是难免的。然而高层次的建筑文化的探讨与避免城市面貌同质化这两大问题依然激起了不少建筑师和学者深入和视野宽广的思考。这种设计思考与"文化革命"前完全不同，主要表现在以下几个方面：

其一，不再满足于简单的风格讨论，不满足于简单的"中而古"、"中而新"、"西而新"这样的分类，渴望新的融合，渴望民族文化传统与时代精神的汇聚，渴望中和西的共存、碰撞和有机的融会贯通，设计应该结合具体的环境决定其设计取向而不是动辄风格定位，认为品位高于风格，设计不论中西都可以做得与环境相适应；其二，不满足于将外部风貌和内部风貌割裂开来的两层皮的做法，希望将表皮和内囊尽可能一体化考虑，一气呵成和一以贯之，认为新时期建筑应该高度关注和首先关注建筑设施的更新、功能的完善以及一系列可持续发展中的技术要求，不赞成将风格取向作为方案选择的圭臬；其三，不满足于笼统的民族风格的泛泛而谈，关注和地域、环境、历史文脉相联系的地域特色在建筑环境与建筑空间上的创造，认为建筑文化应该是当地居民可感知、可识别、可勾起记忆的而不是宏观的风格定位能解决的；其四，不满足于停留在屋盖形式、斗栱构件的简单模仿，而是寻找适合所在地域且与项目特定功能相融相洽的其他形式以及特有的材料和技术细节的表达；其五，不满足于符号和标签的到处粘贴，而是关注于建筑特有的空间与环境意境的地域性创造，不满足于视觉的刺激而是探寻心灵的感动。因此，新时期粗放型的城市建设与建筑营造虽然与理想存在断裂，但其先进者的探索已经大大超越了前一个历史时期的水平，达到了新的历史高度，已经可以为今后新型城镇化中的集约化发展提供借鉴和方向。江苏省这方面的案例将在下文中具体介绍与阐释。

建筑的制度文化是建筑创作顺利开展的基本保证，伴随着人大、国务院、住建部依法治国所出台的一系列建设领域的法律法规，江苏省住建厅和文化厅系统在省一级的管理层次上为江苏建筑文化传统的传承做了大量的工作。在历史文化名城的规划与建设管理中，江苏的名城、名镇、名村的保护规划都是由省建设厅直接组织评审，在20世纪90年代初就在名城规划的要求中明确了"五图一表"的现状调查基本资料名录；保证了名城规划建立在可靠的物质遗存分析基础上，为规划做到有效保护建筑历史文化的真实载体提供了法定的基础。规划的实施虽然由地方政府操作，但省建设厅通过听取人民群众来信来访意见及派出专家了解情况以及对修改规划作出程序性规定，减少了规划实施中的任意性和大拆大建的可能性，同时坚决落实国务院总理和建设部的相关批示，听取专家意见，调整规划和建设方案，及时解决在快速城镇化进程中发生在南京、常州等地的旧城区改造过程中动作过大带来的问题。并以此时机深化江苏各名城历史街区和历史建筑群中的保护措施，在后来新一轮的规划中扩大保护范围，增加保护对象，调整就地平衡建设模式，建立新的财政转移支付制度，改变以GDP考核名城领导干部的制度等，形成了一系列的保护历史文化资源的制度模式。2008年，江苏省建设厅（现江苏省住建厅）率先编制了历史文化街区保护规划编制要求，落实了各历史文化名城的核心部分保护的法制性的基础性工作。江苏省文化厅文物局在全国第三次文物普查工作中和在第六批、第七批全国重点文物保护单位申报材料的准备方面也位列全国先进行列，并推动了江苏非物质文化遗产保护条例等的颁布。在2008至2012年大运河遗产保护规划和申遗的重大文化工作中，江苏作为大运河申遗联盟所在地省份和国家文物局的先行试点省份，发挥了核心作用和示范作用。可以说江苏在完成中央要求的率先全面建成小康社会、率先基本实现现代化任务的同时，在保护江苏历史文化传统中的物质和非物质遗产的领域内做了大量的工作，取得了突出的成果。

在建筑设计过程中如何通过制度建设或管理来加大传统建筑文化传承的可能性？江苏在这一方面也作了努力，省建设厅除了通过名城规划、城市景观规划中对新区新景点的要求和原则阐述外，还做了进一步的尝试，例如2014年和2015年连续两年举行了有建筑文化创新意义的紫金奖文化创意设计大赛活动。这两次活动吸引了上万名参赛者报名参加，有力地促进了留下乡愁的城乡发展思考，有力地激发了建筑设计界，特别是青年设计师们在新的城乡环境建设中探讨用创新型的设计方案来传承传统文化的热情（图9-2-3，图9-2-4）。但总体而言，各城市对涉及文化传承的具体设计方案仍然是个案研究，通常交由各城市规委会或特邀的专家组提出意见和建议，然后再行决策。建筑设计本身的矛盾性说明，设计永远都不是唯一解的，不可能指望用工具理性的态度和制度来解决，更不可指望权利决策能解决此类矛盾。我们仍然必须遵循古人营国、造物、制器观念中强调的"三才"的因素分析方法，由建筑师通过对设计中涉及的天、地、人的因素或者说自然因素和人文因素、技术因素的具体把握来完成对文化传承的探讨。

图9-2-3　2014年江苏紫金奖文化创意设计大赛金奖作品《历史遗迹上的生态公园》

图9-2-4　2014年江苏省紫金奖文化创意设计大赛学生组三等奖作品《双塔记》，利用工厂废弃的冷却塔改建成的旅游设施

第十章 江苏当代传统建筑文化传承中的自然策略与案例

历史上不同地区之间的人际交往和商品流通受交通运输方式等的局限非常明显，乡土建筑不会离开特定的"在地性"；从特定的地理气候环境中产生的适应性空间形态以及地域物产禀赋带来的建筑材料就地取材，由世代相传、因袭式和实效性的建筑建造方式，因特定社区生活圈为基础的生活和审美习性造成"五里不同俗，十里不同风"的地域差异，也就是通常意义而言的历史性与地域性。

因此从传统建筑文化的传承而言，如何与地域建立恰当的场所关联和生态关联，如何体现对江苏自然环境和山水环境的尊重，是城市发展与建筑设计的核心策略。

这一策略包含传承各地建筑中与气候、地形等环境因素相适应的地方智慧和传统做法，承袭传统聚落建筑形体、微气候环境、物质和能源统筹规划的整体思维，以及摒弃体形规划与环境控制分割的传统设计理念。设计中应考虑以下几方面的关联因素：

其一，生态关联——认识地方生态系统的构成与特征，理解其与建筑环境的关联，在对水、风、地形、植被、材料和能源的统筹规划中，构建具有整体生态性能的优质建筑环境。充分考虑地方气候进行建筑设计，归纳传统经验并提炼传统建筑的原型，应用现代方法和技术进行气候适应设计。

其二，环境关联——包括水和山两大方面。水：在规划层面，要关注太湖平原水系的交通和生活功能下降而生态功能上升的问题；在城市层面，要尊重原有水系，尊重原有城乡水系的历史和自然形态，在有条件的地段保持传统的水街、水巷风貌；在建筑层面，要提升水系的生态景观功能。山：在规划层面，要保持聚落与周边山体关系的历史和景观形态，控制视线走廊，控制建筑体量与高度，控制区域天际线；在建筑层面，要注重建筑体量与地形的结合，注重对自然山体景观的利用与彰显。

其三，历史关联——在规划层面，要尊重城乡的历史形态，避免过分物化的城市发展，强调城市形态的逐步变化与演进；在建筑层面，强调对地区建构传统的延续与提升，强调对地区空间类型与氛围的提炼与重塑。

其四，资源关联——充分利用地方资源和材料，不仅包含对地域性建材的利用与改进，也包括积极利用旧建筑，节地、节水、节材。地方材料因地制宜，因材致用，取材方便，减少了运输环节，节约了能源消耗，利用地方资源和材料不仅具有很好的经济效益，其环境效益也不可忽视。而既有建筑的再利用，不仅使施工阶段的造价有所降低，也可以减少使用过程中的维护费用，同样具有很好的环境效益。

以上这些关联可以从城市和建筑发展的宏观对策与建筑设计的中微观的设计策略两方面来论述。

第一节　城市与建筑发展中对自然环境的呼应性策略

自然界由物质和能量构成，风、水、地形、土壤、动植物、材料和能源以及它们的相互关系构成了各地的生态系统。建筑和聚落是人对自然环境的干预，认识地方生态系统的构成与特征，理解其与建筑环境的关联，从而能在对水、风、地形、植被、材料的统筹规划中，构建具有整体生态与环境性能的优秀建筑。

一、城市发展中的环境保护与整合性方法

传统聚落的营建，从选址到房屋的建造以及内中的生产生活，无不体现出与当地生态环境取得关联、谋求和谐的智慧。巧妙因借自然的禀赋，采用适宜可行的建造技术，趋利避害，营造出体现朴素生态理念、与环境和谐共生的人居环境。

在江苏境内，因水而聚，理水而成，依水而兴，水与城市与聚落的生长息息相关。在当代工业化背景下，城市快速发展的条件下，江苏区域的聚落建筑与水系的保护之间经历了忽视、破坏而后重新重视与共存的过程。这些正反两方面的经验可以概括为：

其一，保护延续城市建筑与水系环境的历史格局。

运河贯穿江苏全境，其命运堪为典型，折射出江苏地区聚落与环境之间的关系在当代的发展历程，折射了江苏现代城市建设中理水观念的变迁。水系的交通和生活功能下降的趋势中，如何延续建筑与聚落的自然关系和文化特色，是值得思考的问题。以无锡为例，古运河在无锡市中心城区长达11公里，自西北绕城至东南，运河曾经是城市发展建设的主动脉，也同城墙一起勾勒出城市的轮廓。城内水系与运河沟通，形成为"一弦两弓九箭"的历史水网格局，以城中直河即古运河为主干河道，在城墙内有环城弧形的里城河，直河与里城河之间又有多条横向河道连接形成的网络。其间东西向、像弓张箭发状的河道统称之为箭河，共有9条之多。但在近代步入工业化以后，随着水系交通功能的降低，生态环境恶化，城市道路的建设，自1950年代始，九条箭河均被填埋后置换为煤浜路、新开河路和槐树巷路、学前东路、东河头巷、崇宁路、田基浜路、人民东路，运河的一部分，城中直河也变成了中山路，水网城市的形态不复存在。直到20世纪80年代，初步认识到运河的历史价值，开辟"古运河水上游"的旅游线路，但是依然没有采取积极有效的措施保护水系生态，以至于民国时期沿运河布局的工业体系发展扩大，使得水质污染和环境进一步恶化。1990年代以后历史文化遗产的保护意识开始加强，伴随着城市发展的转型，运河带的工业逐步关停迁出，整治古运河环境成为城市的重要发展对策。1990年代中期，后古运河段中由吴桥至南门、清名桥6.6公里的河段，被江苏省政府批准为"无锡市古运河历史文化保护区"。进入21世纪以来，水系的生态价值和景观价值被进一步认识，全面的生态保护开始进入日程，无锡开始有计划地保护环城古运河的自然和历史环境，提出"以人为本，以水为魂，以文为根"的观念，再塑城市历史空间架构。沿运河一系列的民国工业遗存被保护，再利用为博物馆、纪念馆、商业公共和休闲空间，清明桥历史街区的保护，惠山古镇的保护，祠堂群的申遗，伴随着一系列的环境整治和功能置换，运河水系作为城市公共景观空间形态得到彰显，再次成为城市的中心。

其二，当代城市发展中对自然山水环境和谐共生策略的传承。

在城市的扩张中，新区的建设往往依托于自然山水环境，发挥山水资源优势，传承传统城市发展形成的与山水环境的共生关系。苏州的苏州工业园区的发展依托金鸡湖，南京的河西新城规划也同样如此。新的规划建设区域位于南京西南，北起三汊河，南接秦淮新河，西临长江夹江，东至外秦淮河、南河，总面积约94平方公里，其中，陆地面积56平方公里，江心洲、潜洲及江面38平方公里。河西新城规划定位为商务、商贸、文体三大功能为主的城市副中心，规划突出一个现代文明与滨江特色交相辉映的城市新中心和

现代化新南京标志区。河西新城区划分为北部、中部、南部以及西部江心洲四个地区。其中江心洲位于新城西部，隔长江夹江与滨江风光带相望，定位为"以绿色开敞空间为主体，以休闲农业和特色旅游为主要职能"，重点突出"农"和"水"为主要特色的农业休闲观光旅游，目前处在规划阶段。河西新城的规划建设使得南京城真正成为充分依托长江自然和景观资源的现代滨江城市。

但我们也可以看见快速发展的城市布局中，由于缺乏对自然山水环境的尊重而造成的遗憾，如南京万科金色家园小区，位于秦淮河和莫愁湖之间的二道埂子，出于对城市扩展的渴望，而缺乏深入的环境探讨和控制，建成的高层小区割裂了城市历史与景观之间的联系。而在玄武湖周边，也可以看见这种无视山水环境的历史渊源和价值的建设工程，如超大体量的太阳宫建筑和金陵御花园的高层住宅建筑。

但伴随城市发展认识的深入，对自然与人文环境的尊重日渐成为城市聚落规划建设中的核心命题。为了保护南京城墙和玄武湖的景观和历史环境，2014年南京将12层的台城大厦拦腰砍掉6层，从7到12层都保护性拆除，改正了对自然人文环境的错误认识，成为新的典范（图10-1-1）。

其三，城市发展中对历史与环境资源的再利用策略。

江苏建筑文化的自然策略传承的另一个重要环节，是对资源和物产的重视与珍惜。江苏地域内的乱砖墙体的砌筑方式就体现了这一传统，原有的建筑损毁了，其砌筑用的砖可以不断地被再次使用，以至于在晚期的墙体上可以看见不同尺寸、不同材料、不同年代的砖混砌在一起，匠人娴熟的手艺，更将这种砌筑方式变成了一种艺术。

工业遗产和既有建筑的再利用是这一自然策略在当代的体现。依然以无锡作为例证，无锡运河沿岸的历史工业建筑大多得到了保护和再利用。茂新面粉厂位于无锡运河边。地块内三幢厂房以及办公建筑由华盖事务所设计，是近代民族工业发展历史的重要佐证。小麦仓库、制粉车间、办公楼三幢建筑于2002年被列为省级文物。无锡中国民族工商业博物馆以无锡茂新面粉厂的文物建筑为基础，新建序言厅。紧邻工商业博物馆新建城市展览馆，在展览馆与博物馆之间布置内院，用来室外展览工业机械。保留的1990年代的办公楼围护墙体全部拆除，保留结构，重新进行立面和内部空间设计，作为展览馆辅房和办公使用。规划设计将四幢建筑对比与统一并重，新老建筑之间彼此对话，形成有机和谐的建筑群体。沿运河类似的项目还有无锡第一棉纺厂、国棉四厂改造成商业综合体，协新毛纺织厂改造成无锡市保护工业遗产基地等，运河由近代历史上的工业汇集带转变成可居住城市的核心区（图10-1-2）。

图10-1-1 南京台城大厦降层后效果

图10-1-2 茂新面粉厂修缮后外观

二、建筑对环境的顺应与回应的设计方法

回到建筑设计，结合地方气候环境，解读并呈现地域的环境氛围，是建筑回应自然的主要方式之一。传统建筑的经验已经告诉我们，在建筑创作中，地方气候条件是最重要的设计依据之一。传统建筑往往采用被动式的方法与环境气候相适应，节约了常规能源，也形成了地域建筑基于气候的空间与形态特色。当代建筑对传统继承的重要策略之一，就基于对传统的气候适应手法进行总结，积极利用阳光、水、空气、土壤和植物等环境资源回应自然，创造符合地方气候特征的宜人的建筑物理环境。现通过具体案例对相关设计方法适当归纳：

其一，基于传统气候适应方法的平面形态处理策略。

在当下人工环境调节技术不断发展的背景下，研究传统建筑对环境的适应方式，并转化成现代建筑的空间组织模式，尤其是对传统院落方式的传承与延续。建成于2009年的江阴南菁中学，其设计就在庭院与灰空间类型提炼上进行了新的尝试。院落空间在江南建筑中的气候应对渊源，成为设计的主导策略，并且院落和灰空间正好提供了开放式教学的交流空间，更应对中学前身南菁书院在当时营造的研究院式的开放教学模式。通过在建筑尺度上呼应传统书院，以1~2层为主，通过贯通的长廊与天井结合，形成遮阳的空间和气流的通道，延续了传统的气候适应手法，有效地形成传统空间类型的延续与形态表达（图10-1-3，图10-1-4）。

其二，基于传统气候适应方法的立面形式处理策略。

通过巧妙设计综合解决江苏夏热冬冷的通风、遮阳和隔热等问题。对环境的呼应，也可以成为形式产生的来源。2001年完成的南京大学陶园研究生宿舍是一个高密度的单元式居住建筑，南京是典型的冬冷夏热地区，夏季湿度很大，自然通风对于暂时还不能安装空调的学生公寓而言非常重要，但保暖也是需要考虑的重要因素。设计采用每两个房间合用一个凹阳台的组合方式，同时在阳台之间布置卫生间，使得主要房间没有直接对外的墙面，有助于冬夏两季保暖隔热，同时也利于卫生间对外通风。阳台是多意的，它可以作为两个房间之间的客厅，同时也是晾晒衣被的地方，对应于传统的院落空间。在这个意义上，阳台外表面木百叶的

图10-1-3　江阴南菁高级中学长廊

图10-1-4　江阴南菁高级中学长廊与天井组合

采用是自然而然的选择，它可以在需要时阻断两幢分别是男女宿舍的建筑之间的视线干扰，使得学生们在普遍的公共生活中能在需要时保有一份隐私，而同时又不影响通风这一基本功能的实现。杉木百叶的运用在回应地区气候环境的同时，形成了独特的立面肌理效果。

苏南一带为应对高温高湿的夏季，院落成为通风组织的核心，建筑与院落之间的界面往往仅由一层可以全部开启的隔扇门窗分隔，很多具体的情况下，这些隔扇还可以被完全取下，室内外的边界具有很大的模糊性。在当代的建筑实践中，这种立面的特性也不断被挖掘和再处理。苏州苏泉苑茶室建成于2007年，其立面处理就是对江南地区传统界面建构传统的当代演绎。这座入口处可能用作茶室的建筑被设计成了一个镶有长条木窗的青砖构成的匣子。构成苏泉苑茶室外墙的界面有三层，但最重要的特性是都可以被打开，都同时具有实与虚的特性，可以在恰当的时间引入风与光线。最外一层，是可旋转的双层木隔扇。第二层界面是隔扇背后的可平移拉开的玻璃门。第三层界面是，在木隔扇敞开时，柱网间构成了一条尺度在1米左右的侧廊（图10-1-5，图10-1-6）。

其三，结合气候与环境特征的空间和形态处理策略。

建筑更通过形式语言表达和空间关系的组织，积极地回应地域自然环境氛围。

2012年，昆山有机农场系列——采摘亭，作为环境背景的有机农场平坦开阔，天空和阳澄湖水相交而成的地平线在视野尽头绵延展开，设计强调"水平"，以回应场地印象，水平的关系被漂浮的金属挑檐进一步强化，挑檐下方的区域成为建筑和自然景观之间的过渡空间，类似传统建筑的檐下空间，使建筑和自然的边界不再生硬。竖向竹木格栅和玻璃墙面的组合，让建筑的垂直界面呈现半透明的状态，在天气宜人时，由玻璃旋转门组成的两道建筑外墙可以全部打开，此时建筑的内部空间将会最大程度地融入农场的自然之中。整体建筑形态和空间所呈现的安静、轻与纤细、通透和灵动，与理解中的江南地域的自然环境气氛相吻合（图10-1-7~图10-1-9）。

空间和形态的处理来自气候的应对，也呼应了地域的性格，形成特定的场所性对策。类似的案例还有2014年完成的无锡阳山田园综合体1期——田园生活馆（图10-1-10），通过对原村的保护与更新，它扩展了现有的农村生

图10-1-5　苏泉苑立面局部

图10-1-6　苏泉苑廊道

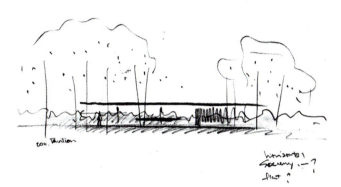

图10-1-7 悦丰岛有机农场系列——采摘亭设计草图

图10-1-8 悦丰岛有机农场系列——采摘亭界面

图10-1-9 悦丰岛有机农场系列——采摘亭夜景

图10-1-10 无锡阳山田园综合体1期——田园生活馆

活场景。其设计目标通过充分探索景观现场，寻找新的建筑和环境之间的平衡，充分尊重原始的自然和文化资源，创造属于特定的地点和时间的建筑，为新生的"乡村生活"的生活方式提供适当的空间形态。农村生活馆的空间构成想法来自传统建筑空间原型——园林空间，东、西立面由实体墙进行封闭，从南到北为开放空间。东、西立面墙设计的特点采用了当地一个象征性的元素——桃花，以桃花图案的空心铝板覆盖建筑表皮，建立了建筑的双重形象以及白天和夜晚的不同景象。从空间、建筑形态、材料、表皮的建筑综合要素，强化了当代的乡村生活在历史和未来之间的链接。

其四，场所性表达的象征性策略。

在气候与环境的适应性设计策略中，场所性也可以体现为对地域地理环境符号的抽象表达，2009年完成的盐城中国海盐博物馆就是这样的一个例子，设计者将建筑形态抽象化地表达煮海为盐的场所特征，广阔的滩涂是海盐生产的独特的环境，设计试图将建筑元素融入到这一独特的环境之中，造型试图演绎海盐的"结晶之美"，建筑体量通过晶体的组合叠加，结合层层跌落的台基，就像海盐的结晶体随意地散落在串场河沿岸的滩涂上，形成了鲜明的性格，也明确地建立了与环境与历史的呼应（图10-1-11）。

第二节 建筑对山水环境的呼应性策略

尊重各地的山水格局和自然地形特征，继承历史形成的山水城市风貌，在与地形地貌的巧妙因借中，挖掘并彰显潜

图10-1-11 中国海盐博物馆

在的场所精神，也是当代建筑设计传承传统的有效策略。

自然地形与山水格局是塑造和影响各地区建筑文化和城镇建筑地域风格的重要因素。一个地区其明确突出的地形特征会潜移默化地影响人们的空间认知。历史上各个地区人们的理想空间图式在很大程度上与当地自然地形和山水格局相关，它们决定了人们对聚落和建筑的选址以及建造的传统和图景。

适应地形是保护山水环境的第一步，应以不损害或者是轻微损害为原则对场地植被、土壤实施保护。景观是构成自然生态系统与场所特质的组成部分，特定的地形地貌本身就是一种自然风景资源。而在当代，人们习惯用推土机一类的现代化设备对地形地貌进行改造——因为平地是实施标准化施工的最经济的先决条件。这使得建筑不顾地形，与周围环境形成对峙的姿态。人工环境的嵌入不可避免会对所在场地的自然环境造成影响。避免建筑非理性的自我表现，尽量减轻对重要环境的负面影响，最大限度地维持自然地形风貌；或者利用地形，使得建筑与环境有机地融为一体，这是山水城市环境策略的核心。

自然地形与山水环境是其中重要的因素。建筑与自然地形的相互关系中包含两种基本的方式——形象化和象征化。

形象化是聚落与建筑对于自然环境中显在或潜在因素的利用和表现，这是一种较为直接朴素的作用方式。聚落与建筑通过单体的形式和聚落的组合，直观地反映自然环境的构成，体现地域环境的特征，形象化地表现风景的特质，从而形成地域的特定形态和构成特征。建筑与聚落的形态结构与自然地形特征之间的逻辑关联可以称为"缘地性"。从本质上说，缘地性来自建筑中空间和地点的契合，因此对地区自然地理环境和场所的解读与回应是当代建筑塑造各地城镇建筑丰富的地域性特质的重要手段。

象征化是建筑与自然关系中更深层次的相互作用。它超越了单纯的物质层面和简单材料的对应与制约，引入了文化的向度，从而把地区建筑系统中的自然因素和社会文化因素交织起来，在与自然地形历史性的时空关联中，构成地域理想生活的图景，它既是一种图式，也是一种目标。在它的驱使下，建筑利用地区条件的有利因素，克服和弥补其中的匮缺与不足，在对地区条件做出回应的同时，对自然环境和人文环境施加反作用，因此使得在一定的文化地理范围内，场所的建构依循一种普遍的法则，建筑与聚落表现出一种共同的特性，这种特征来自历史的漫长岁月，并不断烙印在地区场所中。这就是地区建筑的"文化构成"和"地域建筑风格"。

一、建筑以山水为背景的方法

山水环境由于其景观效应，为身处其中或位于其畔的建筑提供了绝佳的背景环境，江苏是江河湖海汇聚之地，对水的尊重使得建筑与水系水体形成紧密的关系，并成为有效的环境处理手段。总结下来，独特的造型，曲线的运用，水平性的体现，是此类建筑通常采用的手法，而水体自身与环境形成的氛围，更叠加上历史的因素，往往成为建筑形体策略和表达的来源。

在较大的水面旁，低密度而大体量的建筑为了达到地标效应，往往选用夸张的曲线造型，与水平而单一的水面形成对比。譬如无锡大剧院，建成于2012年，设计思想来源于选址与水体的关系，基地位于太湖北岸的人造半岛上，建筑希望通过特异化的造型来形成标识性，即使如此，依然强化了水平性的处理以呼应水体（图10-2-1，图10-2-2）。为了与太湖的水面景观产生对比，设计采用了非常规的造型，整体形象塑造上采用八个巨大的翼状屋顶远远地伸展出立面，赋予建筑蝴蝶一般的外观，但大而深远的挑板，很好地强调了造型的水平性，与水面的延展形成统一，而翼板内藏的LED灯进一步强化了戏剧性的效果。金鸡湖上的苏州科技文化艺术中心是更早的例子，同样具有水平延展的曲线形态外观，其外形呈"新月牙"状，与金鸡湖湖面相呼应。通过开口向湖心延伸的椭圆形造型，设计的构思强调"一颗珍珠、一段墙和一个园林"，以期呼应地域、地方物产、文化传承，但大面积的曲面玻璃幕墙，外墙上参数化的镂空处理、核心的异形玻璃体量，和上述的无锡大剧院表达着同样的场地设计策略。这一策略表现在平缓的曲面、水平性的强调和内敛的色彩的处理手法,显然来源于江南平远、宁静、柔美的湖泊水面决定的环境氛围(图10-2-3)。

类似的建筑处理中,中山植物园南园二期也是较佳的例子,前景湖水面积不大,但近旁的城墙提供了绵延而水平的天际线,强化了水面的延展感,作为温室的建筑理所当然地选择了全透幕墙作为表皮,建筑平面写仿树叶,曲线形的侧面幕墙有效消减了体量感,同时也强调了与水面和周边城墙类似的平行延展效果。2010年的江苏盐城的水边会所则是另一类的处理手法。环境水面不再浩渺,只是盐城大洋湾的一条小河,但延伸的地平线、静谧的水面、茂密的芦苇等共同营造了场地宁静、纯粹的场所氛围,如何恰当地介入这一水边环境是设计的焦点。建筑以一种谨慎的态度处理场地,通过一个在水边树丛中透明的玻璃盒子,以曲折的形态在树丛中与水岸边顺其自然地"游走",时而贴附于地面,时而又轻轻抬起,如传统的廊道一般,与水面形成退让、叠加、互含、轻触的关系,水平、轻、透,屋顶的漂浮感进一步强化了这种体验,更使人可以在不同高度和视角来体验环境的同时,实现了建筑与水体微妙地、恰到好处地融合(图10-2-4,图10-2-5)。

相较于水,山体的竖向体量更容易影响建筑的形态处理,作为背景的关照,与建筑的呼应关系以及体量对比关系

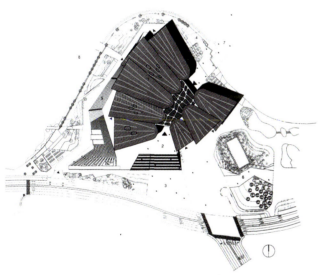

图10-2-1　无锡大剧院总图

图10-2-3　无锡大剧院

图10-2-2　无锡大剧院鸟瞰

图10-2-4　水边会所鸟瞰

图10-2-5　水边会所外观

图10-2-6　龟山汉墓

是设计中无法回避的问题。具体的策略包括在山体周围重要视线走廊中控制建筑高度，控制区域天际线；在近山的建筑中关注体量与地形结合，恰当利用地形；在材质上对山体的照应。龟山汉墓入口建筑堪为典型，在满足展览功能和墓道遗址入口功能的基础上，建筑设计通过压缩体量，水平展开处理体量，照顾与后侧山体的关系，与山体形成有机体量组合，使得不高的龟山依然在场地中体现完整的体量感，成为视觉的中心。同时建筑物在立面及造型上引用汉代建筑语汇，材料上对青石的选用，敦厚的体量感也与后侧山体的质感相互协调（图10-2-6）。

二、建筑顺应、强化山水形态的方法

传统建筑与山体的结合中，建筑一方面适应了地形，另一方面也补缀了山体，营造出人工化的自然景观，徐州的户部山民居和无锡惠山寺旁的天下第二泉建筑群都堪为典型。在这里，山因为建筑的层叠构筑而别具风景。

在当代的建筑实践中，也可以看见同样优秀的案例。其中比如鸡鸣寺建筑群，完成于20世纪90年代中期，就有对传统的形式和空间形态的进一步诠释。寺庙轴线沿山脊向上延伸，建筑群以院落和台地的方式顺应地形和山势展开，并以一座造型优美的混凝土结构的药师塔作为视觉的统一和焦点。整组建筑群虽然采用古代建筑形式，但谋篇布局，体量处理及细节变化上均手法成熟，空间紧凑而富于变化，建筑群仿佛自山间生出，与山体融为一体（图10-2-7）。

另一个类似的例子是南京狮子山阅江楼（图10-2-8）。阅江楼位于南京市西北长江边的狮子山上。历史上有记而无楼，宋濂的《阅江楼记》作于六百年前的洪武年间，新的阅江楼的建设的选择更多是来自山体与江的关系。建筑选择了明代官式风格的楼阁建筑，但设计的核心却是对体量组合，建筑与山体的关系、登山的路径以及观与被观的仔细考量。最终的建筑通过高耸的体量，将狮子山相对平缓的山体形态进行了强化，从而呼应了周边的长江与大桥。

苏州文正图书馆在2000年就将设计的关注点放置在如何让人生活在处于"山"和"水"之间的建筑中。苏州园林的造园思想是王澍设计这座图书馆的着眼点（图10-2-9），按照造园传统，在"山水"之间的建筑最不应被突出，故而这座图书馆将几乎过半的体积以半地下的方式进行处理。从北面看，三层的建筑只能看到两层。矩形主体建筑既是漂在水上的，也是沿南北方向穿越的，而这个方向正是炎热夏季的主导风向。值得强调的是，沿着这条穿越路线，由山走到水，四个散落的小房子和主体建筑相比，尺度悬

图10-2-7 鸡鸣寺外景

图10-2-8 南京狮子山阅江楼

图10-2-9 苏州文正图书馆外观

殊，但在这里，可以相互转化的尺度是中国传统造园术的精髓，建筑与水体之间的关系密不可分，互为一体，园林中建筑与水的关系以一种抽象的方式得以展现，建筑用一种片断的方式使自然的山水形态更加完整。

理想的效果不仅可以通过传统的形式或者空间逻辑获得，实联化工水上办公楼是2014年完成的新作品，就用现代主义的手法，以纯粹的几何形态和坚硬的混凝土对水的形态进行了表达及强化（图10-2-10，图10-2-11）。其形式语言非常现代，外观上是水上两层、总长三百米的流线形体，它那纯净的白色清水混凝土构成了极具雕塑感的体量。它的几何形体和厂房的功能性矩形体量相互对应。而形体的塑造则来自对水的描述，在水面环绕的特殊氛围中，主体的写意扭转形成了诗意的景观。桥梁纵横于蜿蜒的几何形状之间，连接起不同的空间与楼层，也划分出不同尺度的水院。建筑以自身优雅而自律的建筑语汇，宁静地表述着一个实体轻轻触碰到一个虚体——水时所产生的美，表达了水的柔媚与坚韧两种似乎彼此矛盾的属性，以一种新的形式语言表达了建筑与水并置时可以产生的逻辑与可能，水的形态——静谧、塑形、平展——通过水平性的设计语言被充分地表达。

江南地区山体低矮，多为丘陵，但连绵的地形起伏依然是重要的环境体量。在建筑与山体的关系处理中，显山是传统的处理手法，通过采用依山筑造台地的做法，形成层叠的聚落，强化山体的形势。2005年南京/中国国际建筑艺术实践展——客房中心的形态塑造的出发点也来源于此，设计通过对体量和功能的"一分为二"，将接待与餐饮中心的公共部分和客房部分分别以隐蔽和显现两种方式进行处理。其中，将面积难以细分、因而体量无法细小化的公共部分设置在山洼处，使一半的体量几乎消隐，地景化走向的水平尺度和大坝形成了相似的尺度系统。两侧客房部分则并非完全的地下建筑，由于其顺应了洼地的高差层层跌落，且朝向水面打开，所以通风采光有了基本保障，同时享有临水望山的最佳视野，呼应强化了山体的地形，构成顺应山体的聚落形态（图10-2-12，图10-2-13）。

同样的做法也可以在2009年的连岛大沙湾海滨浴场上看到，这座建筑坐西朝东面向大海，由3块搁置在沙滩后方山坡上的"Y"形板体组成。板体之间的叠层和退台将来自南侧入口的人流引导到不同的平台，并为所有楼层提供了壮丽的海景视线。"Y"形板体的上下斜坡形成了多样化的户外开放空间，为不同的功能活动提供了交流机会，建筑体量依托临海的山体，超过百米长度的板状建筑与自然界的山坡交错，仿佛山体的延展，在山和海浪之间建立了尺度上的关系（图10-2-14）。

三、建筑修补山水形态的方法

江苏地产石灰岩，在江南地区分布着数量众多的采石场，获取的石材变成了传统城镇建筑的组成部分，但也在自

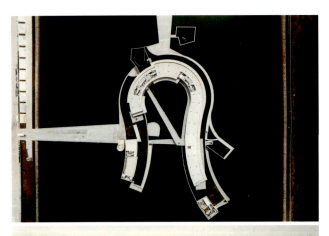

图10-2-10　实联水上办公楼俯视与正视

图10-2-11　实联水上办公楼桥与水院

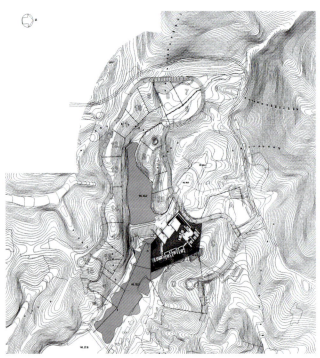

图10-2-12　中国国际建筑艺术实践展——客房中心总图

然环境中留下了疮疤。有时我们需要用建筑来提供对自然环境进行缝补弥合的可能性，这个时候，建筑便与自然山水获得了另一个层面的对话关系。

无锡阖闾城遗址博物馆建成于2014年（图10-2-15，图10-2-16），位于无锡太湖国家旅游度假区，毗邻具有2500年历史的阖闾城遗址。建筑选址以"建筑修补山体"为理念，巧妙利用场地废弃的采石场山体缺口布置建筑主体，最大程度地减小了建筑对现状自然环境的侵扰。同时，竖向展开的博物馆布局也在一个较高的地形上突出了建筑与阖闾城遗址的空间与视线联系。顺应山势的建筑空间序列，穿越建筑屋顶的精心组织的公众登山流线，有效整合了场地现有的景观和历史文化遗存，为城市公共活动提供了重要场所。虽然由于实测地形的变化，建筑前移了10米，与采石宕口的关系不能够完全形成弥补的关系，但缝合地形的初衷和建筑实际的微微疏离，恰恰表达了人工与自然的共生却又不得不互相背离的关系。

类似的还有同一年完成的南京汤山南京直立人博物馆，也选址在汤山废弃采石场的宕口中，与宕口的关系较上一案例更为疏离，在造型上采取对岩层肌理的写仿形态来表达场所感。建筑的水平向展开呼应了水平向的石灰岩地层，以期通过对生态环境的修补和处理，将采石宕口的自然创伤转化成观览的场所。

四、以建筑营造山水形态的方法

山水不仅仅是外在的自然对象，经历了与传统文化的融合与转化，山水自然已经内化成中国传统文化的有机组成部分。尤其在人文底蕴深厚的江苏地区，山水成为地域环境观的核心要素，通过建筑和景观构筑山水城市则成为当代建筑设计中体现人文底蕴，满足当代生活和功能需求的一种手段。

2009年再造的江宁织造府的设计理念是塑造当代城市中的缩微盆景，四周立面为"壳"，中心部分的园林有如核

图10-2-13 中国国际建筑艺术实践展——客房中心与山体的关系

图10-2-15 无锡阖闾城遗址博物馆鸟瞰

图10-2-14 连岛大沙湾海滨浴场分析图

图10-2-16 无锡阖闾城遗址博物馆与山体的关系

桃雕刻，点缀以盆景山水，取中国山水画中深远、高远、平远之意境。其高远处为"楝亭"，其平远处寓意为西园之湖面，整个设计由东南向西北渐次升高。现代建筑化身园林中的山体，作为盆景的基础，而点缀其上的传统亭廊，则成为山体塑形和意象形成的有效手段。设计中将传统中国建筑元素和现代建筑设计语汇相结合，营造了城市山林的意象，在满足现代商业和功能配套的基础上，希冀表现传统文化的深厚底蕴（图10-2-17）。

无锡博物院建成于2008年，位于"太湖广场"中轴线上，设计立意试图表达无锡的风貌特色。设计方案提出了"水光石色"的设计理念，采用波浪状的实体底座和顶部以及中间三个晶体状多面体结构，在虚实、质感、色彩上形成对比。造型厚重，立面线条刚柔并济，以象征吴地山水文化灵性（图10-2-18）。

另一个非典型的例子是用"山水城市"概念包装的南京证大大拇指广场——一个建设中的高密度城市综合体，也是建筑师最近一系列类似作品中的一个。建筑师在对媒体解释其设计理念时，将其表达为从传统中国山水画作中得到灵感而产生的高密度城市开发理念，也就是将自然山水与中国文人的山水画相联系，再衍生为山水城市。参数化的高层建筑形体摹写古画中的山意，围合而成的广场变成了山谷，用瀑布和松树等取自古画的元素点缀。自然的山水经由抽象的概念，变成了城市中具象的风景，形式的写仿背后蕴藏着对传统意境的诉求，画意成为设计的出发点，但商业的诉求决定了其具有的超现实的尺度（图10-2-19）。

图10-2-18　无锡博物院

图10-2-17　江宁织造府

图10-2-19　喜马拉雅中心

第十一章　江苏当代传统建筑文化传承中的人文策略与案例

　　传统建筑文化传承中，人文策略的运用在当代建筑设计创作中是十分重要的内容。在对江苏传统建筑的研究中可以看到，建筑风格体现地域建筑长期形成的视觉特征，传达地域文化的精神内涵。研究各地传统建筑及其装饰的类型、做法和特征性的文化符号，能在知觉层面上凸显地域特色。例如：环太湖文化圈建筑所体现的"清雅精巧柔"的视觉特征，就能较好地传达吴文化的精神内涵。

　　人文，广义上是"指人类社会的各种文化现象"[①]。但在本次研究中，我们主要是关注建筑师从历史文化背景、建筑文化形象及场所精神这些不同的角度进行设计时所采取的一些策略。例如，有一类建筑设计位于各类文物保护单位保护范围或其他影响力甚强的空间范围内或在其边缘，这时，如何借助建筑遗产这一传承者的重要历史信息的物质载体探索新项目的形式，往往也成了建筑师的创新之源。但是，人们的审美观念会随着时代的进步而产生变化，建筑技术也在不断的创新，此外根据中国加入世界贸易组织后接受的规则，大量西方现代建筑师也进入中国设计市场，这种种情况都决定了不可能要求我们的建筑永远是"大屋顶"、"粉墙黛瓦"。一些代表性的建筑往往需要既体现地域文化又体现时代精神，这时候不进行形式临摹，而是通过对地域特色分析进行当代诠释与表达，采用现代建筑的理念抽取传统空间组合的原型，或者从意境的核心层次传达文化内涵并以现代建筑语言来表达的设计创作，就成为建筑创作的重要途径之一。

---

① 辞海编辑委员会.辞海[M]. 上海辞书出版社，2010:1563.

第一节 江苏当代传统建筑文化传承中的人文策略概述

江苏当代建筑自改革开放后，呈现出数量多、精品多及多元化发展的基本面貌。这主要得益于江苏不仅是一个经济大省，也是一个文化大省。在经济改革开放的过程中，江苏的经济发展始终位于全国前列，这促使江苏全省每年的建设量居高不下；同时，江苏不仅有丰富的文化积淀，较高的居民素质，也有国内著名的建筑院校积极参与、引领当代的建筑创作，还有不少国外建筑师积极介入江苏的建设活动，这些都促使江苏的当代建筑文化探讨呈现出繁荣的景象。改革开放30多年来，从"人文"这个角度来考量，江苏的建筑创作大致可分为前后两个阶段。

一、稳重继承与开拓阶段

第一个阶段是从改革开放起步到1990年代中期，这一阶段的特点是，传统建筑文化的当代表达主要依靠老一辈的建筑师，其基本理念是那些经过了从1930年代到1970年代的建筑创作检验后形成的共识，这些创作实践今天看起来虽然量不算大，但建筑师的体会却很扎实，正反两方面反复的探讨使得创作路径较为清晰。他们不赞成动辄用大屋顶来表达传统，而是信守形式和功能的相容相恰，部分建筑师从民居中吸取营养，设计方案灵活自然亲切，这是沿袭1960年代南京工学院无锡建筑之家设计方案时期的创作路线。

改革开放后中国的城市百废待兴，传统文化在建筑中表达的需求就必然建立在较为成熟的创作路线上。在城市建设中最重要的是商业和住宅，这关系到国计民生。在这个时期，以1980年代中期的南京夫子庙商业街和苏州桐芳巷小区为代表，较好地探索了那个时期传统建筑文化传承中的人文策略。

南京夫子庙商业街（图11-1-1）位于老城的秦淮河畔，历史上长期是南京市井文化的集中地，1980年代在建设改造中，拆除了文化革命前的工厂建筑，在文庙原有的遗址上，以复建的文庙为核心向周围扩展，建成了"东市"、"西市"两条商业街。街道建筑以砖混结构为基本结构形式，以商业为基本的功能，以南京和徽州的传统民居为造型蓝本（历史上因徽商的进入，南京建筑曾受到徽派建筑的影响），形成了当时一领风骚的传统风貌的商业街市，恢复了南京城南的传统情调。

1992年，苏州以桐芳巷小区作为历史街区的保护试点，实施了全面改造建设。"桐芳巷"位于双塔附近的古城区，在约3.6公顷的用地范围内，保留原有"街—巷—弄"的传统街区格局，各栋住宅楼则按照住宅功能设计，用砖混结构，细部沿袭苏州传统做法，使新建建筑和小区空间结构从风格和尺度上尽量接近苏州传统，使整个小区与古城风貌相协调，成功地继承了苏州城市的传统特色。以"桐芳巷"为代表的新建街区，采用现代功能、传统风貌的技法在较长一段时间里成为苏州古城更新的主要模式，也被周围区域的住宅区建设竞相效仿（图11-1-2）。

1980年代末到1990年代初的这种民居风格的做法，曾在较长的一段时间内风靡全国。需要指出的是，后来在很多地方泛滥的"仿古一条街"，容易让人联想到粗制滥造、"假古董"这些字眼，而当初在南京和苏州的实践中，却有十分重要的学术意义。因为设计者是来自高校的教师，他们本身对传统民居和现代的商业或居住建筑的设计两方面都

图11-1-1 南京夫子庙商业街沿秦淮河的景色

十分熟悉，同时又在尝试怎样用新的材料（钢筋混凝土）和新的建造方式来体现传统的韵味，他们这一代人不会接受形式主义的路线，又比较重视民间的地域性的建筑文化表达，始终将合理性放在重要的地位，这种实践还刺激了建筑界对传统民居的关注。实际上这种创作思路的作品一直断断续续地延续着。

二、多元探索的新阶段

第二个阶段是多元探索的阶段，大致从1990年代开始并不断地拓展深化直到新的世纪，这个阶段是随着我国大规模城市化进程的推进、现代建造技术的发展、现代建筑材料的普及以及改革开放后国外新的创作理念的刺激而产生的。这个阶段的建筑创作不满足于风格的讨论，不满足于形式上简单的"向后看"，从人文角度来看，建筑师强调建筑设计的地域特征、场所特征。不仅关心对传统的继承，尤其关注与传统间的差异和时代精神的反映。这方面最早是从老一代建筑师中那些有继续创新和开拓意识的人物中开始的，接着，建筑师的新生代则逐渐成为这一阶段的主力军。这方面比较典型的例子是建于1980年代后期的三个纪念性建筑——南京梅园周恩来纪念馆、南京雨花台烈士陵园和侵华日军南京大屠杀遇难同胞纪念馆。

梅园新村纪念馆位于民国时期"总统府"东侧的一片居住区中，街区内有不少保存尚好的民国别墅。虽然场地狭窄，建筑师还是充分研究场地，在紧凑的平面中采用合院式布局。在建筑造型上，不满足于传统风格的坡顶做法，而是关注新的纪念馆如何表达它所纪念的人物当时所特有的环境，因而更多地关注与周围的建筑的关联性，关注创作的场所特点。设计中有意用青砖、铁艺构件及符号式的窗洞这些在梅园住宅区不断出现地域特有符号来体现设计者对建筑文脉的把握。周围有颇具民族风格的老虎窗、石刻透空窗，显示了中国传统文化的特色。山墙上变形组合的马蹄莲，正面墙上变形梅花等艺术品，象征着周恩来等老一辈革命家处变不惊、从容机智的大将风度和傲霜斗雪、蔑视强权的坚强意志。西墙上现代抽象意味的浮雕式老虎窗和对当年监视、跟踪、盯梢的特务眼睛进行艺术夸张的现代镜面窗，与马路对面钟岚里国民党军统监视站相呼应，使人联想到代表团当年所处的险恶环境（图11-1-3）。

南京雨花台烈士陵园的建设曾举办过全国性的设计竞赛。建成后的雨花台遵循地形，由北至南形成了一条轴线。北大门入口为巨型烈士雕塑群像，沿群雕环陵大道而上，即可到达矗立于雨花台顶的烈士纪念碑。该建筑作品强调雨花台这个历史上大量革命者被枪杀的特有环境的表达，因而将纪念碑、雕塑和环境整合起来设计，南端的

图11-1-2 苏州桐芳巷小区（来源：林阳 绘）

图11-1-3 南京梅园周恩来纪念馆入口处庭院

纪念馆，除了屋盖的轮廓和传统取得联系外，其他部分都已不再拘泥于传统建筑的细部做法，而是通过斩假石外表面的石质感表达建筑群的纪念性。整个纪念碑由碑额、碑身、碑座三个部分组成。该碑高42.3米，寓意为1949年4月23日南京城获得解放。纪念碑前方为纪念广场，建有倒影池、纪念桥等。倒影池两端用花岗石砌造了两面形似红旗的壁面，壁面上分别以汉、蒙、回、藏、维吾尔5种文字镌刻着《国际歌》和《中华人民共和国国歌》。纪念碑的南面是烈士纪念馆。这是一组"U"形两层的白色古典型建筑，长94米，宽49米，主堡高26米，建筑面积达5900平方米。层面为乳白色琉璃瓦，外墙是花岗石贴面，正门上有邓小平亲笔题写的"雨花台烈士纪念馆"。横额的上方用花岗石雕凿出日月同辉的图案，象征烈士精神与天地共存，与日月同辉（图11-1-4）。

南京大屠杀纪念馆则是在雨花台革命烈士陵园的创作基础上继续开拓的成果。该项目（一期）建在发掘的江东门遗址上，是侵华日军南京大屠杀江东门集体屠杀遗址和遇难者丛葬地之一。在这里传承历史，最重要的任务就是留下历史的记忆，留下日军屠戮南京人民的罪行的证据，留下那个悲惨时刻对人类良知的打击的印记。作者保存了场地挖出的死难者的遗骸。在建筑设计中，不仅摒弃了通常的中轴对称表达纪念性的常规手法，也摒弃了任何传统建筑的具象屋顶之类的形式，而是调动各种设计要素，筹划纪念场地行进路线上的各个视点景观，力图将历史上那一刻凝固在馆中，结合场所的特殊性，设计考虑了一条令人震撼的环形参观路线。在入口的起始，用转折的大台阶把参观者引至屋顶平台，以鸟瞰的视角环视寸草不生的广场，然后逐级而下，围绕场地半周后进入室内。在这个设计中，气氛的营造要大大高于形式的模仿（图11-1-5）。

表达地域文化的建筑创作在新世纪逐浪高涨。2000年后最有影响的创作是"南京佛手湖建筑艺术实践展"。这一当初作为房地产策划的项目，后来成了新一代建筑师集体亮相的舞台，而且这还是一次中外建筑师几乎一半对一半的较量。作为开发商的策划目标显然是通过名建筑师的作品来扩大自己的知名度，但作为建筑师，面对同一块场地则必然要思考：作为建筑师，自己的作品如何经得起后人的挑剔，强调反映地域文化就成为一部分创作者的理念。这里面，有一些建筑师自觉地探讨传统建筑文化的传承问题，如王澍

图11-1-4　南京雨花台烈士陵园南侧的烈士纪念馆

图11-1-5　侵华日军南京大屠杀遇难同胞纪念馆一期工程入口

设计的三合宅，位于山体的最高点，顺应山体的走势与正南方向成15°夹角。他延续了自己在浙江富阳中国美院建筑群创作时对江南水乡环境以及建筑的体验，尤其对"柔"和"雅"的特点的认识，结合解决雨水淤积，再次使用混凝土创造三合宅的双曲面的人字坡和上翘的屋檐，平面则三面围合一面开敞。使用青砖贴面和方砖铺地，并置于庭院中央的绿池，静谧地见证时间的流淌，显示和谐自然的东方禅境（图11-1-6）。

对江苏当代传统建筑文化传承影响最大，乃至对全国当代建筑创作也产生影响的一处设计作品是美裔华人贝聿铭设计的苏州博物馆。早在1980年代贝聿铭就通过北京香山饭店的设计向中国建筑界显示他对于表达传统建筑文化的个人观念，那就是不必拘泥于屋顶或者构件的模仿，而是充分发挥现代技术的优势，用新的建筑空间形式通过尺度、空间、色彩、符号以及部分细部的材料来体现传统的新的发展和传承。这次和香山饭店不同的是，不再指望优美的自然环境加分，他选择了市区，选择了具有挑战性的环境并以之促进设计的特色表达。该馆东面毗邻太平天国时期的忠王府，后靠古典园林拙政园，是一处受历史文化名城规划多种制约的敏感地块。贝聿铭竭尽所能完成此作品。他从传统建筑中提取了矩形、八边形、菱形这些基本的几何形，在空间设计上对这些几何形式进行了重新组合。几个八边形的大厅中，屋顶渐收的切割方式可以看做他对传统八角亭的结构体系原型的理解。这种方式既解决了屋顶采光问题，也使体量得以减小。庭院的设计也是他将古典园林的要素以抽象的方式再现。水面、曲桥、植物、景墙、假山等都以简洁的方式表现，让人感受到传统韵味的同时又体验到时代感。这种继承而又批判的创新方式使得传统建筑文化以现代的方式呈现，虽然并非所有的江苏人能够感受到他对文化延续经历的思索，但建筑界的多数人却给予认同（图11-1-7）。

在建造材料上，建筑师采用钢架结构、白色粉墙、灰色的花岗石屋顶，重新演绎苏州传统的建筑，既是对传统建筑文化的传承，也是新的演绎（图11-1-8，图11-1-9）。

总的说来，改革开放的前期中，江苏的建筑创作虽然数量众多，但精品设计主要集中在南京、苏州等大中城市，其

图11-1-6　南京佛手湖建筑艺术实践展中的三合宅

图11-1-7　苏州博物馆内庭

图11-1-8 苏州博物馆内庭，后为拙政园

图11-1-9 苏州博物馆紫藤院

主要的原因一是建筑设计与建造和经济发展密切相关，在多年的发展中苏南城镇的经济增长要大大领先于江苏的其他区域；二是苏南的这些大城市中，集中了最主要的设计人员，在创作中，既能看到新老两代建筑师的作品，也有国际与本土建筑师的同台交流。

在设计的操作中，可能面临的问题各不相同，但以一种怎样的思路去达到目标，这是建筑师在接受一个项目时必然会遇到的。针对江苏当代建筑创作中的多元化倾向，我们试图从涉及人文的三个方面去总结传承的策略，而这种策略，既能针对大的区域，如聚落、街区，又能面对建筑单体。这三个方面是：历史环境中的设计策略、建筑形象的文化表达策略和场所精神策略。历史环境中的设计策略指的是在设计中侧重对传统建筑的研究，作品呈现与过去记忆相趋同的倾向；建筑文化策略指的是在设计中侧重对操作方式的研究，可以将传统的符号解构、重组，从而在作品中呈现出新的形式；场所精神策略指的是在设计中更强调设计项目所在的特定的场所所积淀的文化，努力将对传统的理解与创新结合起来，从而达到"天人合一、理象合一、情境合一"[①]的要求。需要指出的是，这是研究者从归纳的角度去剖析这些案例的侧重点，并不是想用"贴标签"的方法把每个作品放入某种手法中，更未必是设计者复杂和反复的设计过程的准确反映。毕竟建筑设计具有艺术创作的属性，一个建筑设计会有多种思路，有时会心处不必在远，有时更隔蓬山万千重，用线性的思维模式探讨设计过程未必合适。

第二节 历史性环境中的设计策略与案例

许多的设计是在各种历史建成环境中的，除去建筑文物的修缮（这类项目比较特殊，项目以保护文物古迹及其环境本

---

① "天人合一、理象合一、情境合一"是著名建筑师、工程院院士程泰宁对他的设计哲学的最后概括。

身为主，设计者需要有专门的资质和专门的知识），项目可能紧邻保护建筑，或是在历史风貌区内，或是在特定的具有历史文化内涵要求的地段内。一般来说，传统符号的提炼和恰当组合是大多建筑文化表达的基本手法。苏州景范中学所在地为北宋名相范仲淹所办义庄旧址，校园内至今保留着义庄建筑遗址——文正殿（元代）。学校巧借历史机缘，意欲凸显人文底蕴，建筑风格也呼应传统苏式建筑。景点的设置尤其凸显苏州园林的风格，充分运用粉墙、黛瓦、飞檐、长廊、花窗、曲墙等园林符号。苏州桐芳巷等传统风格住区也是采用这种方式。因其地段属于历史文化街区，新建筑的风格靠拢传统建筑。这些案例的成功证明，在历史街区，符号的提取与再现、材料的呼应是获得片区统一风格的行之有效的方法。

建筑与历史的共鸣产生与特定的历史事件和历史人物，将其形象抽象地反映在建筑设计之中。这类建筑往往与其特有的建筑文化相关。建筑师对传统建筑的理解和熟悉程度直接影响到项目的成败。

一、协调的手法

20世纪末，西方就有后现代主义、文脉主义等思潮。具体到江苏当代的建筑创作，有一批作品就是运用这一策略。该策略主要是与传统的建筑相协调一致，运用传统建筑的比例、尺度、材料、色彩以及细节，当然这种设计并不是对传统的简单模仿。因为新的设计必然会有新的功能和建筑技术。

老门东位于南京老城南地区的夫子庙箍桶巷南侧一带，历史上是南京商业及居住最发达的地区之一，如今按照传统样式复建传统中式木质建筑、马头墙，集中展示传统文化，是对老城南原貌的再现，2013年11月正式对外开放。入口处写有"老门东"的仿古牌坊标志着集中体现南京老城南民居街巷、市井传统风貌的入口（图11-2-1）。

老门东以箍桶巷为中轴，辅以三条营、中营、边营等街巷，构成一占地约15万平方米的历史街区，集中展示原城南市井繁盛景象，同时保留了一批像傅善祥故居、蒋寿山故居、上江考棚、提调公馆等的历史建筑（图11-2-2）。

2008年9月完工的"熙南里"金陵历史文化风尚街区以甘熙故居为文脉传承的载体，建筑延续甘熙故居"青砖小瓦马头墙，回廊挂落花格窗"的建筑风格，黛瓦、粉壁、马头墙随处可见，配以砖雕、木雕、石雕装饰，古色古香与现代都市生活完美融合（图11-2-3，图11-2-4）。

连云港市盐河巷历史文化街区位于海连路和盐河路交叉处，毗邻陇海路步行街，是连云港市海州区旧城改造的标志性项目，整体建筑以明清风格为主，集文化、餐饮、娱乐、休闲于一体，将文化元素融入建筑、道路、景观、

图11-2-1　老门东入口牌坊

图11-2-2　老门东城墙脚下

雕塑、小品中，成为具有浓郁地方特色的一个区域（图11-2-5，图11-2-6）。

二、"缝补"的手法

与协调的方法有相似之处，就是设计强调环境中原有的文脉，不同之处在于，"缝补"的方法更强调小规模、渐进式的设计，缝补既包含了规划中的新建筑处于嵌入式的"缝补"地位，不必采用整街区拆除新建的方式；同时也包含了建筑设计理念中的缝补式的手法，"缝补"上去的建筑可以和周围的建筑保持一致，也可以在文脉的基础上进行适当的创新。

比较典型的一个案例就是苏州平江历史街区和其中的董氏义庄茶室。该街区位于苏州古城东北隅，东起外环城河、西至临顿路，南起干将路、北至白塔东路，是苏州迄今保存最完整、规模最大的历史街区。今天的平江历史街区仍然基本保持着"水陆并行、河街相邻"的双棋盘格局以及"小桥流水、粉墙黛瓦"的独特风貌，并积淀了极为丰富的历史

图11-2-3 熙南里中甘熙故居入口

图11-2-5 连云港盐河巷建筑与雕塑

图11-2-4 熙南里入口及广场

图11-2-6 连云港盐河巷

遗存和人文景观。2002年开始，按照保持古城格局、展现传统风貌、美化环境景观、传承历史文化的基本要求，启动了平江路风貌保护与环境整治先导试验性工程（图11-2-7）。整个街区不是大拆大建，而是选择性地针对不同的既有建筑存在的状况采取不同的整治办法。如潘宅就是对文物保护单位原状恢复局部环境的方式，而相思阁茶社等则通过整理旧屋、加建新屋构成有效利用的组团的方式，大量沿街小店则是对老屋的沿街部分改造装修而成，这种规划上的缝补产生了平江路街巷的丰富性和历史感。而位于路口处的董氏义庄茶室则是设计上的典型缝补式手法的产物。

董氏义庄茶室（图11-2-8）是在拆除了路口原有的建筑后的新建项目，如同一个外地空降此处的另类，却又觉得并不陌生。设计并不采用协调的手法，不考虑模仿传统。它使用平屋顶和钢筋混凝土结构，空间十分现代，其设计巧妙之处是一方面用严整的外部边界，限定沿河的广场空间的方整之感，另一方面使用人们熟知的苏州青灰色砖块，构筑起门窗系统外的镂空花格窗表层。这样它从空间、材料、色彩、质感几个方面回应了历史街区中对传统文化传承的需要，达到了历史街区中新旧建筑的融合。

南京1912街区位于南京市长江路与太平北路交汇处，原来就有若干民国初期开始建起的小住宅和若干公共建筑，规划保留下原有的民国建筑并进行整治和改造，同时对拆除部分不协调的后期建筑所形成的空地通过"缝补"，精心构筑起一处具有浓浓的民国情调的旅游和餐饮服务区。包括17幢民国风格建筑及"共和"、"博爱"、"新世纪"、"太平洋"4个街心广场组成。建成后逐渐成为南京城区的高档消费区之一（图11-2-9）。

无锡市清名桥历史文化街区位的规划和整治设计也属于这一类型。该街区位于无锡市南长区，依河而建，因水而市，街区在宋代以驿道驿馆成雏形，至明清而兴旺，形成了街区独特的自然属性和人文风情，并至今保留着路河并行的

图11-2-7 苏州平江路

图11-2-8 苏州平江路董氏义庄茶室

图11-2-9 南京1912街区

双棋盘城市格局，展现了幽深古巷的江南水城特色。同时它又是中国近代民族工商业的发祥地，是京杭大运河申报世界文化遗产需要保护风貌的河段。街区自2005年启动保护性修复工程（图11-2-10，图11-2-11），采用缝补式的规划和设计理念。

如位于该街区大窑路上的无锡古窑群遗址博物馆就是一个成功的案例。这里曾经是无锡砖瓦生产贸易的集散地，场地背后有三个清代以来长期使用过的旧窑遗址。受砖窑、古运河、古民居构成的该地段的文化气息启发，设计针对当地古韵悠长的实体环境采用了一种"嵌入式""移植肌理"的设计手法：即在地段上截取一段典型的三合院的民居建筑群，放到博物馆地段上，再加以修改。这一设计方法保证了窑址博物馆在尺度上和古窑产生和谐的对话；同时也满足了新展厅展览陈列的功能性要求。作为过程和方法，最终完成了对原有肌理的更新与缝补（图11-2-12）。

该地段的另一博物馆——无锡古运河博物馆也是应用"缝补"的理念而产生的，它是通过对一所较大的老宅的保护性改造而诞生，老的宅邸和新添加的若干局部以及更新后的设施，缝缝补补形成了既旧且新、历史感和时代感都具备的一处展馆，保护了历史文脉又对建筑和空间进行了新的诠释。馆内陈列着介绍古运河历史的多种照片、图表和模型。老宅在尺度上无论是与44米长、7米多高的清名桥还是南长街连排民居，都有甚好的呼应关系（图11-2-13）。

图11-2-10　无锡市清名桥历史文化街区

图11-2-12　无锡市清名桥古窑群遗址博物馆

图11-2-11　无锡市清名桥历史文化街区沿河部分

图11-2-13　无锡市清名桥古运河博物馆

图11-2-14 镇江西津渡

镇江西津渡历史文化街区位于江苏省镇江市城区西北部，北濒长江，南临云台山，西起玉山。西津渡作为古代津渡文化保护区，是镇江文物古迹和文化胜迹保存最多、最集中、最完好的地区，是镇江"文脉"之所在。街区充分体现着津渡文化、租界文化、民国文化和工业文化4个不同的历史文化层，是中国传统文化和西方文化凝聚、融合、碰撞的一个缩影（图11-2-14）。

第三节 诉诸形象的建筑文化表达策略与案例

这一类策略，多是针对建筑本身而言，且是相当多的建筑师在处理传承问题时喜爱的一种策略。这种策略就是，不管考虑还是不考虑环境或者规划对建筑的期待，最后都把传统文化的表达集中在建筑的形象设计本身上。这种策略在新时期许多接受了西方建筑理论特别是后现代主义的理念但坚持在本土工作的建筑师身上显得尤为突出，通常较多地运用类型学、符号学及建构的理论和方法推进建筑创作过程中的传承问题探讨；他们利用这些西方现代建筑界的理性主义的方法论完成自己的思维逻辑进程，也完成对当地传统建筑文化及其表现形式的提炼和诠释，然后将其赋予建筑设计之中。

当代由于对自我的重视和对同质化的厌恶，对可识别性和陌生性的视觉需求越来越多，因而单纯的仿古或外观上的求同性已不再是体现地域特征的主要手段，因而，从上述西方建筑的方法论中汲取营养、开拓新思路成了新的潮流。"后现代主义建筑很突出的一个特征，是对历史的重视和实用性地采用某些历史建筑的因素，比如建筑构造、建筑符号、建筑比例、建筑材料等在现代建筑上体现历史的特征，增加建筑文脉性。"[1]不失当代感的同时如何体现历史文化信息成为他们探讨设计中的关键问题。

---

[1] 罗伯特·文丘里.建筑的复杂性与矛盾性[M].北京：中国水利水电出版社，2006.

一、类型的手法

这一手法就是一个将从地方建筑文化中提取出来的具有结构逻辑的类型学元素带入设计现实状态的一个过程。在这个过程中，真实的条件和现实具体的特征相碰撞和磨合。这样，设计过程就可以分为两个彼此关联的阶段：类型研究与形式生成。类型研究就是寻找、提取与人们行为方式、心理结构相契合的类型，分析归纳其内在的形式结构。形式生成就是将类型功能化和场所化的阶段，建筑师以选择的类型为基本形式结构，对项目的功能和环境要求做出回应。这个过程包括了类型根据实际情况的变形和转换，也包含表层结构适应环境的场所化过程。设计的类型研究阶段代表了历史的传承，形式生成阶段代表了现实的呈现与创新的未来。苏州市的大量文化类建筑都可列入这一手法类型中。

苏州吴江区盛泽文化艺术中心可以作为此手法的突出案例。该建筑总面积约23500平方米，主要功能有博物馆、图书馆、群众艺术馆、青少年活动中心、健身运动中心、广电中心及附属配套服务。建筑外方内圆，外部呈"L"形包围，内部如同桑蚕茧状的椭圆形空间，象征农桑为本的传统盛泽缫丝业；总体格局呈发散状的多个空间与建筑主体展现出多轮驱动的关系；造型与功能都体现出了兼顾文商的思想。例如建筑的南立面的设计灵感来自表现江南传统文化风貌的砖雕艺术。平整的山墙、经典的石拱桥以及错落的传统建筑布置，均是江南传统话语在现代建筑形式下的传达，并且各个元素都承担了各自内部原有的功能，是内部空间向南侧的延伸（图11-3-1）。

苏州市图书馆旧馆也属于这类案例。该馆老馆始建于1914年，新馆则于2001年建成，总建筑面积25000平方米。它是苏州历史文化名城跨入21世纪的重要标志性工程。建筑采用了"苏而新"的设计思路，将人们熟悉的苏州民居加以选择，将较为亲切的悬山顶和微曲的屋面以及透空的敞廊都符号化，纳入现代建筑设计体系中加以组织。建筑在面积大、体量大的条件下，通过屋顶层层叠叠的化整为零的变化，并结合粉墙黛瓦的再诠释，创造了普通百姓较为容易辨认的地域建筑特色（图11-3-2）。

2009年建成的太湖文化论坛国际会议中心与苏州图书馆手法类似。该建筑位于苏州太湖国家旅游度假区，总建筑面积65783平方米。建筑以苏州历史上著名的"姑苏台"为立意，结合功能布局采用层层退台的形式，主要体量设有600人报告厅、主会场以及新闻办公室和国际会议室；采用三点布局的院落式建筑主要为接待区和餐饮区。整体形式庄严稳重，是苏州新设计风格早期阶段的代表之作（图11-3-3）。

属于这一类的还有苏州美术馆新馆及文化馆新馆。它们位于苏州市中心主干道人民路西侧，该地块有着得天独厚的文化优势，基地南侧毗邻丝绸博物馆，西侧为朴园及苏昆剧团昆曲传习所旧址、老郎庙、张旭草圣祠，东南侧隔着人民路相距不足百米就是苏州城的著名景点北寺塔，

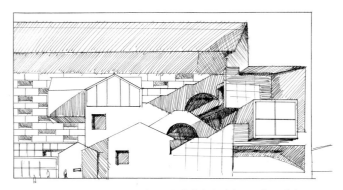

图11-3-1 苏州吴江区盛泽文化艺术中心（来源：林阳 绘）

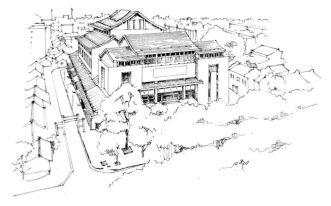

图11-3-2 苏州市图书馆（来源：郑珩 绘）

而地块向西不远处就是以传统木刻年画著称的桃花坞年画博物馆。该项目于2011年建成，总建筑面积32800平方米。该项设计同样通过类型学分析提取传统元素应用于新的建筑中。但这次提取的主要是苏州古典园林中的要素，包括院落空间的要素，以大小不一、形态各异的庭院来灵活组织空间；还有粉墙黛瓦的要素，在外观上采用白涂料墙面和暗色钢结构屋面来表达传统建筑中的黑白色彩关系；然后就是月洞门的要素，用来表现入口等处的强烈的苏州性格。建筑总体格调清新淡雅，展现了苏州传统建筑的特点（图11-3-4）。

苏州高新区狮山敬老院设计也有类似的不俗表现。该建筑东临横山公园、干休所，西靠青石路，南临苏福路，北临横山烈士陵园。整个敬老院的设计灵感来源于中国宅院建筑的设计原理与哲学思想：设计对苏州地域传统建筑的结构、空间关系和形态构成所包含的一般原则做了概括，提炼出具有表征性的原型和空间类型。设计者抛弃了简单的复制和符号表达，而是采取"陌生化"的原则，古典与现代并存，运用类型提炼的手法来表达文化内涵，在形象上通过变形、错位、逆转和再创造等变异的方法应用于新建筑创作中，达到"似是而非"的视觉效果，既符合时代的精神追求，又使创造的建筑引发出抽象想象，激发民众审美情趣的共鸣。其中东部老年公寓区布局自觉传承着苏州传统的宅院空间模式。与传统空间不同的是，将坡道、台阶等垂直连接元素丰富运用，相应地设置了很多垂直空间，消解了由于楼层转换带来的空间断裂感，有利于高龄老人的安全通行。设计学习传统，结合敬老院及养老、康复、护理、残疾人中心为一体的理念，有机组织建筑与自然的关系，力图给高龄居民提供一个有朝气而又能安心养老的绿色生活环境，并进而提升本项目地块的景观价值。在总平面布局上，建筑沿南北向，由交通及护理空间组成的长廊串联成东西两部分，使南北公园景观能够串联起来，最大可能利用地块的景观资源（图11-3-5）。

徐州汉文化景区是采用类型学手法的苏北地区的文化性建筑。该项目由原狮子山楚王陵和汉兵马俑博物馆整合扩建而成。整个园区是以汉文化为特色的全国最大的主题公园，也是两汉遗风最浓郁的汉文化保护基地，因此院内的建筑多提取汉代建筑的符号并进行演绎，在材质、色彩、建筑形式上都进行呼应，与园区整体风格相得益彰（图11-3-6）。值得一提的是，兵马俑博物馆从狮子山楚王陵的墓道中提炼出了逐渐下行的墓道作为水中博物馆的

图11-3-3 苏州太湖文化论坛国际会议中心（来源：郑珩 绘）

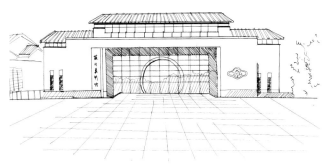

图11-3-4 苏州美术馆新馆及文化馆新馆（来源：林阳 绘）

图11-3-5 苏州高新区狮山敬老院（来源：郑珩 绘）

入口，创造出新馆同样体现出穿越现代到达古代的时空变幻的感觉。

南京的中国人家项目则是运用类似手法的住宅设计项目。"中国人家"位于南京市江宁区，于2003年建成，由东园和西园组成。两园以不同的方式将中式传统与现代建筑技术与生活方式结合起来。东园为独院的别墅区，园区总体布局融汇江南古典园林的风格，遵循"居尘出尘"的思想，建筑与园林相融合，环境较为忠实地体现江南园林的做法，包括弯曲小道、叠石理水，体现出寄情于山水和自然的情怀。建筑则加以变异，提取江南传统民居特色及使用小青瓦坡面屋顶和某些再现的细部，但引入钢结构和玻璃的门廊、楼梯、栏板以至局部可以看见水池的地面。更多地采取了混搭的方式创造时代感。独院式的建筑单体通过组织共同的公共生活空间，回应中国传统大家庭团聚的习俗（图11-3-7）。

二、建构的手法

另一类完成建筑空间形象设计的文化表达的手法是"建构"。建构理论在中国的传播始于20世纪90年代末，建构是"诗意的建造"，立足于建筑材料、构建和建造技艺的驾驭，表达它们内在关系的外在表现，建构与材料和构造技术建立起密切的关系，但它不仅是一种技术表态，而且广义上说表达了人类对世界的认识。通过体验构造和制作，用材料组合的形式表达艺术的真实。建构理论研究构成建筑形式的材料、构造、技术及其外在的形式表达，考察建筑形式表现和生成的内在逻辑，探索建筑形式起源的人文动机。设计中的建构手法十分关注空间和环境处理、地方材料运用等。环境的建构也是文化记忆的微观表达，通过提取传统江南园林的布局方式，整合场地内的建筑空间，加之传统材料的演绎，赋予建筑地方色彩。

这方面的突出案例是南京混凝土缝之住宅。它总建筑面积270平方米，于2008年建成。该项目场地周围的房屋都始建于20世纪20年代，建筑师通过对周边环境的分析，并没有直接仿照已有的风格，而是采取一种抽象的方式来表达这一地域性的传统，对传统建筑进行了现代演绎。设计者一

图11-3-6 徐州汉文化景区（来源：郑珩 绘）

图11-3-7 南京中国人家

方面将此宅的体量控制在和周围传统建筑的体量相仿的范围内，将建筑的整体色彩定为类似民国时期的青砖的灰色，房屋内外的地板、墙壁和天花板都采用具有传统色彩的木条。同时在材料的选择上以混凝土代替了砖砌体，并将钢筋混凝土不同于砖砌体的可塑性和悬出能力发挥到极致，结合室内功能的差异和采光的需要，构筑起该宅上最为惹眼的一条缝。这使它看起来同周围房屋截然不同，但仔细观察却又显示了不少的联系（图11-3-8）。显然和第一阶段的稳重的协调策略相比，建筑师不再满足于"和而不同"，而是强调了"不同而和"。

另一成功的案例是南京河西万景园教堂，它坐落于万景园的水岸边，建筑面积约200平方米，由两个相交的三角形体量组成"蝶形"的屋顶造型。对称的形式加上略带变化的韵律感带来了神圣的美感。设计者钟情于木材和木构件的建造趣味，建筑采用了大量的木装修和屋面构造，竖向的木质格栅几乎成为立面的唯一元素，给予了教堂非常简洁单纯的形象，屋顶的黑色木板瓦不但有其西方文化的渊源，且它的色彩和肌理与建筑其他部分搭配起来显得精致且富有层次，在水中倒影的映衬下体现出内敛平和的东方气质。建筑的木质构件还直接用到教堂内部，以圣洁的白色隐喻了宗教精神（图11-3-9）。

金陵协和神学院新校区中的大教堂可以说是使用多种手法诠释其西方和东方的历史文化背景的建筑，这些手法包括了对建构的运用。神学院新校园位于南京市江宁区内，大教堂坐落在新校园的西南部，总建筑面积5761平方米。建设内容包括1000座主礼拜堂、500座辅堂和一个艺术陈列馆，具有崇拜、艺术陈列和音乐欣赏三项功能。设计将经典的"十"字形布局改造得更具向心感和交互感，体现出牧师与信徒之间的新型关系，表达对基督教徒的关爱呵护之意。设计宗旨之一是尝试在中国文化语境下诠释基督新教的精神。设计者首先运用江南庭院的概念来组织空间，形成内外融通的感受，加强地方文化意境在设计中的表达。而礼拜堂内部空间则通过对自然光的导入和控制，表现特有的精神氛围（图11-3-10）。大教堂建筑设计受中国传统建筑屋盖造型的启迪，利用钢筋混凝土的材料优势，主礼拜堂顶部设计了反宇向天的出挑屋顶，其形象既和中国传统相关，也具有多种与圣经故事相关联的喻义，如"诺亚方舟"、"展翅的福鹰（音）"、"庇护的巨伞"，等等。

图11-3-8　南京混凝土缝之住宅（来源：郑珩 绘）

图11-3-9　南京河西万景园教堂（来源：曾世吉 绘）

图11-3-10 金陵协和神学院（来源：曾世吉 绘）

第四节 场所精神策略与案例

舒尔茨所提倡的场所精神在近二十年中获得了建筑师的青睐，因为当我们讨论传统文化的传承的时候，日益发现传统不是抽象和不着边际的，真正的传统总是和此时此地的人发生密切的联系。因而，如何将建筑设计和它所处的具体场所中特有的历史文化积淀即场所精神结合起来，就成为表达或呼应文化传统传承的有力方式。利用建筑场所的特定含义，就可以赋予建筑设计以有意味的蕴涵和巨大的力量。

弗兰普顿的"批判的地域主义"强调在抵抗全球化泛滥的同时对建筑文化自身进行再创造。这种理论主张采取一种"陌生化"的策略——从新的角度阐释传统建筑，使人产生异化之感，强调辨证综合之后的再创造。弗兰普顿认为，建筑学作为一种批判性的实践，需要的立场是"要使它自己与启蒙运动的进步神话以及那种回归到前工业时期建筑形式的反动而不现实的冲动保持等同的距离。"[①]所以与其在传统地方风格的模仿中寻求突破，倒不如倡导一种"陌生化"原则，充分发挥设计者创造力。在个人创作中，对地方性要素的个性化处理有助于地方风格的创新，因为多样性来源于每一个对话者对特定问题的理性思考与解答方式。任何理性的个人方式本身就包含了民族性与地方性的倾向，因为任何个人与他所处环境的关联都将影响他为朝向理性所选择的方式和作出的抉择。

探索场所精神在建筑设计中的表达的手法可以大致分为抽象的手法和情景的手法两大类。前者较为理性，后者偏重感知。

一、抽象的手法

抽象的手法就是先将当地传统建筑要素经过提炼、抽象与组合然后运用于当代建筑的设计过程。因地制宜、因材施用成为批判的地域性主义建筑创作的理念。它对传统地域主义滥用地方特征要素、随意引用高度类型化的地方构件进而成为一种新的风格进行批判，反对简单的拼贴与复制，强调在继承传统的同时接受新的社会生活，利用建筑技术的进步与发展进行创新。弗兰普顿认为，批判的地域主义"是任何一种人道主义建筑学通向未来所必须跨过的桥梁"。[②]

江宁织造府博物馆的目标是表达项目所在的场所联系着的多种精神遗产。其设计可以看作是类似于弗兰普顿主义在中国国情下的具体运用。该项目位于南京市中心大行宫地区。根据历史资料及考古发掘成果可以确定，这里就是清代的皇家派出机构江宁织造府的所在。清朝康熙皇帝6次下江南，有5次就住在江宁织造府内。曹雪芹的祖父曹寅当年就担任织造府的织造，并留下了"楝亭集"，集中搜集了反映在织造府西花园文士名流聚会时的吟咏。曹雪芹出生在此处，他的红楼梦小说中的诸多环境描写也和此处相关，只是经过近代的变故，遗物已经荡然无存，但是这个场所以及它所联系的历史事件、人物和那部感动万千国人的文学著作，必然是值得人们永远缅怀的，因而南京

---

① （英）弗兰普顿. 现代建筑：一部批判的历史[M]. 原山译. 北京：中国建筑工业出版社，1988.
② 肯尼斯·弗兰姆普敦.现代建筑——一部批判的历史[M].北京：生活·读书·新知三联书店，2004.

市政府不惜降低容积率来实现对这一场所的有意味的建筑表达。此即织造府博物馆的缘起。

博物馆重建工程于2009年完成。建筑方案设想对相关历史场所和事件作四方面的表达：江宁织造府的历史解说，织造府所督办生产的著名云锦这一非物质遗产的解说，红楼梦的解说以及大观园背后的中国古典园林的解说。方案的四个展陈部分的功能安排容纳了这四种表达的内容。建筑设计中的空间造型则是被抽象为两个基本理念——"盆景"和"核桃"模式。"盆景"说的是建筑群在高楼林立的市中心区采用较低的容积率和呈现出一个城市山林和屋顶花园的景色恰如都市中的一个盆景，这也正是类似一件古董在被众多粉丝欣赏时的地位，"核桃"说的是该方案建筑群的整齐和较高的外部界面恰如核桃的外皮，里边却是一层又一层，建筑群北高南低，地上四层地下两层，建筑沿街立面取意"云锦"，这些都是对江宁织造府与曹家的历史文化和红楼梦小说场景的融合展现。同弗兰普顿的主张不同的是，设计没有拘泥于排斥传统建筑原有材料和原有工艺的运用，只是将之作为环境设计的一部分来安排，从而创造出雅俗共赏的美好环境（图11-4-1）。

南京六朝博物馆项目是贝聿铭设计苏州博物馆后的一个与贝氏家族建筑师相关的项目，但这次是由贝聿铭之子——贝建中先生领衔的贝氏设计团队担纲设计。该项目位于南京市玄武区汉府街，东箭道以东，长江路以北。该场地原计划作商业地产开发，准备建造一座旅馆，在建设过程中发现了六朝建康城遗址的一部分，遂对方案进行了大幅度的修改，修改的目标确定为，既要维持旅馆项目，又要保护和展示六朝遗址。因此设计以场所精神应对似乎相互冲突的设计内容，设计融合苏州园林风格元素并以天圆地方的设计理念突出遗址主题，在底层营造出具有历史感的纪念场所（图11-4-2）。建筑面积2.3万平方米，于2014年建成。是一个较好地取得双赢效果的城市中心区的建设项目。

无锡灵山禅修中心也体现了运用场所精神完善设计的手法。该建筑性质为宾馆，于2009年建成。无锡灵山自1997

图11-4-1　江宁织造府

图11-4-2 南京六朝博物馆及保留的古城墙

年大佛建成后又陆续完成灵山梵宫等佛教文化景点的建设，形成了我国影响力甚大的佛教文化旅游景点。灵山禅修中心设计较好地把握灵山已经形成的佛教文化氛围，在提取当地建筑特色的基础上与轻型钢结构等现代技术相融合，结合禅修的功能需求经营该建筑的各处空间设计，把客观的物质空间形态景观组织到禅修者主观修养的构成中，将公共空间的空间序列和"即景证心"的佛门传统的观照方式结合起来，体现了对灵山的场所感的当代诠释（图11-4-3）。

二、情景的手法

表达场所精神的抽象的手法带有较为强烈的设计人对场所的主观的解析和诠释，虽然在抽象化和陌生化方面获得专业人士的赞赏，但其空间形式的结果未必都能获得普通百姓的辨识和认同。观者毕竟是通过自己的感官体验而不是通过设计说明来感受建筑是否有历史感，是否值得喜欢。与之相比，表达场所精神的情景的手法较多地来自于且也诉诸于对场所的感知。特定的历史时期、特定的人文背景、特定的事件与活动都会对相应的场所产生影响。情景策略以事件或情绪的再现为线索进行建筑场所精神的表达，可以有一点抽象，可以有对时间、空间与文化的凝练与升华，但重要的是运用传统文化中的意境概念。对中国人来说，意境不是绝对的抽象，而是一种环境营造后所创造的可以感受和感动以至

图11-4-3 无锡灵山禅修中心（来源：曾世吉 绘）

触景生情的气氛。这种手法需要建筑师深刻理解场所精神与环境的特质,需要对国人的社会心理结构以及其背后的文化传统的精髓的感受和把握。依照历史记忆、文化记忆、精神记忆营造出场所新的秩序,在看似不那么直白的演绎中蕴含巨大的精神力量。

2007年建成的南京大屠杀纪念馆扩建工程是具有此类手法的一个案例。该项目作为一期工程的延续,与一期工程一起,是我国第一座全面展示日本侵略者南京大屠杀暴行的专史陈列馆。纪念馆扩建工程延续了一期工程中对场所精神的强调及其情景式的手法,再次综合运用建筑和环境景观包括园林绿化、雕塑、广场和水池等来营造气氛,最重要的是要保护遇难者遗骸和周边土层,直接展示历史的一刻,建筑以"军刀"的形态表达杀戮的主题,更以激发情感变化的空间布局手法调动观者的感受,不仅仅是视觉而是触动心灵。整个场地的设计突出遗址主题,营造纪念场所气氛(图11-4-4)。

南京博物院二期工程设计也带有情景手法的印记。该项目位于南京市中山门内的西北侧,其前身系蔡元培等人于1933年倡建的国立中央博物院筹备处。因抗战爆发,当初规划的自然、人文、艺术三馆仅建成人文馆(历史馆),后在1999年新建了艺术馆。随着时代进步,原有展馆已无法适应现代博物馆展陈要求,因此2008年南京博物院二期工程立项,总建筑面积84655平方米。二期的规划设计保留了南京博物院老的大殿和以紫金山为背景的天际线,保留了老大殿所创造出的中轴线,将虽然面积大得多的扩建部分放到轴线西侧形成从属于中轴线的关系,但是设计者并没有沿袭老馆的辽代风格和木构的造型逻辑,而是选择更为适应现代博物馆功能需求的大空间和钢筋混凝土结构,但在外部造型上通过精心选择的石材外皮和铜质屋顶,加上精心构图的各个立面,创造出一种类似于青铜器和瓷器的古董般的典雅气氛,使人感觉到新馆本身就是博物馆的高档藏品。既体现出强烈的历史文化特点,又富有时代气息(图11-4-5)。

费孝通江村纪念馆可以作为成功运用情景手法表达场

图11-4-4 南京大屠杀纪念馆扩建工程

图11-4-5 南京博物院二期项目(来源:曾世吉 绘)

所精神的精彩案例。该项目位于苏州市吴江区七都镇开弦弓村南村的中心，这里是20世纪30年代费孝通运用社会学的方法调查中国江南乡村经济，并以此调查完成他后来产生巨大影响的博士论文的地方。他的持续性研究还导致了改革开放后由他率先提出的"小城镇、大问题"的讨论。吴江为了纪念他的开拓性贡献，决定在如今称为开弦弓村的江村设立纪念馆。整个纪念馆由费孝通纪念馆、江村文化馆、孝通广场（包括费老塑像）、景观池、碑廊和茶楼六个部分组成，建筑面积为2200平方米，2010年建成。设计者为了创造出具有江村场所感的环境调动各种因素投入设计，包括（1）采用郊野园林式的布局，环绕已有的池塘沿场地周边布置建筑；（2）结合功能将纪念馆分割后再联通从而化整为零，建筑的高度以一层为主，局部两层，形成类似于乡村房屋的体量；（3）对分割后的展室适当扭转，产生自由凌乱的秩序，显示江南水网地区村落农户住屋之间的自由关系；（4）形成中心的公共场所，延续村落文脉、增进场所活力；（5）建筑造型延续了堂、廊、亭、桥等传统元素；（6）用白色涂料的墙面和黑色的压顶来隐喻传统江南民居中的粉墙黛瓦的色彩关系。如果再考虑到纪念馆展室中那些亲切熟悉的乡土材料，当地居民自然会感受到属于自己的那种历史感和场所感（图11-4-6、图11-4-7）。

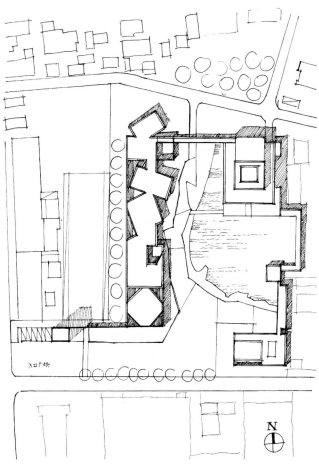

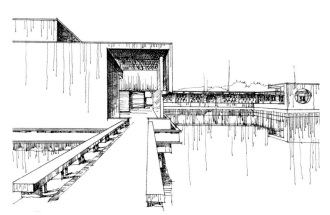

图11-4-6　费孝通江村纪念馆（来源：曾世吉 绘）

图11-4-7　费孝通纪念馆平面图（来源：林阳 绘）

第十二章 江苏建筑文化传承中的技术策略与案例

江苏建筑文化传承中的人文策略以及自然策略被决定之后还要落实到建筑设计的工程语言中,即需要通过具体的技术策略实现,另一方面,技术策略本身也常常作为传统传承的切入点展开,使传承别具新意。可以说技术策略是从传统中走来、向着未来奔去的不可或缺的环节。

从技术因素的角度来看,江苏建筑文化的传承得益于以下三个方面。其一是传统技术在现代的保留和完善,其二是现代技术对传统元素的汲取和渗透,其三是适宜性技术对现代和传统元素的综合和利用。

第一节　传统技术在现代的保留和完善

任何进步都不可全盘否定历史的痕迹。建筑技术的发展也是如此。传统的技术因为其生态性、历史性和特殊性，在现代建筑的发展中占有一席之地，更是建筑文化传承中的必不可少的部分。

传统技术在现代的保留和完善体现在以下两个方面。

一、全部或局部使用传统工艺

传统建筑工艺对于文化遗产修缮工程是实现真实载体传承的基本条件，即使在新建的具有古风或乡土风的建筑或被称为仿古的建筑中也起到十分重要的作用。例如，扬州的冶春诗社就是局部再现传统工艺的例子（图12-1-1）。冶春诗社位于扬州古城北部，天宁寺的西侧，护城河的北岸。前身是著名"香影廊"与"庆升茶社"，已经有200多年的历史。目前茶社为覆盖水面的干阑式建筑。黄草做顶，隔扇为窗，几座房屋沿着水面展开，颇为幽静。为了进一步保留传统的特色，其屋顶的更新一直沿用黄草的做法，保持了乡野气息。扬州的土草房做法看似落后卑微，其实它生态环保，具有朴素的美感，拥有傲人的热工性能，在特定场所可以唤起人们的乡愁和记忆。

在某些既表达古典风貌又强调时代精神的建筑中，常常用现代材料表达时代精神，而用传统的材料和工艺营造环境和外貌。这些手法不仅出现在诸如"中国人家"这样的别墅楼盘中，还在高层住宅有所显现，例如无锡江阴的梅园。

梅园是高层住宅建筑采用传统式的典型（图12-1-2）。项目位于江阴梅园路东侧，毗陵路南侧，距离市中心约2公里，占地约44亩。由7栋高层建筑组成，小区的布局采用园林式，模山范水，绿树成荫，亭台楼榭，曲径回廊彼此相望，建筑色彩采用了江南传统民居的灰白两色，屋顶则利用了封火墙、小封檐、坡屋顶等传统形式打破了高层住宅轮廓线的单调。

图12-1-1　冶春诗社

二、传统材料和技术的创新运用

这是指现代建筑中通过新的技法对那些传统的砖、瓦、木、竹、金属等传统材料和技术进行了创造性的再运用。虽然形式是新的，但由于材料的质感、色彩或者整体的构图等还是传统的，因而给人一种虽新亦熟悉的感觉，从而增加亲切感，显示出对传统的继承。

（一）对砖的利用

这种做法在高淳诗人住宅（图12-1-3）中得到了充分的展现。

高淳诗人住宅是两位诗人的住宅兼工作室。建筑位于南京高淳县蛇山国家粮库大院中，位于朝向石臼湖的湖滨地块。其中一座是三合院，开口朝西。一座是四合院，主面朝北。建筑平屋顶，都是两层，内部具有结构墙体，外表贴砌红砖。红砖采取了拔砖、砍转以及花砖的砌筑方法，纹理独特。为了不破坏这种纹理，门窗洞上部的砖纹也维持不变，依靠隐蔽的钢板作为过梁支撑。由于砖纹直接到底，下部的红砖也有剥蚀。

因为红砖等主要材料就近获取，施工也由当地有经验的农民施工队完成，建筑的造价较为低廉，只有800元每平方米。

图 12-1-2　江阴梅园

（二）对金属的利用

镇江市丹徒高新园区信息中心（图 12-1-4）则是对金属材料利用的典型。

本项目主要作为园区公共信息展示及管理办公，并为园区内部分高新技术产业提供场所。方案的用地西临镇江经十二路（丹徒段），东靠团结河。南北均为绿化用地。地块位于道路和河流之间的洼地之中。最大落差有 4.6 米。为了利用这个洼地，方案采用了平台之上附加塔楼的形式。即通过利用平台填充洼地，然后再在上面附建塔楼，通过这种方法来消解地形低洼的不利因素。

为了标示对团结河的尊重，平台上做了水面。塔楼的下部收进，加了水域面积，也营造了轻盈的体量。平台之中是展示大厅、食堂等公共空间，塔楼内部是办公空间。两者通过垂直交通相连。

塔楼的外表面采用了双层表皮的结构。内部表皮按照各

图 12-1-3　高淳诗人住宅

自的需要开设门窗洞口，外部则借鉴了中国传统的隔扇窗，采用铝合金隔扇笼罩，形成整齐统一的立面。平台也是两层表皮的结构，所不同的是其外表采用了钢丝网笼罩，立面上还开设了一些不规则大小的斜向方洞，似乎表现塔楼和平台的扭动关系。这个方案设计当初准备采用生态木作为遮阳外表皮，但最后还是采用了金属板网材料。

图12-1-4　镇江市丹徒高新园区信息中心

第二节　现代技术对传统元素的汲取和表现

建筑文化传承的技术策略还包括现代技术吸收传统元素进行再创作。

现代混凝土技术普及以后,现代主义建筑在全球范围内快速兴起。但在1930~1950年的中国南京地区,有一批现代主义建筑借鉴了传统的建筑元素,创造出了具有中国特色的建筑,其中著名的有音乐台和中央体院(图12-2-1)。

南京音乐台建于1935年,是一个露天的观演建筑,用于谒陵前的大典,它坐落于一个扇形的坡地,与地形结合良好。建筑由舞台、观众席和紫藤架三者形成,属于现代钢筋混凝土结构。其中表演台采用了后置背板的做法,借鉴了中国古代的影壁。舞台、紫藤架的细节布满中国传统纹样,但中间大片的观众席则是借鉴了古希腊半圆形剧场的形式。这是一座现代主义的建筑,却有着一种古典主义、中西合璧的味道。

图12-2-1　南京音乐台

另外,位于南京东郊的中央体院,其中的中央体育场也是现代结构结合传统风格的成功案例,它利用混凝土做成的冲天牌楼与券洞结合,形成建筑的七开间立面。

一、新结构新材料对传统肌理、聚落、院落的呼应

为了满足现代的功能要求,空间必须采用新材料新结构,而这些材料和结构是传统空间所不具备的。因此,如何在现代的新材料、新结构中汲取古代的传统元素是一个重要的问题。

图 12-2-2　苏州金墅商业街坊

图 12-2-3　万科中梁本岸售楼处

（一）对肌理的呼应

苏州金墅商业街坊位于江苏省苏州市苏州工业园区，位于苏州金墅国际公寓项目中心区（图 12-2-2）。

方案通过条状的玻璃体进行弯曲、延伸，形成类似里坊式的肌理，进而围合了室外空间。建筑外立面只有一种，是金属格栅中镶嵌的玻璃表面，这种风格来自对江南民居中隔扇门的传承，整体风格统一而稍显单调。个别空间利用了高差，形成了丰富的院落空间，是方案的可取之处。但由于没有做两层表皮，因此整个建筑的热工效能有待完善。

（二）对院落的继承

万科中梁本岸售楼处位于苏州工业园区（图 12-2-3），金鸡湖东侧。小区入口朝东，售楼处位入口北部的地块中。建筑长条形，为鱼骨状，由一条南北向的走道空间串联若干个东西向的条状空间而成。这些东西向的条状空间之间是一个个向两侧开敞的小院子，具有拔风的技术效果。整个建筑的外围有一圈金属板做成的水池，暗合了江南水乡沿河民居的小开间布局。

建筑的外墙为白色的粉刷，为的是要表现环境中的绿树。为了具有大面积的白墙，部分空间采用了高窗甚至不开窗。在南部的入口庭院中，凌空飞架的通道、底层的入口以及入口对面的墙龛具有进一步整合的可能。

图12-2-4　南京鼓楼邮政大厦

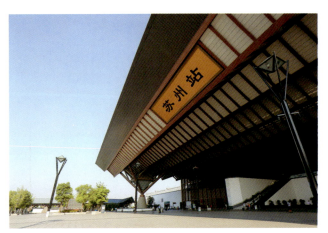

图12-2-5 苏州火车站站房

图12-2-6 吉山基地

二、新结构新材料对传统建筑结构、构件、色彩、装饰的呼应

（一）对传统建筑形态的呼应

南京鼓楼邮政大厦位于市中心鼓楼广场的东南侧（图12-2-4），与西侧的鼓楼比邻而居。建筑建于1997年，共33层，高155米。由于体量巨大，为了与鼓楼协调关系，其顶部做了特殊处理，它将钟楼的建筑形象进行了异化拼贴：屋顶采用了钟楼的屋顶的形式，红色的镜面玻璃是对钟楼门和钟的双层隐喻。大厦融现代风格和传统文脉于一身，是后现代主义建筑的典型。

（二）对传统结构元素的继承

苏州火车站位于苏州古城的北部（图12-2-5），南临护城河，北靠苏站西路。站房为跨线式，设南北两个广场。建筑是一个现代化的站房，它拥有大跨度的结构来满足交通疏散的需要。同时，这座火车站位于古城的北部，其建筑形式要和苏州古城的历史文脉呼应。建筑师采用钢结构的做法来满足火车站的功能需要，并对这些钢结构进行巧妙的设计，借鉴苏州传统建筑中的符号，使得它们具有文脉的特征。

设计采用钢结构的梁架的组织，营造了一种类似檩椽的意向，通过钢结构的扭动方块暗示了苏州民居的菱形窗洞；通过钢结构大面积网状结构来象征民居中的隔扇窗。此外，火车站还采用了白墙黛瓦的建筑形式。

以上设计手法的运用，使得现代化的大跨结构也具有了苏州当地的传统韵味。

（三）对传统建筑构件的呼应

江苏软件园吉山基地位于南京城南的江宁区，是由38栋独幢办公楼及咖啡馆、宿舍以及服务中心等相关配套设施组成的商务园区（图12-2-6）。办公楼单体建筑采用院落式布局，通过片墙、敞廊以及建筑围合成院落。建筑体形为四方形，纵横组合。其外表有两种处理手段：一是白墙开洞，即在一片墙体上开设入口的大洞，或者一些不规则的小洞。二是咖啡色的格栅外表，即用一个标准的梯形的框格相互堆垒，直到占据某一个立面。大部分办公楼都是这样统一处理。这种做法，类似传统建筑中的隔扇窗。咖啡馆是一个长条形的建筑，仿佛一只小舟，其外表用塑料丝垂挂形成立面。由于这种材料不能耐久，目前已经老化弯曲。宿舍采用了落地玻璃加空格板的形式防止东西晒，但对视线形成了一定的限制。

（四）对传统建筑装饰的呼应

扬州蒋王水街位于城西蒋王镇中兴西路的南侧，是一个商业娱乐休闲中心（图12-2-7）。水街的中部是条东西向的蜿蜒的河道，河道两侧是步行区和两三层的小屋。小屋的部分建筑形态借鉴了扬州传统民居的坡顶形式。其建筑为钢

图12-2-7 扬州蒋王水街

图12-2-8 苏州博物馆

筋混凝土结构,外部贴面有四种材料,分别是青砖、铁锈板、玻璃和大理石。其中玻璃和大理石上面还刻有传统的"卐"字形装饰花纹。花纹单一重复,遍布其上,不仅使得透明的玻璃产生雾里看花的朦胧感,还让光滑的大理石有了粗糙的纹饰。这种巧妙和简易的做法使得它们在形态上独树一帜,又蕴含传统的文化基因。

(五)新材料新结构对"传统色彩元素"的呼应

苏州博物馆(新馆)(图12-2-8)位于奇门路以东,东北街以北的街口。用地北临拙政园,东靠旧馆忠王府。新馆的周边环境是如此具有历史气氛,以至于这里的设计不得不考虑建筑文脉的问题。设计者通过以下手法展示它的传统韵味。其一,新馆采用了古典园林的布局,建筑密度低,体量小。它将体型最为硕大的展厅置于西侧,并设置地下室来容纳部分功能。这就使得地面建筑并不对拙政园和忠王府带来压迫。其二,建筑出入口在南面的东北街上,中轴的视线通透,直达拙政园的南墙,并利用此墙作为背景来营造假山,具有传统建筑的因借之妙。其三,建筑的结构采用了钢结构,它的结构暴露的特点,与苏州传统木构建筑一脉相承。其四,建筑的外立面采用了白墙加青石勾的做法,稍有民居的意味。这种韵味的取得依赖于在内侧的墙上用铝合金龙骨干挂水泥纤维板,并用涂料刷白。其五,建筑的个别细节如窗洞、钢管端头的瓦当等,均汲取了苏州传统民居的特色,也是可取的。

由于建筑强调了方形、菱形等体量符号,内外渗透的空间不多。中轴视廊中,由于景框较大,将拙政园的多片实墙收纳其中,以此作为背景来表现假山是不利的。另外,由于要表现盒子一样的体积,这些低层的坡顶建筑并没有出檐,对雨水的排放采用了隐藏的做法,失去了雨帘的意境。

总的来说,苏州博物馆以现代的材料和技术表达了对传统的尊重,堪称佳作。

三、新材料新结构对传统的造型理念的呼应

新材料新结构对传统的造型理念的呼应是指新的材料和技术在造型方面借鉴了传统的、具有本地特色的抽象元素进行的创造。

如南京的禄口机场T1航站楼(图12-2-9)。建筑位于南京市江宁区禄口镇,距市中心约为40公里,是华东地区的主要机场,与上海虹桥机场、浦东机场互为备降机场。T1航站楼建造于1997年7月1日,采用了钢结构的设计。其钢结构为反拱的形式,满足于使用者提出的象征扬子江波涛汹涌的南京特征,具有一定的造型特色。该建筑是大跨度结构满足当地象征符号的典型,但由于受力有偏差,导致结构的效率不高。

又如南京紫峰大厦(图12-2-10)。建筑位于鼓楼的西北角。共有88层,450米。高大的建筑体量采用了龙盘虎

图12-2-9　禄口机场T1航站楼

图12-2-10　南京紫峰大厦

踞的形式。高层的塔体从上而下盘旋着几道裂缝，势如龙、虎沿着立柱攀援而上。依附于钢结构之上的三角玻璃幕墙就像龙鳞虎甲熠熠生辉。

第三节　适宜技术对现代和传统的综合和利用

适宜技术是因地制宜、适应地区环境的技术。适宜建筑技术，强调技术上的经济行、适宜性；又基于建筑的本土性和当代性，强调环境、经济、文化的整体平衡。它不追求技术的高、精、尖，也不追求形式和传统的原版照抄；它是在现实的条件下达到经济效益和环境效益的最佳结合。

适宜技术是对传统技术的吸收和再发展，只有生态的、具有人文关怀的传统技术才能发展为适宜技术。同时，与高技术相比，适宜技术有它更易于推广的特点。适宜技术既反对盲目崇拜西方文化、技术，也反对沉湎于传统的狭隘主义。它强调技术和本地的情况适应，做到与经济环境的协调，吸收并借鉴高新技术和传统技术的可取之处。

适宜技术具有两大特点：一、在现有的条件下大量生产，代价不大。二、与时俱进不落后。

一、提升材料技术性能的适宜技术

近十年来，我国农村每年新建住宅的面积有7～8亿平方米，在农村住宅的规划和建设中采用适宜技术是一个迫切的问题。无锡江阴山泉村新民居的建设为此做出了尝试（图12-3-1）。2010年，根据全村795户居民的实际意愿，山泉村进行了全村新农村住宅的总体规划，建造了多层、高层、连体、单体、空中别墅这五种户型。

小区根据棋盘式的水网规划了正交的道路体系；单体建筑多按照行列式布局，节约了道路并提高了土地利用率。沿河的民居还设置了码头以及亲水平台。建筑双坡顶、封火墙，白墙黑瓦，并利用金属来制作冰菱纹的隔扇窗，形成了具有

图12-3-1　江阴山泉村新民居

图12-3-2　南京江宁区秣陵街道周里村服务中心竹楼

图12-3-3　临港新城展览馆

图12-3-4　南通城市规划博物馆

江南传统韵味的居住环境。

建筑的墙体材料全面禁用黏土砖，使用了新型墙材砂加气砌块、ALC加气混凝土砌块、粉煤灰加气混凝土砌块等作为墙体的主要材料。这种适宜技术的采用既节约了土地，也节约了能源，提高了室内舒适度。

南京江宁区秣陵街道周里村服务中心竹楼也是采用适宜技术的典型（图12-3-2）。

该项目是以竹质工程复合材料为主要建材，用新型竹材的相关技术成果为依托，对竹质工程复合材料、竹结构技术的适用性进行了探索。建筑两层，双坡顶，主要梁架利用竹子的集成材，通过钢节点连接。室内的地面、楼面、楼梯栏杆以及天花都使用了竹材。但由于竹材的耐久性不强，室外的竹材已有腐蚀的迹象。本项目的目标在于分析竹材的特性，提出与之相适应的空间环境和表现形式。

临港新城展览馆位于无锡江阴市，建筑采用了两层表皮做法（图12-3-3）。其外部的表皮通过红色的空心砖垒砌而成。为了加强空心砖墙体的稳定性，在内部结构中挑出钢扁梁，并将之插于砖墙之中。空心砖本身也错位砌筑，并利用空心砖的孔洞穿纵向钢筋，灌浆后形成了整体。以上这两种加固技术，切实有效地加大了墙体的强度。

南通城市规划博物馆位于通州区，位于一个十字路口的东南侧（图12-3-4）。建筑为方形，分上下两个部分。底部是一个四面玻璃的公共空间，内含门厅、咖啡厅、办公空间、会议室和书店。上部的二层、三层是城市规划的展览空间。

建筑底层收进，形成入口的灰空间，二层三层出挑以强调与底层空间的不同形态。为了追求方形的体积感，二层、三层做了两层表皮的结构。其内表皮的窗洞根据需要而定，外层的表皮则采用菱形的钢结构，其形态类似传统的隔扇窗。在菱形的结构中镶嵌有金属板，其大小可以根据需要而作变化，以起到通风采光的作用，这是对传统的活动百叶窗的一种提升。在上部展览空间中，从室内向外看，视线将一直受到菱形窗洞的约束。

江阴南菁高级中学位于江阴市，学校坐东朝西，背靠一座小山丘，大门正好以此为对景，取势良好（图12-3-5）。主入口采取了影壁墙和钢屋架屋顶相结合的方式，具有江南民居的风格，也有现代结构的特征。主体结构为三角形钢屋架，断面细小轻盈。屋面铺灰色大瓦，散发着传统的韵味。由于是进出之地，钢屋架的跨度较大，与传统比例不符，这是由功能引发的一种创新。

图12-3-5　江阴南菁高级中学主入口

二、提升空间效果的适宜技术

苏州苏泉苑茶室位于一个街区的出入口附近（图12-3-6）。这个街区开口向东，内部原来打算做一些商业开发，目前用作别墅。苏泉苑茶室的用地位于入口的南侧，与北侧的门卫室相对。

建筑用地是东西向的长条形，房屋几乎占满了整个用地。建筑两层，上下都使用了两层表皮结构。在内层的玻璃外是一层木隔扇。木隔扇借用了江南民居的形式并有所创新。它由一层六边形的木网格加上内部的衬板形成。出于采光的需要，衬板上开设了一些尺度更大的六边形孔洞。这种简单的处理而使进入建筑的光线有了特色。可能是为了强调隔扇的平面肌理，建筑未做挑檐，外表联系梁的混凝土质感也用木板包住。由于江南地区雨水多，使用七、八年之后，外表的木构饱受浸淋，部分已经糟朽。

图12-3-6　苏泉苑茶室

三、呼应文脉的适宜技术

扬州的虹桥坊（图12-3-7）是瘦西湖南门的一片以零售、餐饮为主的商业区。建筑的结构为钢筋混凝土形式，风格为传统样式，体量和规模远比一般民居要大，建筑材料也使用了大量的玻璃、木材和钢。这是现代材料和技术在传统形式下的充分展示，它对于当地的环境和内部功能来说是适宜的。南京的熙南里、1912街区都是如此。

对工业遗产和既有建筑的再利用也是这一策略在当代的体现。以无锡作为例证，无锡茂新面粉厂位于无锡运河边（图

图12-3-7　扬州的虹桥坊

12-3-8）。地块内三幢厂房以及办公建筑是建筑大师童寯先生设计。这组建筑是我国民族工业发展历史的重要佐证。

目前，地块内的房屋已经改造成工商博物馆和城市规划展览馆。这次改造使用的策略是有机更新。其主要的措施是在老建筑的侧面增添了玻璃盒子。其结构通过在老建筑的墙

图 12-3-8 无锡茂新面粉厂

图 12-3-9 扬州万科售楼处

图 12-3-10 南京马子山回民公墓服务站

上设置抓点而成。为了尽可能地展现老建筑,新建建筑尽量空透,大量使用了玻璃和钢。原有建筑的红砖墙、钢筋混凝土以及传送构件等工业设施都得到了充分的展示。这是新建筑采用适宜的技术以消隐的姿态对老建筑表现了尊重。

扬州万科位于扬州瘦西湖蜀岗风景区的西侧(图12-3-9),一条东西向道路的北部,坐北朝南。建筑三合院型,由中间的门厅和两侧的主要用房组成。

建筑前方设广场,中置水面。水中树立八根拴马桩,暗示这里是车马停靠之处。为了让视线通达后侧的花园,中间的门厅为通高两层的玻璃体。在这个硕大的门厅中,结构设计煞费苦心，采用了两个"V"字形的集成材木结构，形成了一个"W"的图形，暗示了"万科"拼音的第一个字母，这就使得门厅成为展示万科品牌的展台。

设计运用了集成材木结构和钢节点营造了具有传统坡顶形式的建筑。它呼应了自身的品牌文化，也适应了当地环境。

南京马子山回民公墓服务站（图12-3-10）位于南京市江宁区湖熟街道。公墓在405县道的西侧，用地为长条形，东西长，南北短，东部略高，有一条中轴祭祀道路将用地分成南北两块。密密匝匝的墓碑排列在两侧。祭祀道路的东端是一丛绿化，西端则是祭祀建筑用地。

建筑坐西朝东，四合院型，双坡顶，主入口朝东。主体一层，局部两层，位置良好，具有控制轴线的作用。其外墙黏贴了青砖条，色彩肃穆，既有纪念的气氛，也对当地民居的青砖清水墙显示了尊重。屋顶并没有挂小青瓦，而是满铺青砖条。其中采用黏贴青砖条作为底瓦，竖砌青砖条作为瓦垄的做法取得了瓦屋面的意向。建筑的排水管、栏杆等构件均为绿色，具有伊斯兰文化的特点，大型的雕花铁漏窗进一步强调了这点。地面用了介于水磨石和水刷石的中间做法，简单有效，但小石子的突起给清洁带来一定难度。

总的来说，黏贴青砖条、刷绿色油漆以及浇筑地面，对施工队来说，与传统做法稍有不同，却是一种适宜的技术。

从上面的例子可以看出，无论是传统技术在现代的保留和完善，还是现代技术对传统元素的汲取和渗透，或者是适宜性技术对现代和传统元素的综合和利用，在江苏地区都呈现出一种百花齐放的势态。这既说明了江苏传统建筑文化的根深叶茂，也反映了现代技术的飞速发展，更体现了环保、绿色等观念的深入人心。它们反映了现代建筑在技术策略上对传统建筑文化不同程度、不同侧面的传承。

第十三章　结语

在古代，由于自然的阻隔和交通方式的限制，"十里不同音"是一种常态，所以一个江苏也能形成五个亚文化圈下的不同建筑形式和表达。而如今，随着科技的进步和交通条件的大大改善，整个世界是个"地球村"成为一种新常态。在江苏，依靠航空、高铁、高速公路等，可以轻易地在几个小时内从南到北或是从东到西横贯整个区域，这就很容易造成建筑的"同质化"问题，苏南苏北建筑一个样已成为不争的事实。

当代的发展缩小了空间上的距离，但人们对空间归属感的要求依然存在，"留住乡愁"将会是建筑师在当代设计中不能忘记的命题，所以，本次研究试图从自然、人文和技术这三个角度去理解江苏建筑文化的传承问题，从而找到我们每个人的精神家园。

基于设计的江苏传统建筑文化的传承总结

江苏当代建筑的巨变可以追溯到近代，江苏位于西风东渐的前沿，欧风美雨浸润了积淀深厚的江苏建筑文化，在原来吴楚风韵之上蒙上了一层"西洋红"，水门汀、竹节钢、豪氏屋架、平板玻璃、密肋楼板作为西方文明和时尚的一部分，被引进也迅速被消化了，它引发了包括江苏在内的中国近现代结构、材料类型、建筑功能门类的扩充，并最后产生了风格样式的争论，进而"中西合璧"一语被用来肯定对新阶段建筑文化的种种探索。传统在强筋健骨之后重新出场，民族的固有形式方兴未艾，其时诞生的宫殿式、混合式和以装饰为特征的现代式风格模式影响了中国半个多世纪，直到改革开放依然能给人以启示。又一轮的西风携带着信息时代的技术成果席卷神州，而新时期中国建筑师对建筑文化的探讨也呈现了更加多样化的思考和探索，除了部分作品，还关注形体的形似、神似之外，大量的建筑都在新时代的种种技术功能和标准要求之下，宁肯探讨更抽象也更有生命力的文化表达。

近现代和古代毕竟不同，古代地域文化的客观性是十分明显的，近代与之有所不同，人类的各种文明成果极大地改变了世界，尤其是近代的科学技术成果以及城市化的进程，使得不同城市中的人工环境不仅构成了地理环境的一部分，还因其类似的材料和技术使人们误以为人工可以取代自然；室内设施技术的发展创造的微环境中的人工小气候，更误导着人们忘却地域的气候差异，但这始终是一种误会，只要一场台风，一次地震，一番豪雨，就又将我们带回现实的自然环境中，气候条件古今的变化虽有但差别不大，依然决定着建筑的耐候性要求。本书下篇记述江苏一百多年的发展过程中认识到传统建筑传承、发展的基本客观的路径，并将自然策略列为首位。

"山水"是中国人表述西方的"landscepe"的近义词，且包含了更多的生态本质。风景画在中国人的系统中就要由山水画来表达，"山水成了诗人画家抒写情思的媒介，所以中国画和诗都爱以山水境界做表现和咏味的中心。和西洋自希腊以来拿人体做主要对象的艺术途径迥然不同。"[1]江苏有山有水，山不高而有灵，水不深却滋润，故从宏观上处理建筑与自然环境因素关系在江苏多落脚于聚落、建筑和山水的关系上。这也正是古人堪舆学说中因借自然观念的延续。这里列举了四种建筑与山水环境的处理手法：一曰以山水为背景，这当然是最省力之举，美好山水与天然图画的环境不仅本身美不胜收，甚至当建筑十分平庸的时候，还能为建筑增色，唯一要留意的就是建筑不要太突兀，不要凌驾于自然之上，不要置生态安全于不顾就行了。可惜就是这一条常常被熟视无睹和置诸脑后，不少业主只见房子底下的一片场地，不去理会更远一点的山水环境，为提高容积率而拼命拔高，有时以为披上一件传统形式的外衣就可以不触怒传统。二曰顺应、强化山水形态，依山则显其雄，标其秀，滨水则示其柔，领其静，删繁就简，得其三昧。三曰修补山水形态，就是以建筑为手段，化不利为有利，甚至化腐朽为神奇，以建筑修补已被破坏的自然环境。四曰以建筑营造山水形态，盖房子恰如叠石、造园，虽由人作，也可宛自天开，体现国人将人类自身和自然视为一体的传统理念，只要设计注意生态和技术合理，则未尝不是传统景观的一种新型延续模式。

在中国，人文因素是影响建筑发展的三种成因中变化最大的一种，因为作为地域文化价值主体的人及他们的观念文化、制度文化发生了最大的变化。这种变化加上技术的变化，使得原有的地域文化边界相互融合、相互渗透。在中国，人文的建筑表达需求，既是世界后现代主义潮流的余绪，是对现代主义的重新审视，也是经历过"文化大革命"的中国人再次勃发的文化热和自明性标示同商业广告需求相结合的产物。形式，至少是部分建筑的形式被赋予了更多的期望值。本书立足于这种合理性，从与设计联系密切的三个方面阐释了传统建筑文化继续传承的三种人文策略。一曰历史文化，强调从历史性主题或古迹环境主题等切入研究新的建筑和它

---

[1] 宗白华. 意境[M]. 北京大学出版社. 1999：162.

们的关系，无论采用协调的手法还是缝补的手法，都是为了对历史做出呼应。二曰建筑文化，强调从建筑本体切入，研究建筑通过类型的比附或者建构的趣味建立起和历史文化传统的联系，使传统在新的条件下获得延续。三曰场所精神，借用当代世界建筑界认同的这一概念，阐释极富中国特色的建筑设计中对物质载体所创造出来的空间环境如何和历史文化传统建立联系，抽象表达或者情景表达的手法都围绕这一目标展开。

技术常常被当成实现建筑任务书的基本手段，这并无不妥，但是建筑不同于其他艺术门类的重要特点，就是建筑创作中的技术复杂性、多学科性和综合性。如果这一领域不需要探讨，则任何人都敢当建筑师了。因而本书从技术切入，阐述传统建筑文化传承，是离建筑设计核心部分最近的策略分析。本书归纳了三方面的技术策略。一曰传统技术的保留和完善。这是针对那些更多地表现传统建筑形象和细部的建筑设计类型，虽然也不排斥现代材料与技术，但总是围绕表达传统细部来进行的。二曰现代技术对传统元素的汲取和表现。这适用于必须构建不同于古代的较大空间和较高防护要求的大体量建筑设计，书中介绍了如何以新的结构和新的材料对传统的肌理、空间、构件、色彩以至造型理念的给予与表现。三曰适宜性技术对现代和传统的结合和利用。这一策略适用于大量普通的建筑，为了创造出大众喜闻乐见的传统形式，不必排除新的，也不必放弃老的，只要适用，且符合设计目标都可以使用，该策略特别适合于村镇地区新的乡土建筑的创造。

同一个建筑设计可以运用多种策略，同一处设计可以从不同策略的角度分析，好的建筑设计最重要的是将灵光一闪的理念或反复琢磨的逻辑转化为大多数人能够认同的建筑空间和工程语言。从某种意义上说，策略、手法的归纳依然代替不了建筑师综合把握后之彼时彼地的个性化创作，一如歌德所说："内容人人看得见，涵义只有有心人得之，形式对于大多数人是一秘密。"[1]或者如老子所说，"道可道，非恒道，名可名，非恒名"。建筑风格千万不可符号化、标签化甚至手法化。

---

[1] 转引自宗白华. 艺境[M]. 北京大学出版社. 1999：176.

参考文献

Reference

[1] 潘谷西. 中国古代建筑史·元、明建筑[M]. 北京：中国建筑工业出版社，1999.

[2] 刘敦桢. 中国古代建筑史（第二版）[M]. 北京：中国建筑工业出版社，1984.

[3] 阿摩斯·拉普卜特. 宅形与文化[M]. 北京：中国建筑工业出版社，2007.

[4] 姚承祖. 营造法原[M]. 北京：中国建筑工业出版社，1986.

[5] 肯尼斯·弗兰姆普敦. 建构文化研究——论19世纪和20世纪建筑中的建造诗学[M]. 北京：中国建筑工业出版社，2007

[6] RONALD G. KNAPP. China's Living House[M]. Hawai：University of Hawai's Press，1999.

[7] 露丝·本尼迪克特. 文化模式[M]. 北京：生活·读书·新知三联书店，1988.

[8] 陈从周. 园韵[M]. 上海：上海文化出版社，1999.

[9] 李秋香. 中国村居[M]. 天津：百花文艺出版社，2002.

[10] 孙大章. 中国民居研究[M]. 北京：中国建筑工业出版社，2004.

[11] 刘致平. 中国居住建筑简史——城市、住宅、园林[M]. 北京：中国建筑工业出版社，1990.

[12] 陈元鼎. 中国传统民居与文化第二辑·中国民居第二次学术会议论文集[C]. 北京：中国建筑工业出版社，1992

[13] 李海清. 中国建筑现代转型[C]. 南京：东南大学出版社，2003.

[14] 计成. 园冶图说[M]. 济南：山东画报出版社，2003.

[15] 王昀. 传统聚落结构中的空间概念[M]. 北京：中国建筑工业出版社，2009.

[16] 原广司. 聚落的100种启示[M]. 新北：大家出版社，2011.

[17] 费孝通. 江村经济[M]. 上海：上海世纪出版集团，2007.

[18] 杨维忠. 陆巷村志[M]. 苏州：古吴轩出版社，2014.

[19] 刘先觉，张十庆. 建筑历史与理论研究文集[C]. 北京：中国建筑工业出版社，2007.

[20] 江苏省地方志编纂委员会. 江苏省志·文物志[M]. 南京：江苏古籍出版社，1998.

[21] 周岚. 江苏城市文化的空间表达——空间特色·建筑品质·园林艺术[M]. 北京：中国城市出版社，2011.

[22] 朱宇晖. 江南名园指南（上）[M]. 上海：上海科学技术出版社，2002.

[23] 薛正兴. 江苏地方文献丛书·吴地记[M]. 南京：江苏古籍出版社，1999.

[24] 府建明. 江苏地方文献丛书·宋平江城坊考[M]. 南京：江苏古籍出版社，1999.

[25] 周岚. 南京城市规划志（上）[M]. 南京：江苏人民出版社，2008.

[26] 夏仁虎. 南京稀见文献丛刊·秦淮志[M]. 南京：南京出版社，2006.

[27] 陈沂，礼部. 南京稀见文献丛刊·金陵古今图考·洪武京城图志[M]. 南京：南京出版社，2006.

[28] 南京市地方志编纂委员会. 南京年鉴（1996）[M]. 南京：《南京年鉴》编辑部出版，1996.

[29] 安东篱. 说扬州—1550-1850年的一座中国城市[M]. 北京：中华书局，2007

[30] 杜海. 扬州画舫新录·个园[M]. 南京：南京大学出版社，2002.

[31] 杜海. 扬州画舫新录·瘦西湖[M]. 南京：南京大学出版社，2002.

[32] 马恒宝. 扬州盐商建筑[M]. 扬州：广陵书社，2007.

[33] 镇江市历史文化名城研究会. 镇江历史文化大辞典（下）[M]. 镇江：江苏大学出版社，2013.

[34] 尤伟. 话说无锡[M]. 无锡：江南晚报社，1996.

[35] 陈晖. 苏州市志[M]. 南京：江苏人民出版社，1995.

[36] 雍振华. 苏式建筑营造技术[M]. 北京：中国林业出版社，2012.

[37] 周菊坤. 木渎[M]. 苏州：古吴轩出版社，1998.

[38] 小林. 同里[M]. 苏州：古吴轩出版社，1998.

[39] 陈益. 周庄[M]. 苏州：古吴轩出版社，1998.

[40] 朱红. 甪直[M]. 苏州：古吴轩出版社，1998.

[41] 苏童. 江南味道[M]. 海南：南方出版社，1999.

[42] 卢群. 千年阊门[M]. 苏州：苏州大学出版社，2000.

[43] 张晓旭. 苏州碑刻[M]. 苏州：苏州大学出版社，2000.

[44] 王嫁句. 苏州山水[M]. 苏州：苏州大学出版社，2000.

[45] 姜晋，林锡旦. 百年观前[M]. 苏州：苏州大学出版社，1999.

[46] 周人言. 文化遗产苏州平江[M]. 北京：五洲传播出版社，2004.

[47] 周岚，刘大威. 2012江苏江村调查[M]. 北京：商务印书馆，2015.

[48] 童本勤，刘军，沈俊超，施旭东. 2012江苏江村调查——南京篇[M]. 北京：商务印书馆，2015.

[49] 段进，章国琴，薛松. 2012江苏江村调查——无锡篇[M]. 北京：商务印书馆，2015.

[50] 常江，孙良，沈慧新，张明皓. 2012江苏江村调查——徐州篇[M]. 北京：商务印书馆，2015.

[51] 丁沃沃，吉国华，华晓宁，李倩. 2012江苏江村调查——常州篇[M]. 北京：商务印书馆，2015.

[52] 雍振华，朱颖. 2012江苏江村调查——苏州篇[M]. 北京：商务印书馆，2015.

[53] 张小林，梅耀林，李红波，汪晓春. 2012江苏江村调查——南通篇[M]. 北京：商务印书馆，2015.

[54] 张青萍，郭苏明，李岚，崔志华. 2012江苏江村调查——连云港篇[M]. 北京：商务印书馆，2015.

[55] 张雷，徐睿. 2012江苏江村调查——淮安篇[M]. 北京：商务印书馆，2015.

[56] 赵和生，刘峰，黄娌. 2012江苏江村调查——盐城篇[M]. 北京：商务印书馆，2015.

[57] 李晓琴，高燕. 2012江苏江村调查——扬州篇[M]. 北京：商务印书馆，2015.

[58] 韩冬青，王恩琪. 2012江苏江村调查——镇江篇[M]. 北京：商务印书馆，2015.

[59] 王建国，龚恺，吴锦绣，薛力. 2012江苏江村调查——泰州篇[M]. 北京：商务印书馆，2015.

[60] 高世华，丁志刚. 2012江苏江村调查——宿迁篇[M]. 北京：商务印书馆，2015.

后　记

Postscript

让传统走向未来

　　本书探讨了江苏的建筑传统和它的传承，这是一个有太多问题要讨论、太多人有权利讨论的话题，并非只有中国建筑师对中国和江苏传统建筑文化有发言权，国外建筑师并非对中国和江苏的传统文化一无所知，或者一无所感。国际上对中国这个当代最大的建筑设计市场始终关注并研讨着，对中国传统文化如何在新世纪的城市化进程中获得新的表达始终关注，包括江苏的各大城市在近二十年中都不断邀请国际上各类建筑师参加城市重要建筑的设计竞赛或者方案征集活动，且设计成果被屡屡看中。国外的建筑师也在用他们的眼睛去探讨建筑文化，就算是瞎子摸象，他们也十分看重那个大象的被摸的那一部分，有时没准就是旁观者清。因此，除了已有的中国建筑师和学者以及各界人士对当代建筑文化的争论之外，又出现了外国学者和外国建筑师之间以及他们同中国同行间的争论。

　　这些争论有时包括相反的观点：既有人认为建新房子如果没有老百姓可识别的民族或地域特色，那就是国际式、无国界的建筑；也有人认为，好好保护老房子就行了，何必一面拆老房子一面又造"假古董"。既有人认为全球化是大趋势，功能、标准都国际化，何必要"披上一件衣服化妆"呢；也有人认为这同质化的世界实在太可悲，展露个性才是当代建筑作品的基本需求。既有人认为每个时代都应该留下自己时代的印记，也有人认为在重要建筑创作上离开了民族文化的延续就是文化贫血症……所有这些争论都有一定之理，建筑是如此之丰富和门类众多，也许每一方都可以找到自己的理想追求，也许离开了具体案例的具体讨论还真是难以定论。但有一点仍可确定：建筑文化是当代越来越重要、越来越被寄予希望的文化家园的一部分。

　　建筑师对建筑设计责无旁贷，但正如瑞士建筑学者马里奥·博塔（Mario Botta）所说，"我们这一行，不在于你想做什么，而在于别人委托你做什么"[1]。当代中国的建筑设计市场主要是买方市场，因此更需要让整个社会提高建设自己文化家园的自觉性，改善现行的决策机制。因为说到底，建筑只是一个时代的社会文化的物化而已。

---

[1] 马克，安吉利尔等. 建筑对话[M]. 张贺译. 南宁：广西师范大学出版社，2015：24.

本书的主要目标是面向社会实际，在有所侧重地讨论了若干问题后仍然有一个问题特别值得思考——如何让传统走向未来。

传统是一条大河，从历史流淌到现在且将流向未来。这条大河不断地吸纳和汇集，又不断地淘汰和清洗，它造就了我们的建筑文化，包括物质的和非物质的。

建筑文化必然涉及建筑本体的内在的规律。"建筑类设计区别于服装设计、工艺品设计及工业产品设计之处又表现在，建筑不可能像服装和普通艺术品那样可以移动，可以不喜欢就换一件，并可以只承担起社会对它的某一两个方面的需求，可以只由一个设计师完成作品创作。不，建筑不是这样，它的建成本身就已经由多个部门、多个专业耗费了大量的材料、能源和技术后才得以完成，即使在设计层次，也是多种专业设计的合成。即使技术发达的现代，拆除或移走一栋建筑也代价高昂；万千百姓都和建筑有交往，有自己的体会和判断，故多数建筑必须承担起社会各个不同的相关者对它的金字塔形的多层次的需求，包括最基本的使用的空间性需求、安全性需求、物理性需求，也包括文化意义需求直到艺术和生理、心理的需求。按照马斯洛心理学的需求层次分析，低层次的基本需求是初始性的却是不可或缺的需求，离开了基本需求建筑无法持续提供服务和无法保证基本的服务质量，但人类从来不满足于基本的需求，甚至在基本需求还没有达到较高标准时就产生了对较高层次需求的渴望。随着人类文明程度的进展和技术、文化素质的提高，对基本需求和其他需求的要求日益提高且日益敏感。"[①] 建筑文化的探讨只有在这样一个框架中研究，才可能取得进展和突破。

我们摸着石头过河走过了三十多年，再过三十多年，这世界的建筑以及中国的建筑将会怎样？想到三十几年前未曾料到今天，我们就可以大致确定未来真是难以预料的。但是如同那场未曾料到的"9·11"劫难，唤醒了人类对一个问题的认识并通过了联合国教科文组织的《文化多样性宣言》，宣言开篇就告诉我们，人类文化的多样性，不仅是各国自己的资源，也是全人类共同的资源，当经济全球化在腐蚀着包括中国在内的人类文化资源的时候，中国民族文化的传统价值益愈值得珍视。沿着这一思路，我们至少要认识到文化危机和生态危机已经成为我们必须面对的课题。沿着这一思路，我们就要秉承文化多样性的原则对待国内各地不同的地域文化。

建筑文化建设是整个民族精神家园建设不可分割的一部分，民族文化的自觉、自信是启动这一精神家园建设的必要条件，而要做到自觉、自信必须从自知开始，只有了解民族文化遗产基本的"一、二、三"，只有具备民族文化遗产的启蒙知识，才能具体认识到包括建筑文化在内的民族文化的生命力。

本书为合作编写，由龚恺最初拟定了写作提纲并经编写组集体讨论，各位作者撰写分工为：龚

---

① 中国工程院. 当代建筑设计状况和发展研究[M]. 南京：东南大学出版社，2014.

恺，第一、十一章及统稿；薛力，第三、四、五、十二章；胡石，第二、六、十章；朱光亚，第七、八、九、十三章、后记及统稿。还有晃阳参与了本书的部分工作。

本书在拟定写作提纲时部分借鉴了2011年度江苏省建设系统科技项目《江苏建筑文化特质及提升策略研究》的成果，在此一并感谢。